高等学校计算机类课程应用型人才培养规划教材

数据库技术实用教程

徐洁磐　主　编

操凤萍　副主编

赵劭邺　封　玲　黄　磊　参　编

中国铁道出版社有限公司

CHINA RAILWAY PUBLISHING HOUSE CO., LTD.

内 容 简 介

本书是一本实用性数据库教材,重点突出应用性与新技术,将数据库技术基本原理与应用结合于一体,系统性强,基本概念与原理述清楚,同时与 SQL Server 2008 相结合。学完本书后,学生既能掌握数据库基本原理与方法,也能操作与开发数据库应用系统。

本书由 6 篇共 20 章组成,其中总论篇与基础篇共 4 章,操作篇共 4 章,产品篇共 6 章,工程篇共 4 章,应用篇共 2 章,最后的附录是数据库实验指导。

本书适合作为普通高等学校计算机应用类专业及计算机应用相关专业大学本科数据库课程的教材,也可作为数据库应用开发人员的参考资料及相关培训教材。

图书在版编目(CIP)数据

数据库技术实用教程/徐洁磐主编. —北京:中国铁道
出版社,2016.1(2022.7 重印)
高等学校计算机类课程应用型人才培养规划教材
ISBN 978-7-113-20942-1

Ⅰ.①数… Ⅱ.①徐…… Ⅲ.数据库系统-高等学校-
教材 Ⅳ.TP311.13

中国版本图书馆 CIP 数据核字(2015)第 214739 号

书　　名:**数据库技术实用教程**

作　　者:徐洁磐　主编

策划编辑:周海燕　　　　　　　　　　　编辑部电话:(010)51873202
责任编辑:周海燕　王　惠
封面设计:付　巍
封面制作:白　雪
责任校对:王　杰
责任印制:樊启鹏

出版发行:中国铁道出版社有限公司(100054,北京市西城区右安门西街 8 号)
网　　址:http://www.51eds.com
印　　刷:北京建宏印刷有限公司
版　　次:2016 年 1 月第 1 版　　　　2022 年 7 月第 3 次印刷
开　　本:787mm×1092mm　1/16　印张:23.5　字数:556 千
书　　号:ISBN 978-7-113-20942-1
定　　价:49.00 元

编 审 委 员 会

当前，世界格局深刻变化，科技进步日新月异，人才竞争日趋激烈。我国经济建设、政治建设、文化建设、社会建设及生态文明建设全面推进，工业化、信息化、城镇化和国际化深入发展，人口、资源、环境压力日益加大，调整经济结构、转变发展方式的要求更加迫切。国际金融危机进一步凸显了提高国民素质、培养创新人才的重要性和紧迫性。我国未来发展关键靠人才，根本在教育。

高等教育承担着培养高级专门人才、发展科学技术与文化、促进现代化建设的重大任务。近年来，我国高等教育获得前所未有的发展，大学数量从 1950 年的 220 余所已上升到 2008 年的 2 200 余所。但目前诸如学生适应社会以及就业和创业能力不强，创新型、实用型、复合型人才紧缺等高等教育与社会经济发展不相适应的问题越来越凸显。2010 年 7 月发布的《国家中长期教育改革和发展规划纲要（2010—2020 年）》提出了高等教育要"建立动态调整机制，不断优化高等教育结构，重点扩大应用型、复合型、技能型人才培养规模"的要求。因此，新一轮高等教育类型结构调整成为必然，许多高校特别是地方本科院校面临转型和准确定位的问题。这些高校立足于自身发展和社会需要，选择了应用型发展道路。应用型本科教育虽早已存在，但近几年才开始大力发展，并根据社会对人才的需求，扩充了新的教育理念，现已成为我国高等教育的一支重要力量。发展应用型本科教育，也已成为中国高等教育改革与发展的重要方向。

应用型本科教育既不同于传统的研究型本科教育，又区别于高职高专教育。研究型本科培养的人才将承担国家基础型、原创型和前瞻型的科学研究，它应培养理论型、学术型和创新型的研究人才。高职高专教育培养的是面向具体行业岗位的高素质、技能型人才，通俗地说，就是高级技术"蓝领"；而应用型本科培养的是面向生产第一线的本科层次应用型人才。由于长期受"精英"教育理念支配，脱离实际、盲目攀比，高等教育普遍存在重视理论型和学术型人才培养的偏向，忽视或轻视应用型、实践型人才的培养。在教学内容和教学方法上过多地强调理论教育、学术教育而忽视实践能力培养，造成我国"学术型"人才相对过剩，而应用型人才严重不足的被动局面。

应用型本科教育不是低层次的高等教育，而是高等教育大众化阶段的一种新型教育层次。计算机应用型本科的培养目标是：面向现代社会，培养掌握计算机学科领域的软硬件专业知识和专业技术，在生产、建设、管理、生活服务等第一线岗位，直接从事计算机应用系统的分析、设计、开发和维护等实际工作，维持生产、生活正常运转的应用型本科人才。计算机应用型本科人才有较强的技术思维能力和技术应用能力，是现代计算机软、硬件技术的应用者、实施者、实现者和组织者。应用型本科教育强调理论知识和实践知识并重，相应地，其教材更强调"用、新、精、适"。所谓"用"，是指教材的"可用性""实用性"和"易用性"，即教材内容要反映本学科基本原理、思想、技术和方法在相关现实领域的典型应用，介绍应用的具体环境、条件、方法和效果，培养学生根据现实问题选择合适的科学思想、理论、技术和方法去分析、解决实际问题的能力。所谓"新"，是指教材内容应及时反映本学科的最新发展和最新技术成就，以及这些新知识和新成就在行业、生产、管理、服务等方面的最新应用，从而有效地保证学生"学以致用"。所谓"精",不是一般意义的"少而精"。事实常常告诉人们"少"与"精"是有矛盾的，数量的减少并不能直接促使提高质量，而且"精"又是对"宽与厚"的直接"背叛"。因此，教材要做到"精"，教材的编写者要在"用"和"新"的基础上对教材的内容进行去伪存真的精练工作，精选学生终身受益的基础知识和基本技能，力求把含金量最高的知识传承给学生。"精"是最难掌握的原则，是对编写者能力和智慧的考验。所谓"适"，是指各部分内容的知识深度、难度和知识量要适合应用型本科的教育层次，适合培养目标的既定方向，适合应用型本科学生的理解程度和接受能力。教材文字叙述应贯彻启发式、深入浅出、理论联系实际、适合教学实践，使学生能够形成对专业知识的整体认识。以上四方面不是孤立的，而是相互依存的，并具有某种优先顺序。"用"是教材建设的唯一目的和出发点，"用"是"新"、"精"、"适"的最后归宿。"精"是"用"和"新"的进一步升华。"适"是教材与计算机应用型本科培养目标符合度的检验，是教材与计算机应用型本科人才培养规格适应度的检验。

中国铁道出版社同高等学校计算机类课程应用型人才培养规划教材编审委员会经过近两年的前期调研，专门为应用型本科计算机专业学生策划出版了理论深入、内容充实、材料新颖、范围较广、叙述简洁、条理清晰的系列教材。本系列教材在以往教材的基础上大胆创新，在内容编排上努力将理论与实践相结合，尽可能反映计算机专业的最新发展；在内容表达上力求由浅入深、通俗易懂；编写的内容主要包括计算机专业基础课和计算机专业课；在内容和形式体例上力求科学、合理、严密和完整，具有较强的系统性和实用性。

本系列教材针对应用型本科层次的计算机专业编写，是作者在教学层次上采纳了众多教学理论和实践的经验及总结，不但适合计算机等专业本科生使用，也可供从事 IT 行业或有关科学研究工作的人员参考，适合对该新领域感兴趣的读者阅读。

本系列教材出版过程中得到了计算机界很多院士和专家的支持和指导，中国铁道出版社多位编辑为本系列教材的出版做出了很大贡献，本系列教材的完成不但依靠了全体作者的共同努力，同时也参考了许多中外有关研究者的文献和著作，在此一并致谢。

应用型本科是一个日新月异的领域，许多问题尚在发展和探讨之中，观点的不同、体系的差异在所难免，本系列教材如有不当之处，恳请专家及读者批评指正。

"高等学校计算机类课程应用型人才培养规划教材"编审委员会

2011 年 1 月

一、目标

近年来，数据库课程已在我国计算机本科的相关专业中普遍开设，其中涉及以下三种不同类型的专业：

（1）研究型计算机相关专业；

（2）应用型计算机相关专业；

（3）与计算机有关的非计算机专业。

这三种不同类型专业对数据库课程的要求既有相同点又有不同点，且以不同点为主。其中相同点是：既能掌握数据库理论知识，又能从事数据库实际应用。其不同点是：对研究型专业以掌握理论知识为主，对非计算机专业则以操作性应用为主，对应用型专业则须两者并重，以两者结合为主。

目前市场上所能见到的数据库教材多为研究型及非计算机专业类型，而少见应用型教材。而在实际使用中，应用型相关专业学生占整个计算机相关专业的 70%以上，因此造成了巨大的市场供需矛盾，因而编写应用型计算机相关专业数据库课程教材已成当务之急。

本书就是这样一本面向应用类计算机专业的数据库课程教材，编写目标是以应用为核心，以基本理论为支撑，特别注重理论与实际应用相结合。学生在学完本书后，既能掌握数据库的基本理论知识，又能从事数据库的应用开发及管理。下面对编写目标作详细探讨。

1. 以应用为核心

在计算机领域中，数据库来源于实际应用而又在多个领域中广泛使用，因此，应用性是数据库课程的重要特性。特别对计算机应用型专业而言更为如此，学生必须掌握库的应用开发及管理能力，这是学习这门课程的主要目标。那么，数据库应用应包括哪些内容呢？一般而言，应包括以下几方面：

（1）数据库操作与编程；

（2）数据库分析与设计；

（3）数据库应用系统开发；

（4）数据库管理——数据库生成及数据库运行维护。

2. 以理论作支撑

数据库应用是需理论作支撑的，理论在应用中起到了指导与引领的作用。

数据库理论内容广泛，包括数据库研究的理论、数据库应用的理论及数据库学科的理论。本书中仅选用对数据库应用作支撑的理论，包括数据的基础理论知识、数据库基本概念、数据模型特别是关系数据模型以及数据库组成原理等，而对数据库研究的理论及有关数据库学科的理论则不多介绍。

3. 应用与理论相结合

本书所介绍的理论知识都是对应用起指导作用的，所介绍的实际应用知识又有理论背景，这样两者有机、无缝结合，可使学生的数据库知识与能力达到一个新的高度。

二、内容

根据编写目标，本书的内容由 6 篇共 20 章组成，分别是：

1. 第 1 篇：总论篇，共 1 章（第 1 章）。

本篇从宏观角度全面介绍数据库技术，为读者学习本书有一个整体、全面的了解与认识。

2. 第 2 篇：基础篇，共 3 章（第 2～4 章）。

本篇以介绍数据库基本理论为主，包括数据及数据库的基本概念、数据库的理论模型——数据模型，其中重点介绍目前常用的关系模型，以及基于此模型的关系数据库与关系数据库管理系统的基本组成。

本篇是全书的主要理论部分，它对整个数据库学科及数据库应用有着重要的指导价值。

3. 第 3 篇：操作篇，共 4 章（第 5～8 章）。

本篇主要介绍数据库的操作以及数据库的编程，这是应用的基本部分。它包括应用的核心操作（数据定义、数据操纵及数据控制等操作）；数据交换操作（人机交互方式、自含方式、调用层接口方式和 Web 接口方式等）以及建立在这些操作上的数据库编程。此外，还包括数据服务等内容。

4. 第 4 篇：产品篇，共 6 章（第 9～14 章）。

本篇主要介绍以 SQL Server 2008 为代表的数据库工具，包括 SQL Server 2008 综述、数据操纵、数据定义、数据交换及数据服务等内容。

5. 第 5 篇：工程篇，共 4 章（第 15～18 章）。

本篇主要介绍数据工程，包括数据库设计、数据库管理、数据库编程及数据库应用系统组成与开发等内容。

6. 第 6 篇：应用篇，共两章（第 19、20 章）。

本篇主要介绍数据库应用领域与范围，重点介绍其中 7 个领域的应用。

最后，本书还附有 10 个实验，为培养学生数据库应用能力提供了实际动手训练的机会。

三、特色

本书取材合理，内容先进，重点突出，是一本具有明显特色的教材，主要表现为：

1. 定位准确

本书定位为应用型计算机相关专业本科数据库课程教材，它与市场上大多数数据库教材不同，既有一定理论知识内容，又有大量应用性内容，并且两者紧密结合。在学习本书后，学生将具有从事数据库应用开发能力，也有从事进一步研究的能力，以及学习其他后续课程的能力。

2. 组织合理

本书组织以应用的 4 方面内容为主体（分属第 3～6 篇），以理论为支撑（第 2 篇），再加上总论篇（第 1 章）后，将整个内容组成了一个有机整体，具有结构合理、整体性强的特色。

3. 重点突出

数据库技术复杂，内容繁多，只有重点突出才能收到效果。本书以应用为目标，重点突出数据库网络应用、数据交换、数据库编程及数据库管理这 4 方面内容，比较有效地解决了目前应用中的薄弱环节。

4. 内容先进

本书主要介绍国内外先进、成熟的数据库技术，摒弃了陈旧的内容及超前的研究性内容，使得全书内容精练，且具有明显的时代特征。

本书中所抛弃的内容（而在其他教材中大都存在）包括：

（1）关系代数、关系演算、关系规范化理论及查询优化等研究型理论。

（2）分布式数据库、面向对象数据库、并行数据库及知识库等超前型研究内容。

（3）嵌入式 SQL、层次数据模型及网状数据模型等陈旧内容。

本书着重介绍的先进、成熟的技术（而在其他教材中介绍偏少或不予介绍）有：

（1）数据交换、数据服务及数据管理（数据库生成、数据库运行维护）等概念。

（2）数据库编程，包括数据库自含式语言编程、ADO 接口编程、ASP 编程及数据库网络编程等。

5. 以典型产品为背景贯穿全书

本书以 SQL Server 2008 为背景贯穿全书，将数据库理论、操作、应用与实际产品挂钩，在学完本书的同时掌握了 SQL Server 2008 的操作及使用，同时加深对全书内容的理解。

6. 理论与实际相结合

本书注重理论与实际相结合，所介绍的理论都对应用有指导价值；反之，通过实际应用又能加深对理论的认识。

四、附注

1. 书中凡带有星号*的章节，教师可根据教学需要略去不讲。

2. 书中有大量截图，为保证读者清晰阅览，在相关章节（第 9 章～第 14 章）设置二维码，读者可扫描二维码方便获取清晰的图像。本书中二维码设置于相关各章首部。

五、鸣谢

本书由徐洁磐任主编，操凤萍任副主编，赵勔邶、封玲、黄磊参编。其中：第 1～3 篇共 8 章由徐洁磐编写，第 4 篇共 6 章由操凤萍编写，第 5 篇共 4 章由徐洁磐、赵勔邶编写，第 6 篇共 2 章由封玲、黄磊编写。全书由徐洁磐统稿。

本书适合作为普通高校计算机应用类专业本科数据库课程的教材，也可作为数据库应用开发培训教材及相关人员的参考材料。

值本书付梓之际，首先向北京大学唐世渭教授表示感谢，他在审稿中对本书提出了很多宝贵意见，同时也感谢南京大学徐永森教授及史九林教授对本书所提出的修改意见。此外，本书还得到南京大学计算机软件新技术国家重点实验室的支持，在此一并表示感谢。

由于编者水平所限，书中不足之处在所难免，望读者不吝赐教。

编　者

2015 年 4 月

目录

第1篇 总 论 篇

第2篇 基 础 篇

第3篇 操 作 篇

第 5 篇 工 程 篇

第6篇 应 用 篇

第1篇

总论篇

本篇从学科角度介绍数据库技术，对数据库学科的本质、研究的主要问题以及数据库技术研究与应用间的关系作全面探讨，为后面介绍数据库技术提供纲要性的规划。

本篇共一章，即第1章：数据库技术概述。有关总论篇中所介绍的内容都在该章中进行详细探讨。

第1章 数据库技术概述

本章开宗明义地对数据库技术作纲领性介绍，对包括数据库学科的内涵、所研究的主要问题以及数据库技术应用的主要内容等都作了详细的探讨。

这一章是后面 19 章的总纲，因此非常重要，读者必须好好领会与掌握。

1.1 数据库学科是一门技术

数据库学科是计算机学科的一个分支，确切地说，它是计算机软件学科的一个分支，而计算机软件学科又是计算机学科的一个分支，因此，数据库学科是计算机学科的三级分支，也是计算机软件学科的二级分支。它可用图 1.1 说明。

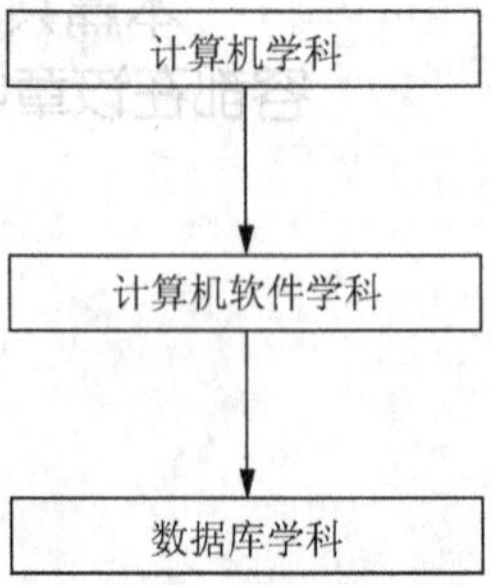

在计算机学科领域，对**数据**的研究与应用中出现一些基本性的内容，如"数据库""数据库系统"等，以它们为核心作研究形成了一门学科即**数据库学科**。从学科范畴而言，技术性学科是以**系统**的研制、开发的方法与手段为主要研究目标，而数据库学科正是如此，它的研究内容以组织、开发及应用数据库的方法与手段为主。因此，它是一门技术性学科，也称为**数据库技术**。

图 1.1 数据库学科结构图

在数据库技术中必须对其学科体系作系统与完整的研究，这就形成了数据库技术的**研究性内容**。另一方面，在数据库技术中还须探讨将研究所得到的成果应用于多种不同领域中的技术，这就是数据库技术中的**应用性内容**。这两方面内容的有机结合组成了完整的数据库技术。

本书主要面向计算机应用型本科学生，因此在数据库课程中全面介绍数据库技术，并重点介绍应用性内容，使学生在学完本书后能将数据库技术应用于各领域，这是本书编写的基本目标。

1.2 数据库技术几个关键问题的讨论

本节主要探讨数据库技术中的几个关键问题，它们是：

(1) 数据库技术的研究对象——数据；
(2) 数据库技术的研究内容——数据管理；
(3) 数据库技术的研究目标——数据应用；

（4）数据库技术的研究基础——数据理论。

下面分四个小节分别介绍。

1.2.1　数据库技术的研究对象——数据

我们知道，计算机科学是研究**计算过程**的学科，在计算过程中有两个基本要素，那就是程序与数据。程序不断地对数据进行加工形成一个"计算过程"，在此过程中数据是程序的加工对象。在计算开始时即有一些数据供程序加工使用，称初始数据；在计算结束后获得程序加工的最终数据，称为结果数据。因此，一个计算过程即**程序对数据进行不断加工的过程，由初始数据开始而至结果数据结束，而结果数据即计算的最终目标。**

由此可以看出，计算过程实际上是程序与数据不断交互作用的过程。程序与数据构成了计算过程的基本核心。因此，计算机学科大都是围绕这两个部分进行研究的，从而出现很多学科分支专门研究程序或数据，其中专门研究数据的有"数据结构""文件系统""数据库技术""数据仓库技术""Web 技术"及近期出现的"大数据技术"等。

在众多研究数据的分支学科中，其研究是按数据的不同性质而有不同分工的。其中数据库技术所研究的是具有**共享的、持久的及海量的"数据"**，这些性质的数据应用面大、使用面广，是多种研究数据分支中最重要的一门学科。因此说，数据库技术是以数据为研究对象的一门重要的学科。

1.2.2　数据库技术的研究内容——数据管理

数据管理是数据库技术研究的主要内容，它有两个层面：一是低层次的管理，即数据库的操作管理；二是高层次管理，即数据库的开发管理。下面对这两种管理分别作介绍。

1. 数据库的操作管理——数据库管理系统

数据库的操作管理是数据管理中的一种低级别管理，它可由一组软件即数据库管理系统负责实现，为便于操作，还提供一套完整的标准化语言供用户使用，这种语言称 SQL。

2. 数据库的开发管理——数据库管理员

数据库的开发管理也称数据库管理，它是数据库中高层次的管理，它主要用于数据库生成、运行及维护的管理，这是一种复杂的、高智能的管理，它由熟悉数据库技术的专门人员负责管理，此类人员称为数据库管理员。

1.2.3　数据库技术的研究目标——数据应用

研究数据库技术的目标是应用，即将数据库应用于各实际领域中。从技术角度看，数据应用的技术称数据工程，它是软件工程在数据领域中的扩充与延伸，它包括如下一些内容：

（1）数据库设计；

（2）数据库管理，包括数据库生成与数据库运行维护；

（3）数据库操作与编程；

（4）数据库应用系统开发；

（5）数据库应用新门类。即数据库应用系统与各不同应用领域相结合所产生的新的应用门类。

1.2.4　数据库技术的研究基础——数据理论

为研究数据库技术必须有一些必要的基础理论，从目前看来即数据理论。数据理论为研究数据库技术提供必要的支撑与帮助。数据理论的内容有很多，目前与数据库有关的常用理论有：

（1）数据模型理论；

（2）数据规范化理论；

（3）数据查询优化理论；

（4）数据理论基础；

（5）数据库数学理论。包括支撑数据理论的数学理论，如图论、代数理论、关系理论、数理逻辑，以及由它们所延伸出的如关系代数、关系演算等理论。

1.3 数据库技术应用与本书

1.3.1 本书的内容

本书主要介绍数据库技术应用的内容，它一般包括三个部分：

（1）数据应用的内容：数据应用是数据库技术应用的核心内容，必须全部包括在内。

（2）数据管理的内容：只有了解数据管理才能应用，因此，数据库技术应用的内容还必须包括数据管理，但对了解的广度与深度上应有所把握，不宜过广与过深。

（3）数据理论的内容：数据理论支撑数据应用，它包括数据基础性概念、数据理论基础部分及数据模型等部分内容。

因此，本书数据库技术应用的内容可用一句话表示：**它包括数据应用的主要内容、数据管理的一般性内容以及数据理论的部分内容**。其中，数据管理与数据理论内容都是为应用服务的，数据管理是应用的手段，而数据理论则为应用提供基础性指导。

1.3.2 本书的组织

本书面向计算机应用型专业学生，**以数据库技术应用内容为主**，在教材编写中完全按照1.3.1小节所述的内容组织安排。本书分6篇共20章，除本篇（总论篇）外共5篇19章，它们分别是：

（1）第2篇：基础篇，共有3章，主要介绍数据概念、数据理论的内容，包括数据、数据理论基础部分与数据模型，重点介绍关系模型及关系数据库的内容。

（2）第3篇：操作篇，共有4章，主要介绍数据管理中的操作性内容，包括数据操纵、数据控制、数据定义、数据交换以及数据服务等内容。

（3）第4篇：产品篇，共有6章，主要介绍数据应用中的数据操作与编程的工具性产品——SQL Server 2008。

（4）第5篇：工程篇，共有4章，主要介绍数据应用中的数据库应用系统开发，包括数据库分析与设计、数据库管理及数据库编程等内容，它们均属数据工程范围。

（5）第6篇：应用篇，共有两章，主要介绍数据应用中的数据库应用领域，包括数据在事务处理领域中的应用以及在分析处理领域中的应用。

总体看来，本书以数据应用为主，数据管理以一般性介绍为主，而数据理论则仅作部分介绍，最后是综合性介绍，从中可以明显看出本书内容全面及重点突出应用的特色。

复习提要

（1）本章是全书的纲领性介绍。

（2）数据库学科是以组织、开发及应用数据库方法与手段为目标的一门技术，它是计算机软件学科的分支学科，也是计算机学科的三级分支学科。

（3）数据库技术主要包括：

① 数据库技术研究对象是数据——数据是计算机学科两大核心内容之一，而研究持久、共享及海量数据的学科即数据库技术。

② 数据库技术研究内容是数据管理——它包括低层次管理，即数据操纵、数据控制、数据定义、数据交换及数据服务等，以及高层次管理，即数据库生成及数据库运行维护管理。

③ 数据库技术研究目标是数据应用——它包括数据库设计、数据库管理、数据库操作与编程、数据库应用系统开发及数据库应用新门类等内容。

④ 数据库技术研究基础是数据理论——它包括数据模型理论、数据规范化理论、数据查询优化理论、数据理论基础部分及数据库数学理论等内容。

（4）数据库技术应用主要包括：数据应用的主要内容、数据管理的一般性内容以及数据理论的部分内容。

（5）本书主要内容以数据库技术应用内容为主，分 6 篇共 20 章。

（6）本章核心思想：数据库学科是一门技术。

习题 1

一、问答题

1. 请简单介绍数据库学科。
2. 请说明数据库学科的研究对象、研究内容、研究目标及研究基础的内容。
3. 请说明数据库技术应用的主要内容。
4. 请说明数据管理与数据库管理的异同。

二、思考题

1. 为什么说数据库技术是研究数据的最重要的一门学科？
2. 请说明数据库技术在计算机学科中的地位与作用。

基础篇

本篇主要介绍数据库技术的基础性概念、思想、方法及理论，其内容包括数据基础性概念、数据理论的基本知识、数据模型，特别是关系模型及相应的关系数据库与关系数据库系统等。此篇共分 3 章，分别是：

第 2 章：数据及数据理论的基础概念，主要介绍数据、数据组织及数据库的基本概念及相关知识。

第 3 章：数据模型，它是数据库系统的理论框架，其中特别介绍目前常用的关系型数据模型。

第 4 章：数据管理基础，主要介绍基于关系模型的数据库及数据库系统。

通过本篇的学习，可为后面章节学习数据库技术提供基本概念、基础知识及相关理论的支撑。

第2章 数据及数据理论的基础概念

本章主要介绍数据及数据理论的基础知识，包括数据、数据组织及数据库的基础知识，为后面学习数据库技术提供基础性支撑。

2.1 数据的基本知识

数据是数据库技术的最基本与最重要的概念，本节介绍数据的概念及其相关的知识。

2.1.1 数据的概念

1. 数据定义

当今社会"数据"这个名词非常流行，使用频率极高，如"数据中心""信息港""数字化城市""数字电视""数码照相机"及"大数据分析"等，它们都是数据的不同表示形式。如下所示的都是数据：

- 数值：某企业采购钢材 4 吨，计金额人民币 206 万元中的数值"4""206"均为数据。
- 文字：李白的诗句"床前明月光，疑是地上霜，举头望明月，低头思故乡。"是数据。文字不仅包括中文还包括西文，如"I am a boy"是数据。
- 图像：如中央电视台天气预报中之"云图"为图像数据。
- 图形：如动漫、计算机游戏中的图形为数据。
- 音频：如计算机中所播放贝多芬的《英雄交响曲》、柴可夫斯基的《天鹅湖》均是数据。
- 视频：如电视台播放的数字电影是数据。
- 推理：逻辑中的假言推理、归谬推理等均是数据。它为计算机智能性应用提供了基础。

下面对数据作一个定义：

数据（data）是客观世界中的事物在计算机中的抽象表示。

接着，对它作解释：

（1）事物

所谓"事物"指的是客观世界（包括自然界与人类社会）中所存在的客体。数据来源于事物，这表示数据来自客观世界中的客体。

（2）抽象

数据不相等于事物，它是事物的一种抽象。数据剥取了事物中的物理外衣与语义内涵，抽象成**按一定规则组织的有限个数符号的序列（称符号串）**。在这种抽象的表示中，数据由两部分组成，其一是数据实体部分，称数据的值（data value），它可表示为符号串；其二是数据的组成规则，称数据的结构（data structure），它表示数据的组成都是有规则的，不是混乱与无序的，而这种规则则是客观世界事物内部及相互间的语法、语义关联性的一种抽象，它也经常可以表示为符号串。

（3）计算机

事物经抽象后成为一些符号串，它们可用计算机所熟悉的形式表示。目前有两种表示方法：一种是物理表示方法；另一种是逻辑表示方法。

由这三点解释可知，数据实际上是事物经抽象后用计算机中的一种形式表示。

下面举一个某高校学生数据的例子。

例 2.1　某高校学生是事物，它可抽象成表 2.1 所示的形式。

表 2.1　学 生 数 据

学号	姓名	性别	年龄	系别
030016	张晓帆	男	21	计算机

该表示形式又可分解成两个部分，其一是值的部分：030016，张晓帆，男，21 及计算机，而它的结构部分则为表 2.1 所示的表框架，它可用表 2.2 表示。

表 2.2　学生表框架

学号	姓名	性别	年龄	系别

这个表框架可以符号化为：T（学号，姓名，性别，年龄，系别），这是一种数据结构，它建立了学生五个属性间的组合关联，亦即说五个属性**组合**成一个学生整体面貌，这是一种组合结构，这种结构称元组（tuple），它具有一般的符号表示形式：

$$T(a_1, a_2, \cdots, a_n) \tag{2-1}$$

这种元组称为 n 元元组。在这种元组的结构下，表 2.2 所示的学生表框架可表示为 T（学生，姓名，性别，年龄，系别），而表 2.1 所示的学生可以用数据形式表示：

$$T（030016，张晓帆，男，21，计算机） \tag{2-2}$$

这种形式是计算机所表示的形式。

本例表示了一个学生事物在计算机中的抽象表示，即是一个数据。

2．计算机学科中的数据

下面讨论数据在计算机学科中的地位与作用。

（1）程序与数据

计算机学科是研究计算过程的学科，在计算过程中有两个基本要素，它们是计算处理与计算对象。其中，计算处理可表示成为程序，而计算对象即数据。一个计算过程是**程序**对**数据**的**不断加工过程**，由初始数据开始而至结果数据结束，而结果数据即计算的**最终目标**。它们的关系如图 2.1 所示。

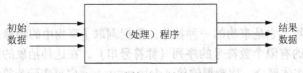

初始
数据　　　　　（处理）程序　　　　　结果
　　　　　　　　　　　　　　　　　　数据

图 2.1　计算过程结构原理图

计算机学科发展至今，程序与数据间的不同关系形成了目前流行的两种结构方式：

① 以程序为中心的结构：此种结构以程序为中心，以数据为辅助，即每个程序有若干数据为其支撑，它们构成了图 2.2 (a) 所示的结构。在早期的科学计算中都采用此种结构。

② 以数据为中心的结构：此种结构以数据为中心，以程序为辅助，即以一个数据集合为中心周围有若干程序对数据进行处理，它们构成了图 2.2 (b) 所示的结构。在目前，大多数应用采用以数据为中心的结构，这主要是由计算机网络的发展所致。

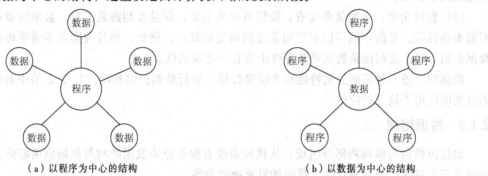

（a）以程序为中心的结构　　　　　　　　　　（b）以数据为中心的结构

图 2.2　程序与数据间的两种结构方式

（2）问题求解与数据

计算机学科的一个重要工作是问题求解，即将客观世界中需解决的问题转换成计算机中的**问题求解**。问题求解中必须有两个必备条件，即问题对象与求解方法，其抽象表示即为数据结构与算法。

① 问题求解的算法化：问题求解的方法必须抽象成算法，这样才能将其转化成计算机中的程序对问题进行求解处理。

② 问题对象的数据化：问题对象必须抽象成数据结构才能最终组成数据，为程序处理提供条件。

有了算法与数据结构后，问题求解就可以用计算过程来实现。但是，并不是所有问题都能抽象成为算法与数据的，因此在计算机学科中就出现了算法理论与数据理论，它们的任务即为问题寻找算法和为问题对象寻求合适的数据表示与结构。

从数据观点看，计算机所能应用的领域（即问题求解）的首要条件是必须将其对象数据化。但是，实际上世上的事物并不都是能抽象化为数据的，如在哲学领域研究中至今仍无法将其基本元素数据化，因此很难应用计算机作问题求解。但是在无线电应用领域如电视机中，传统电视机的处理对象是连续的电信号，它不具数据表示形式，因此无法用计算机处理；而只有在实现电信号数字化以后，计算机才能应用于该领域，从而出现了"数字电视"，它使电视机的应用能力达到了一个新的水平。

3. 数据分类特性

最后，讨论数据的分类性质。

世上有多种不同数据并具有不同的特性，大致说来可分为下面三种：

（1）时间角度：从保存时间看，数据可分为挥发性数据（transient data）与持久性数据（persistent data）。其中挥发性数据保存期短，而持久性数据则能长期保存。在物理上，挥发性数据存储于内存（RAM）中，而持久性数据则存储于磁盘等外部存储器内。在使用中，挥发性数据主要用于程序执行中所使用的那些数据，而持久性数据则主要用于长期存储的数据。

（2）使用范围：从使用广度看，数据可分为私有数据（private data）与共享数据（share data）。其中私有数据为个别应用所专用，而共享数据是以单位（enterprise）为共享范围，它可为单位内的多个应用服务。而当共享范围达到全球时，可称之为超共享数据（super share data）。例如，计算核裂变数据属私有数据，校园网中的学生数据则属共享数据，而互联网中发布的新闻则是超共享数据。

（3）数量角度：从数量角度看，数据可分为小量、海量及超海量三种。数据的量是衡量数据的重要标准。量的不同可以引发由量变到质变的效应。例如，小量数据是不需管理的，海量数据必须管理，而超海量数据则在管理中须有一定灵活性。

数据的上述三种不同分类特性可为研究数据、分析数据提供基础。在 2.2 节中对数据组织的分类即应用了这三种特性。

2.1.2 数据组成

数据由横向与纵向两部分组成，从横向角度看数据分为数据结构与数据值两部分，而纵向可分为三个层次，即客体世界、逻辑世界及物理世界。

1. 数据横向组成

先从数据横向组成讨论。

1）数据结构

数据结构表示在组织数据中所必须遵从的规则，它反映了数据内在结构上的关联性。这是一种语法、语义关联上的抽象。它可以分为两个层次，一个是逻辑层次，另一个是物理层次。

（1）数据的逻辑结构

数据逻辑层次结构又称数据逻辑结构（data logical structure）。这种结构是客观世界事物语法、语义关联的直接抽象，它表示数据在结构上的某些逻辑上的必然关联性，因此称数据逻辑结构。例如，教师与学生间的师生关系，学生间的同桌关系、同班关系等，它们都可直接抽象成数据逻辑结构；又如，例 2.1 中式（2-1）所示的元组结构就是一种数据组合语义关系的抽象，它也是一种数据的逻辑结构。常用的逻辑结构有基于图论的线性结构、树结构及图结构等，它反映了事物两两间的关系，也有基于关系理论的关系结构，它反映了多个事物间的关系。

数据逻辑结构是一种面向应用的结构，亦即面向用户使用的结构。这表示用户在使用数据时所必须了解的结构。例如，例 2.1 中式（2-1）所示的结构给出了表 2.2 所示的表框架，用户在使用该学生数据时，就能了解该数据的语义，从而为操作应用数据提供直接支撑。

（2）数据的物理结构

数据物理层次结构又称数据物理结构（data physical struture）。这种结构是数据逻辑结构在计算机存储器（如磁盘、内存等）中存储的物理位置关系的反映，因此叫做数据物理结构，有时也可叫做数据存储结构（data storage structure）。

目前常用的物理结构有两类：

① 顺序结构：数据的逻辑关联通过物理上存储器位置间相邻关系表示。例如，按学号次序排列的学生间的关系可用图 2.3（a）所示的顺序结构表示。在此结构中数据语法、语义关联的表示并不需要单独占用物理空间。

② 链式结构：数据的逻辑关联通过指针（pointer）表示。指针是一种物理存储单元，它给

出了一个数据到另一个数据的关联，而指针所指的物理单元即数据的物理地址。在此结构中，一个数据由两种物理单元组成，它们是表示值的单元及表示指针的单元。图 2.3（b）给出了链式结构中的物理组成。

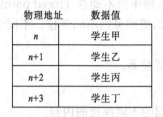

物理地址	数据值
n	学生甲
$n+1$	学生乙
$n+2$	学生丙
$n+3$	学生丁

数据值	指针

（a）顺序结构 （b）链式结构

图 2.3 两种结构的数据物理单元组成

例 2.2 有一份职工名单，它在逻辑上构成了一种线性结构，如图 2.4 所示。

该逻辑结构可用图 2.5 所示的物理结构表示，其中图 2.5（a）表示顺序结构，图 2.5（b）表示链式结构。

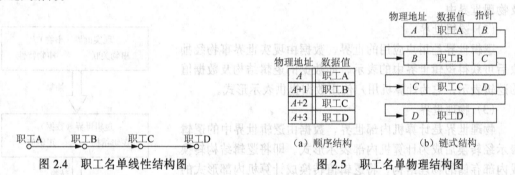

物理地址	数据值
A	职工A
$A+1$	职工B
$A+2$	职工C
$A+3$	职工D

物理地址	数据值	指针
A	职工A	B
B	职工B	C
C	职工C	D
D	职工D	

职工A 职工B 职工C 职工D

（a）顺序结构 （b）链式结构

图 2.4 职工名单线性结构图 图 2.5 职工名单物理结构图

数据的物理结构是一种面向（软件）开发者的结构，即在计算机内部开发实现的结构。当某种数据存入计算机内部时，即用此种方法以实现其结构。

2）数据值

数据值又称值，它表示数据的实体，可表示为符号串，这是客观世界事物的一种特性抽象。数据值也可分成为两个层次，一个是逻辑层次，另一个是物理层次。

（1）数据值的逻辑层次

它是客观世界中事物特性的抽象表示，如事物重量可用数值表示，事物名称可用字符串表示等。

数据值的逻辑层次是一种面向应用的表示，即面向用户使用的表示。

（2）数据值的物理层次

它是数据值逻辑层次在计算机存储器存储时的物理表示，亦即二进制位符号（bit）表示、字节（byte）形式表示或字（word）形式表示等，也可用定点、浮点方法表示整数、实数等，而数据值的物理表示即这些符号的序列（符号串）。

数据值的物理层次是一种面向（软件）开发者的表示，即在计算机内部开发实现时的表示，当某种数据存入计算机内部时，即用此种方法表示它的值。

3）数据中结构与值的关系

一般来讲，数据的结构与值之间具有结构的稳定性与值的灵活性。数据的结构反映了数据内在、本质的性质，它具有相对的稳定性，而数据的值则可因不同时间、地点及条件而有所不同，因此具有可变性与灵活性。故而称数据的结构为数据中的不动点（fixed point）。例如，教师与学生间的师生关系是一种稳定的数据结构，而它的值则可因不同学校、不同学期及不同专业而有所不同。

数据的结构与值这两个部分反映了数据的横向组成关系。

2．数据纵向层次

从纵向看，数据有三个层次的世界，它反映了数据的不同深度的内涵。

（1）现实世界

现实世界即客观世界，它由物质组成，在这里物质称为事物。每个事物都可用其独特的个性表示，称为特性或性质。事物间还存在着千丝万缕的关系，称为规则，它们构成了数据存在的基本物质基础。

客观世界是产生数据的世界，但是在该世界中并不出现数据，数据出现于后面的逻辑世界及物理世界中。

（2）逻辑世界

逻辑世界是用户应用的世界，数据由现实世界事物经抽象后可获得逻辑世界中的表示，即数据的逻辑结构及数据值的逻辑表示，它为计算机用户使用数据提供表示形式。

（3）物理世界

物理世界是计算机内部世界，数据由逻辑世界中的逻辑表示经转换后成为计算机内部表示形式，即将逻辑结构转换成内部存储的物理结构，将逻辑值转换成计算机内部形式的物理值。它为计算机开发者实现数据在计算机内部的存储提供支持。

数据的三个世界反映了数据的纵向层次关系。

3．数据的分解与组合

在分析了数据的两横三纵组成关系后，可以用图 2.6 对数据作一个完整的描述，即可以将数据分解成三层表示，其中每层由两个部分组成，它们又通过抽象及转换构成一个完整的数据组成。

图 2.6 也可以作为数据的一个小结。

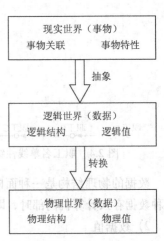

图 2.6　数据三个层次与两个部分组成表示

2.1.3　数据元素与数据单元

本节介绍数据的使用。**数据是按单位使用的**，具体说来，它必须有明确的边界与范围，以及有唯一标识符（即数据单位名）。

数据使用单位有两种：一种称数据元素，另一种称数据单元。下面分别介绍。

1．数据元素

数据元素（data element）是数据使用的**基本单位**。一个数据元素由数据元素名、数据元素结构及数据元素值三部分组成。

数据元素的组成方式如下：

(1) 数据项是数据元素

数据项（data item）是最基础的，不可再分割的数据单位。数据项是数据元素，也可称为基本数据元素。数据项由数据项名、数据项结构（即数据类型）及数据项值（称基本值）等三部分组成。如例 2.1 学生数据中的五个属性均为数据项，它们均可表示为表 2.3 所示的形式。

表 2.3　数据项元素示例

数 据 项 名	数 据 类 型	基 本 值
学　号	字符型	030016
姓　名	字符型	张　帆
性　别	字符型	男
年　龄	整型	21
系　别	字符型	计算机

(2) 数据项的元组是数据元素

数据项是数据元素，由数据项的组合（称元组）所组成的命名数据也是数据元素，它可称为元组型数据元素或元组型元素。例如，例 2.1 中的式（2-2）经命名后是元组型数据元素。

(3) 复合数据元素

进一步，有限个数据元素经有限次组合所生成的命名数据也是数据元素。这种数据元素可称为复合数据元素。

接着，我们对数据元素的命名（特别是复合数据元素）进行说明。

数据元素的命名方式有两种：一种称显式命名，另一种称隐式命名。

① 显式命名方式：即数据元素以人为方式命名，如表 2.3 中的"学号""姓名"等均是。一般基本数据元素都用显式命名方式，而复合数据元素有时也可用显式命名方式命名。

② 隐式命名方式：即数据元素用元组中的"键"命名。也就是说，用键表示数据元素。那什么叫键（key）呢？凡是在元素中能唯一标识它的最小数据项的集合称为该元素的键。如在例 2.1 表 2.1 所示的某学生数据元素中，学号为其键，因此该数据元素可用学号作为其命名。

隐式命名方式多用于元组型数据元素及复合数据元素中。

最后，用一个例子说明复合数据元素。

例 2.3　有学生成绩单如表 2.4 所示，可用复合数据元素表示，其结构由四个元组复合而成。

表 2.4　学生成绩表

学号	姓名	成　　绩					
		政　治	基　础　课		专　业　课		
			数　学	英　语	离散数学	数据库	数据结构
030016	张帆	80	76	90	82	98	65

它们分别是：

学生成绩单：（学号，姓名，成绩）；

成绩：（政治，基础课，专业课）；

基础课：（数学，英语）；

专业课：（离散数学，数据结构，数据库）。

这四个元组复合后可得到：

学生成绩单：

$$（学号，学生，（政治，（数学，英语），（离散数学，数据结构，数据库）））$$ (2-3)

而该学生数据元素可表示为：

学生成绩单：

$$（030016，张帆，（80，（76,90），（82,98,65）））$$ (2-4)

2．数据对象

数据对象（data object）是命名的数据元素集合。数据对象反映了客观世界的问题求解中所关注与探讨的对象的全体。它也是问题求解中所关注与探讨的一种问题域的基本单位。

数据对象一般分为两种：一种称同质对象，另一种称异质对象。

（1）同质对象：具有相同结构的数据元素所组成的对象称同质对象。

例2.4 表2.5所示的学生元素组成了一个同质对象。该对象由4个元素组成，即{（030016，张帆，男，21，计算机），（030017，王曼英，女，18，数学），（030018，李爱国，男，23，物理），（030019，丁强，男，20，计算机）}。

这个对象中所有元素均具有相同的结构：（学号，姓名，性别，年龄，系别）。该数据对象名为"学生名单"，而数据元素的名为其键"学号"。

表2.5 学生名单

学 号	姓 名	性 别	年 龄	系 别
030016	张 帆	男	21	计算机
030017	王曼英	女	18	数学
030018	李爱国	男	23	物理
030019	丁 强	男	20	计算机

（2）异质对象：具有不同结构的数据元素所组成的对象称异质对象。

例2.5 表2.5及表2.6组成了"学生-课程"对象。该对象中的元素结构并不完全相同，因此它是一个异质对象。具体说来，该对象有8个元素，它们分成两种不同结构：（学号，姓名，性别，年龄，系别）以及（课程号，课程名，预修课号）。

表2.6 课程名单

课程号	课程名	预修课号
C10	C 语言	C00
C11	离散数学	C10
C12	数据结构	C10
C13	数据库	C12

3．数据结构

1）基本数据结构

在数据元素内的数据类型及数据组合是这个数据元素的结构部分，它称为基本数据结构。

　　此外，在数据对象中的各数据元素间可以构建其语法/语义关联，称数据结构，常用的有两种，分别是基于图论的数据结构及基于关系的数据结构。

　　2）基于图论的数据结构

　　目前有四种常用的基于图论的数据结构，分别是线性结构、树结构、图结构及特殊的空结构。这是一种建立在图论理论基础上的结构。这个结构反映了两个数据元素之间的关联，是元素间最基本的关联。

　　（1）线性结构

　　在数据对象中的所有数据元素间，凡存在某种次序关系的结构称线性结构，这种"次序"包括时间的前后次序、位置的先后次序、排名的顺序等。线性结构可用图 2.7（a）所示的形式表示。在图中数据元素可用结点表示，而其间次序关系则可用结点间的边表示，它构成了图论中的线性图结构。

　　例 2.6　表 2.5 是由四个数据元素（即四个学生）组成，它们间可按顺序组成一个线性结构，可用图 2.8（a）表示。

　　（2）树结构

　　在数据对象中的所有数据元素间，凡存在某种分叉及层次关系的结构称树结构。这种结构包括如上下级关系及双亲子女关系等。树结构可用图 2.7（b）所示的形式表示。在图中用结点表示数据元素，用边表示元素间的分叉层次关系，它构成了图论中的树。

　　例 2.7　某县县委机构共有五个部门，它们是：县委机关、县委办公室、宣传部、组织部及统战部，其中每一个部门可用一个数据元素表示，它们组成了一个数据对象，在此对象内的五个元素间存在着上下级的领导关系，它是一种树结构，可用图 2.8（b）表示。

　　（3）图结构

　　在数据对象中的所有数据元素间，凡存在一般规则性关系的结构称图结构。这种结构具有一定的随意性与一般性，如图 2.7（c）所示。它可用图论中的图形式表示。

　　例 2.8　华东五城市济南、上海、南京、杭州及福州等所组成的通航线路是一种图形式数据结构，在该结构中，每个城市可用数据元素表示，而五个城市则组成了五个元素的数据对象，而该通航线路则是建立在数据对象上的图，它可用图 2.8（c）表示。

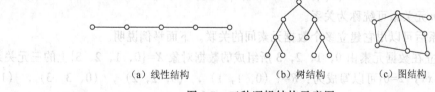

（a）线性结构　　　　　（b）树结构　　　　　（c）图结构

图 2.7　三种逻辑结构示意图

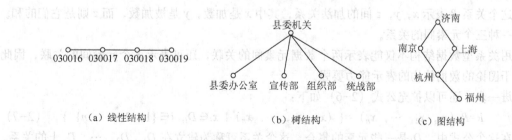

（a）线性结构　　　　　（b）树结构　　　　　（c）图结构

图 2.8　三种逻辑结构示例图

（4）空结构

空结构是数据结构的特例，即在数据对象中所有数据元素间不存在任何关联。

3）基于关系的数据结构

上述四种结构都是基于图论的数据结构。此外，目前常用的还有基于关系理论的关系型数据结构，这是用数学中的关系理论表示事物间语法/语义关联的一种方法。

首先介绍关系的基本概念。我们说，关系是在集合 $X=\{x_1, x_2, x_3, \cdots, x_m\}$ 上有序偶 (a, b) 的集合。有序偶 (a, b) 中 $a, b \in X$，这个有序偶表示 a, b 间有一定的关联。这样，一个关系就可写成：

$$R=\{ (a, b) \mid a, b \in X \} \tag{2-5}$$

例2.9　前面例2.6至例2.8所示的三个基于图论的数据结构可以用关系型数据结构分别表示如下：

$R_1=\{ (030016, 030017), \quad (030017, 030018), \quad (030018, 030019) \}$

$R_2=\{ (县委机关，县委办公室)，\quad (县委机关，宣传部)，\quad (县委机关，组织部)，(县委机关，统战部) \}$

$R_3=\{ (济南，南京) \quad (济南，上海) \quad (南京，杭州)，\quad (上海，杭州)，\quad (杭州，福州)，(南京，济南)，(上海，济南)，(杭州，南京)，(杭州，上海)，(福州，杭州) \}$

这三个关系分别表示：

R_1：学生学号从小到大的顺序关系；

R_2：上下级关系；

R_3：通航关系（这是一种双向关系）。

此外，还有一个空结构，它可用空关系表示。

这里所介绍的关系也称二元关系，它建立了两个元素间的关联。也可将其推广至 n 个元素间的关联，称为 n 元关系。n 元关系是建立在 $X=\{x_1, x_2, \cdots, x_m\}$ 上的 n 元有序组 $(t_1, t_2, \cdots, t_n)$ 的集合。在 n 元有序组中 $t_1, t_2, \cdots, t_n \in X$，它表示 n 元素 $t_1, t_2, \cdots, t_n$ 间有着一定关联，这样，这个 n 元关系就可以写成：

$$R=\{ (t_1, t_2, \cdots, t_n) \mid t_1, t_2, \cdots, t_n \in X \} \tag{2-6}$$

二元关系与 n 元关系可统称为关系。

有了 n 元关系后可以用它建立多个数据元素间的关联。下面举例说明。

例2.10　建立在数据元素由0，1，2，3所组成的数据对象 $X=\{0, 1, 2, 3\}$ 上的三元关系 $R=\{ (x, y, z) \mid x+y-z=0 \}$ 可以写成为：$R=\{ (0, 1, 1), \quad (0, 2, 2), \quad (0, 3, 3), \quad (1, 0, 1), \quad (2, 0, 2), \quad (3, 0, 3), \quad (1, 1, 2), \quad (1, 2, 3), \quad (2, 1, 3) \}$。

这个关系 R 表示 x, y, z 间的加法关系，其中 x 是加数，y 是被加数，而 z 则是它们的和。这是一种三个元素间的关系。

用关系型数据结构不仅能表示两个数据元素的关联，还可表示多个元素间的关联，因此比基于图论的数据结构的表示能力要强。

进一步，还可以扩充公式（2-6）如下：

$$R=R (x_1, x_2, \cdots, x_n) =\{ (x_1, x_2, \cdots, x_n) \mid x_i \in D_i, i \in \{1, 2, \cdots, n\} \} \tag{2-7}$$

在这个公式中，D_i 是一些元素的集合。这个关系可称为建立在 D_1、D_2、$\cdots$、D_n 上的关系。

例 2.11　例 2.5 中所示的数据对象之上可以建立数据元素间的"学生修课"关联如下：

SC={（学号，课程号）|学号∈D_1，课程号∈D_2} = {（030016，C10），（030016，C11），（030017，C10），（030017，C12），（030017，C13），（030018，C10），（030019，C10），（030019，C11）}。

其中 D_1={030016，030017，030018，030019}，D_2={C10，C11，C12，C13}，而学号与课程号分别是两种数据元素的键，亦即它们的隐式命名。

4. 数据单元

进一步定义另一种数据使用的单位，即数据单元（data unit）。

我们说，**一个数据对象及建立在该对象上的数据结构并赋予一个名字后称为数据单元**。数据单元是目前最常用的数据单位。由于数据单元是以数据结构为其特色，因此一般也可称为数据结构。

例 2.12　身份证号码：320104193509180032 是一个 18 位十进制数字，它由 8 个基本数据元素组成，如表 2.7 所示。

表 2.7　身份证号码组成表

元　素　名	类　　型	值
省　份	两位字符	32
市	两位字符	01
区、县	两位字符	04
出生年份	四位字符	1935
出生月份	两位字符	09
出生日期	两位字符	18
序　号	三位字符	003
纠错码	一位字符	2

这 8 个数据元素组成数据对象，再通过线性结构 L=（省份，市，区县，出生年份，出生月份，出生日期，序号，纠错码）组成一个数据单元 L，它可表示为：

$$L=(32,01,04,1935,09,18,003,2)$$

由数据单元定义可知，数据元素是一种特殊的数据单元。

在数据单元的基础上可以作进一步扩充，它包括数据运算及数据约束等。

2.1.4　数据运算

数据元素与数据单元为数据使用提供了基本单位，而数据使用是通过数据运算实现的。

数据运算是操作的一个总称，而其每个运算则是一种操作（operation）。从操作性质看，数据运算可由两部分组成，它们是数据值的操作以及数据结构操作，从操作范围看，数据运算又可分为公共操作与个性操作两种。下面（以数据元素为例）按这两类分别介绍如下：

1. 公共操作

针对每个数据元素均有的操作称公共操作，又分为以下两种：

（1）数据值的操作：是以数据元素中的数据值为对象的操作。其基本操作有：

① 定位操作：主要用于确定数据元素在数据结构中的位置，为后续操作提供定位服务。

② 读操作：主要用于读取数据中满足一定条件的数据元素中的值，也可称为查询操作。

③ 添加操作：主要用于在指定数据中添加数据的值，也可称为插入操作。

④ 删除操作：主要用于删除指定数据元素中的数据的值。

⑤ 修改操作：主要用于修改指定数据元素中的数据的值。

（2）数据结构的操作

① 创建结构：用于建立一个满足要求的结构。

② 删除结构：用于删除一个已创建的结构。

③ 修改结构：用于修改一个已创建的结构。

④ 查询结构：用于查询指定结构的规则的参数，如线性表的结点数、树的高度等。

2. 个性操作

除了公共操作外，不同结构尚可有不同的特殊性操作，可称为个性操作或私有操作。

2.1.5 数据约束

数据是客观世界中事物的抽象，它处于客观世界错综复杂的现象中，受环境的制约与约束，因此任何数据都受制于环境，称数据约束。具体说来可以有以下几种：

1. 数据值的约束

数据值的约束表示数据元素中数据值自身及值之间的语法、语义约束。

例 2.13 在表 2.8 所示的"职工"数据元素中，职工年龄的值一般限制在 18～60 之间；职工工资与其职务、工龄有关，即工龄长、职务高者工资必高。

表 2.8 职 工 表

职 工 号	姓 名	年 龄	职 务	工 资	工 龄	性 别

2. 数据域的约束

数据域的约束即对数据对象的约束，如数据对象中数据元素量的约束与性质约束等。

例 2.14 建立在表 2.9 上的职工名单是一个数据对象，它在量上受单位编制约束，如某企业职工人数不得突破 300 人。

3. 数据结构的约束

数据间有一定结构关联，此外，还受外界环境约束称数据结构约束。

例 2.15 行政机构中上下级关系所组成的树结构，它的深度与宽度都是受约束的。如某机关，其部门设置不得超过五个，领导层次不得超过三层。

4. 数据操作的约束

不同数据单元有不同操作，这些操作是受约束的，称数据操作约束。

例 2.16 建立在一维数组上的操作仅允许有修改操作而不能有增加与删除操作。

5. 数据其他的约束

除了上面四种约束外，数据还可以有其他类型的约束，如 Web 页面中数据展示的形式约束、数据图像表示中的点阵约束等。

2.1.6　扩充的数据单元

到目前为止，从使用的角度看已经介绍了 6 个概念：

- 数据元素：数据的基本使用单位；
- 数据对象：数据元素的集合；
- 数据结构：建立在数据对象上的元素间的关联；
- 数据单元：数据的一种常用单位，它由单元名、数据对象及建立在对象上的数据结构组成；
- 数据运算：建立在数据单元上的操作集合；
- 数据约束：它对上述五个概念作统一的制约。

图 2.9　数据单元的 6 个概念层次组织图

这 6 个概念关系紧密，构成了一个单向层次依赖的组织形式，它可用图 2.9 表示，这是计算过程中研究对象的完整表示，它以数据单元为核心，再加上建立在其上的数据运算与约束，组成了一种完整意义的数据使用表示，它可称为扩充的数据单元，也可简称为数据单元。

2.2　数　据　组　织

在计算机应用中需大量使用数据单元，而数据单元的设置与构建须作大量的、精心的策划与设计并通过编程实现。为减少此方面的精力，在计算机中往往预先编制一些规范与标准的软件，为用户使用数据单元提供方便，而它们就称为数据组织。

数据组织是一种软件，它为用户使用数据单元提供规范服务。有了数据组织后，用户使用数据就变得非常简单与方便。

目前常用的有四种数据组织，分别是：基本数据组织、文件组织、数据库组织以及 Web 数据组织等。它们基本上能满足应用对数据的不同需求，而每种数据组织一般仅针对某一类型的应用需求。

2.2.1　数据组织分类

目前流行的四种数据组织实际上都是按照数据特性分类组织的，由于不同特性的数据在组织上有不同的方式与方法的要求，因此需按其特性分类组织数据。下面对此进行讨论。

1. 依赖型数据组织

从数据特性看，依赖型数据组织具有以下特性：

- 挥发性数据；
- 私有数据；
- 小量数据。

此类数据组织中的数据存储于内存且数量小，无须管理，数据专为某些特定应用（程序）服务，并能被这些程序直接调用而不需要任何接口。由于它对应用（程序）的依附程度高，因此此类组织称依赖型数据组织。

依赖型数据组织也可称基本数据组织，它的内容包含数据单元中的最基本部分——数据元素、数据对象及基本数据结构及相应操作。它一般附属于程序设计语言中，以 C 语言为例，它包括 C 中的数据类型、数组、结构体等内容，这些都属于 C 语言中的数据部分。此外，有关线性结构、树结构及图结构等结构及相应操作都可在 C 中的函数库内找到。

依赖型数据组织是一种最基本的数据组织，任何应用中都用到它。

2．独立型数据组织

从数据特性看，独立型数据组织具有以下特性：

- 持久性数据；
- 共享数据；
- 海量数据。

此类组织中的数据一般存储于磁盘等外部存储器内并能长期保存，同时数据量大，由专门机构管理，数据可为众多应用所共享。此类组织并不依附于任何应用，需有独立的管理机构并须有单独的接口，通过接口与应用进行数据交互。此种数据组织称独立型数据组织。

独立型数据组织须用专门的软件系统来实现，它的典型代表即目前为我们所熟知的数据库管理系统。该系统是一种专用于海量数据的组织与管理的软件。

独立型数据组织是一种管理严格与规范的数据组织。

3．半独立型数据组织

从数据特性看，半独立型数据组织具有以下特性：

- 持久性数据；
- 私有数据；
- 海量数据。

此类组织中的数据一般存储于磁盘等外部存储器内并能长期保存，同时数据量大，须由专门机构管理，但数据一般专为某些特定应用服务，属私有数据。此类组织需由一定独立程度的机构管理，也须有单独的接口，但接口可附属于相应的应用，因此，此类组织称半独立型数据组织。

半独立型数据组织也由一定的软件系统实现，但其独立性比独立型数据组织差，一般依附于另外的独立软件组织。半独立型数据组织目前在计算机中的典型代表即文件系统，它附属于操作系统，而其接口则依附于程序设计语言，如在 C 中的文件读、写函数等。

4．超独立型数据组织

从数据特性看，超独立型数据组织具有以下特性：

- 持久性数据；
- 超共享数据；
- 超海量数据。

此类组织中的数据一般存储于多个专用服务器的磁盘等外部存储器中并长期保存，同时数据具有超海量特性，须由专门机构管理。数据共享性极高，可为全球应用（用户）服务，它须具有独立接口与应用交互，此种数据组织称超独立型数据组织。

超独立型数据组织由专门的软件系统实现，目前在计算机中的典型代表即 Web 数据组织，其存储实体为 Web 服务器。此外，还须有一种独立的接口，目前常用的有浏览器。

此外，包括数据仓库及目前所兴起的大数据组织也是超独立型数据组织。

图 2.10 给出了四种数据组织的三种数据特性间的关系。

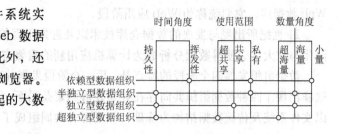

图 2.10　数据特性与数据组织分类间的关系

2.2.2　数据组织发展简史

本小节简单介绍计算机数据组织的发展简史，它也可作为数据组织的一个总结。

自 20 世纪 40 年代中期计算机出现后即有数据存在，而数据的存在需有数据组织，因此数据组织的发展历史已有 70 多年。在这期间，它经历了四个发展阶段，究其发展动力，从内部看是硬件技术的不断进步，特别是存储技术的更新与存储容量的扩大；从外部看则是应用需求的刺激与计算机应用领域的不断拓展所致。下面对这四个发展阶段进行介绍。

1. 数据组织发展第一阶段——初级阶段（20 世纪 40~50 年代）

在计算机发展的初期即出现程序概念，同时也出现数据概念，但受硬件发展的限制，计算机存储单元数量少（一般仅为千字节级），因此当时数据仅是一种私有的并依附于程序的依赖型数据，而其组织则是一种简单的、极少管理的数据结构。此阶段是数据发展的初期，因此称为初始阶段。此阶段的主要成果是基本数据结构出现并在技术上有所发展。

2. 数据组织发展的第二阶段——文件阶段（20 世纪 50~60 年代）

在 20 世纪 50 年代中期后，由于计算机硬件的发展，计算机存储单元的增加（一般已达兆字节级），特别是磁带、磁盘等大型存储器的出现，使得数据持久性功能的实现成为可能，同时在商业应用及数据处理领域应用的发展，使得数据组织研究出现了新的突破。在此阶段主要表现为如下两方面：

（1）文件系统出现与发展。文件是一种具有持久性及海量数据的组织，它的出现与发展为持久性数据的组织管理提供了有力支撑，并且为数据处理等应用开拓了道路。

（2）数据结构研究的进一步发展。在初始阶段发展的基础上，对数据结构的研究继续得到发展并已形成为计算机领域中的一门独立学科分支。

3. 数据组织发展的第三阶段——数据库阶段（20 世纪 60~90 年代）

自 20 世纪 60 年代后期开始，计算机的存储单元数进一步扩充（一般到吉字节级），计算机共享性应用出现，从而推进了数据库的出现与发展，数据组织进入了一个新的发展阶段。此阶段的主要特点是数据组织在软件中已成为一种独立的结构体系，它与程序一起构成了软件的两大独立组成部分，并开创了数据共享的新时代。

4. 数据组织发展的第四阶段——Web 应用阶段（20 世纪 90 年代至今）

从 20 世纪 90 年代开始，计算机网络的出现与应用，特别是互联网的应用改变了整个数据的应用方向，数据应用范围已由单机扩充到多机，由局部扩充到全面，并进一步扩充到全球，而数据组织也由单机管理的数据库到多机管理的分布式数据库，并进一步到 Web 数据管理及

Web 数据库，它们统称为 Web 应用阶段。

21 世纪所出现与发展的数据仓库技术以及近期出现的**大数据技术**是数据组织发展的进一步深化与扩大，它使得**数据分析**成为计算机应用新的重要方向。

数据组织发展四个阶段的特点是：后一个阶段发展并不淘汰前面的发展阶段而是共同发展，这样出现了四种数据组织共同存在并肩发展的繁荣局面。它们以数据库与 Web 数据管理为核心，以文件系统及传统数据结构为基础，相互配合共同组成了一个完整的数据组织体系。

2.3 数据库系统基本概念

数据库系统（database system）是一种数据组织，它是存储与管理共享、海量及持久性数据的一种软件。在本节中主要介绍它的基本概念。

2.3.1 数据库系统基本面貌

作为数据组织，数据库系统中的数据具有共享性、海量性及持久性。为管理好这些数据，对数据组织有一定的要求，也可以说，**数据特性决定了数据组织**。它们是：

1. 数据共享

数据共享（data share）是计算机中的重要概念。数据是一种资源，它可为多个应用所共享，使数据能发挥更大的效用。共享的数据对数据组织是有要求的：

（1）全局结构与局部结构：数据库系统中的数据应能为多个应用共享，因此首先须为数据构建一个全局的、规范的结构，可称为全局模式。其次，对每个应用而言，又有其特殊的需求，它应是全局结构中的一个部分，称局部结构或称局部模式。因此，数据共享的数据组织中必须有数据的全局与局部模式。

（2）数据控制：数据共享可为应用带来极大的方便，但是共享应是**有度的**，"过度共享"可引发多种弊病，如安全性弊病、并发性弊病。因此，共享必须建立在一定规则控制下，称数据控制（data control）。从数据角度看，数据控制是一种数据约束。

（3）独立组织：共享数据不依赖于任何应用，其数据组织必须独立于应用，并具有独立的数据操纵能力。应用在使用共享数据时必须通过一定的接口，并以多种数据交换方式实现。

（4）数据的高集成与低冗余：共享数据可以统一组织以达到高度集成，还可以避免私有数据混乱与高冗余的状况。

2. 海量数据

（5）海量数据对数据组织的要求是：

数据管理：海量数据是必须管理的，而"管理"体现于有专门的机构，它一般有两种，一种是专门的软件，称数据库管理系统（DataBase Management System，DBMS），另一种是专门管理数据的人员，称数据库管理员（DataBase Administrator，DBA）。

3. 持久性数据

（6）持久性数据对数据组织的要求是：

数据保护：持久性数据要求数据组织具有长期保存数据的能力，包括抵抗外界破坏能力，抵抗外界干涉能力，以及遭遇破坏后的修复能力等数据保护功能。从数据角度看，它也是一种数据约束。

（7）海量数据与持久性数据两者还共同对数据组织有要求：

海量、持久的物理存储设备：海量、持久的数据须有海量、持久的物理存储设备支撑。因此，数据库系统的物理存储设备应是具有海量、持久性质的，且具高速、联机的存储器——一般用磁盘存储器。

根据数据库系统的三个特性对其数据组织的 7 项要求，数据库系统作为数据组织，应具有 7个基本面貌：

①　其数据模式由全局与局部模式两部分组成；

②　其数据有高集成性与低冗余性；

③　是一种独立组织，有多种数据操纵能力；

④　有多种数据交换能力；

⑤　有数据控制与数据保护能力，它们共同组成数据约束；

⑥　有专门的数据库管理系统软件与专门的数据库管理人员；

⑦　其物理级存储设备是磁盘存储器。

这 7 个数据组织的要求构成了数据库系统的基本面貌。

2.3.2　数据库系统组成

根据数据库系统的基本面貌，接下来可以讨论数据库系统组成。

数据库系统一般可由下面几个部分组成：

1．数据库

数据库（DataBase，DB）是一种持久性的、海量的、共享的数据单元，它按全局及局部结构两种形式组织。多个应用可通过接口与其作数据交换，它的常用物理存储设备是磁盘。

数据库中数据具有高集成性与低冗余性。

2．数据管理

数据是需要管理的，数据管理主要用于**数据库的开发与应用**，它包括数据库的操作性管理及开发性管理，其中操作性管理是由软件系统实现称**数据库管理系统**，而数据库开发性管理也可称**数据库管理**，由专业技术人员完成，他们称为**数据库管理员**。这是两种不同的管理，后者是高层次的，由人员管理，而前者是低层次的，由系统管理。在正式术语中，后者的管理称为"administration"，而前者则称为"management"。下面分别介绍。

（1）数据库管理系统

数据库管理系统是管理数据库的软件，它为**建立、使用、开发与维护数据库提供统一的操作支撑**。其主要功能包括：

①　数据定义功能：可以定义数据库中共享的全局与局部数据模式，在现代还可定义共享的程序过程；

②　数据操纵功能：具有对数据库中数据实施多种操作的能力；

③　数据控制与数据保护能力：具有对数据库中数据实施控制与保护能力；

④　数据交换功能：提供应用与数据库间多种数据交换方式；

⑤　数据库管理系统还提供多种服务功能。

为使用户能方便地使用这些功能，数据库管理系统提供统一的数据库语言，目前常用的语言为 SQL。

（2）数据库管理及数据库管理员

数据库管理主要内容包括：

①　数据库的生成管理：包括数据库生成、参数设置与数据加载等工作；

② 数据库运行维护的管理：包括数据库的运行管理以及数据库的维护管理等；

数据库管理由数据库管理员操作实施，数据库管理员是一组精通数据库技术的专业人员，他们的主要工作是：

① 负责数据库管理的操作实施；

② 建立起数据库与用户间的桥梁。其具体工作是指导用户使用数据库，以及规范化管理数据库的使用。

3．数据库用户

数据库用户是数据库的使用者。数据库是供用户使用的，但并非所有用户都能使用数据库，只有在数据库中登录的、具有唯一标识与一定权限的用户才称为数据库用户。它可以是：

(1) 应用程序：数据库的主要用户是应用程序（也可简称应用）。

(2) 操作人员：数据库使用者也可以是操作人员，它建立了人与数据库的直接交互通路。

(3) 数据体：其他种类数据体也可以作为用户来使用数据体，以建立两种数据体间的交互。

4．数据库系统

数据库系统是一种数据组织，它包括：

① 数据库——数据；

② 数据库管理系统——软件（包括数据库语言）；

③ 数据库管理员——专业人员；

④ 计算机平台——主要包括计算机硬件、网络及操作系统等；

⑤ 数据库用户——数据库使用者。

由这五个部分所组成的**以数据库为核心**的系统称为数据库系统（DataBase System，DBS）它有时还可简称为数据库。

2.3.3　数据库应用系统介绍

数据库系统是为应用服务的，**数据库系统与应用的结合组成了数据库应用系统**。

1．数据处理

数据库系统的应用领域是数据处理。数据处理是以**批量数据、多种方式处理为特色**的计算机应用，其主要工作是数据的加工、转换、分类、统计、计算、存取、传递、采集及发布等。

在数据处理中需要海量、共享及持久数据，因此数据库系统就成为数据处理中的主要工具，而数据处理与数据库系统的有效组合就构成了数据库应用系统。

2．数据处理环境

在数据处理中，用户使用数据是通过数据库系统实现的，而这种使用是在一定环境下进行的。目前一共有以下几种环境：

(1) 单机集成环境

在数据库系统发展的初期（20世纪60~70年代）以单机集中式环境为主，此时应用与数据处于同一机器内，因此应用使用数据较为简单方便。

(2) 网络环境

在计算机网络出现后，数据库系统的使用方式有了新的变化，此时应用与数据处于网络不同结点中，因此应用使用数据较为复杂、困难。

（3）互联网环境

这是互联网中 Web 站点使用数据库中数据的环境。

3. 数据交换方式

数据库是一种独立的数据组织，在数据处理中，多种用户访问它时必须有多个访问接口，这种接口可因不同环境、不同编程方式而有所不同，称为数据交换方式。目前一般有五种交换方式，它们是单机集成环境中的人机直接交互方式、嵌入式方式及自含式方式，网络中的调用层接口方式以及互联网中的 Web 方式等，我们将在第 4 章中对它们作详细介绍。

4. 数据库应用系统

在数据处理中开发应用系统需做两件事，首先是生成数据库，其次是根据不同环境、不同用户采用不同数据交换方式编写应用程序。

（1）生成数据库：即组织一个供用户使用的数据库系统，它包括如下一些内容：

① 设置数据库的环境与软、硬件平台；

② 安装数据库管理系统；

③ 定义并构建数据库模式及数据库物理参数；

④ 设置数据控制及约束条件；

⑤ 设置数据库用户；

⑥ 设置数据服务；

⑦ 设置数据交换接口；

⑧ 数据录入。

（2）编制应用程序：

① 在单机集成环境下，用嵌入式或自含式方式编程；

② 在网络分布式环境下，用调用层接口方式编程；

③ 在互联网环境下，用 Web 方式编程。

在经过了数据库生成及应用程序编制后，一个应用系统就生成了。这种系统称为数据库应用系统（DataBase Application System，DBAS）。数据库应用系统一般包括：

① 已生成的数据库；

② 已选定的数据交换方式及相应的接口工具；

③ 应用程序。

数据库应用系统一般也称信息系统（Information System，IS），这是目前数据处理领域中最为流行的系统，典型的有管理信息系统（MIS）、办公自动化（OA）系统、情报检索系统（IRS）以及财务信息系统（FIS）等，它们都是数据库应用系统。

5. 数据库应用系统组成

由上述介绍可知，数据库应用系统由如下几个部分组成：

① 数据库系统；

② 数据处理语言编译系统；

（①和②是数据库应用系统的开发工具与平台）

③ 已生成的数据库；

④ 应用程序。

（③和④是数据库应用系统的生成内容）

6. 数据库应用系统开发

(1) 数据库应用系统的开发流程

从软件角度看，数据库应用系统是应用软件，它是需要开发的。其开发流程按软件工程的要求进行，即按软件生存周期 6 个阶段实施。这 6 个阶段包括计划制订、系统分析、软件设计、代码生成、测试及运行维护等。

数据库应用系统的开发内容由应用程序开发与数据库开发等两部分组成，整个开发过程如图 2.11 所示。图中给出了软件开发 6 个阶段的任务，它们分别是：

① 计划制订：是整个应用系统项目的计划制订，此阶段所涉及的具体技术性问题不多。

② 系统分析：对整个数据库应用系统进行分析，并不明确区分应用程序与数据库两部分。

③ 软件设计：在软件设计中按应用程序的设计与数据库设计两部分独立进行。

④ 代码生成：在代码生成中按应用程序代码生成与数据库程序代码生成两部分独立进行。在其中应用程序代码生成为应用程序编程，而数据库程序代码生成包括数据库生成及数据交换代码生成两部分。

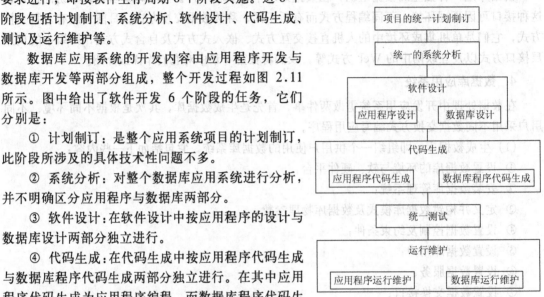

图 2.11　软件工程 6 个开发阶段的任务

⑤ 测试：在测试中对整个数据库应用系统做统一测试。

⑥ 运行维护：在运行维护中按应用程序运行维护与数据库运行维护两部分独立进行。

在开发 6 个阶段中，计划制订阶段所涉及技术性内容不多，因此一般仅讨论 5 个阶段内容。在其中，与数据库开发有关的内容称数据工程，它包括有数据库设计、数据库生成、数据库编程及数据库运行维护等四部分。

(2) 数据库应用系统开发中的相关人员

在数据库应用系统开发中所涉及四个与数据库有关内容分别由下面一些专门人员负责：

● 数据库设计员——负责数据库设计；

● 数据库管理员——负责数据库生成与数据库运行维护；

● 数据库程序员——负责数据库编程。

最后，对数据库应用系统得到一个结论性意见：

数据库应用主要体现在对数据库应用系统的开发上。这种开发包括的内容是数据库设计、数据库生成、数据库编程及数据库运行维护。它们以数据库管理系统及数据库语言为工具，必须参与的人员是数据库设计员、数据库管理员及数据库程序员。

复习提要

本章介绍统一的数据及数据理论，为计算机众多数据领域提供全面、统一的数据理论基本知识，包括数据基本概念、数据组织以及数据库系统基本概念。

1．数据基本概念

（1）数据定义：数据是客观世界中的事物在计算机中的抽象，即按一定规则组织的有限个数抽象符号序列。

（2）数据组成：数据的两种横向组成——数据的结构与值；数据的三种纵向层次——客观世界、逻辑世界与物理世界。

（3）数据三大特点：挥发性/持久性；私有性/共享性/超共享性；小量/海量/超海量。

2．数据的使用

（1）数据元素——数据的基本单位。

（2）数据对象——数据元素集合。

（3）数据结构——数据对象上的元素间的关系。它包括基于图论及关系型数据结构两种。

（4）数据单元——数据对象及其上的结构再加唯一性标记组成数据单元。

（5）扩充数据单元——数据单元+数据运算+数据约束。

3．数据组织

（1）数据组织是一种软件，它为用户在应用中使用数据提供标准、规范的服务。

（2）数据组织分类：

- 依赖型数据组织——挥发性、私有、小量数据，其代表是：程序设计语言中的数据部分。
- 独立型数据组织——持久性、共享、海量数据，其代表是：数据库。
- 半独立型数据组织——持久性、私有、海量数据，其代表是：文件系统。
- 超独立型数据组织——持久性、超共享、超海量数据，其代表是：Web。

4．数据库系统

（1）一种存储与管理共享、海量及持久性数据的数据组织称为数据库系统。

（2）数据库系统基本面貌：

数据模式由全局模式与局部模式组成；数据有高集成性与低冗余性；数据控制与数据保护；一种独立组织有严格数据操纵能力；由专门软件 DBMS 与专业人员 DBA 管理；其物理存储设备是以磁盘为主。

（3）数据库系统组成：数据库（DB）；数据库管理系统（DBMS）；数据库管理员（DBA）；基础平台；数据库用户。

5．数据库应用系统开发

（1）数据库应用系统组成：

数据库系统；数据处理语言编译系统；已生成的数据库；应用程序。

（2）数据库应用系统开发：

按软件工程开发的 6 个阶段，与数据库开发有关的是：数据库设计；数据库生成；数据库运行维护；数据库编程。

6．本章内容重点

数据单元；数据组织分类；数据库系统及数据库应用系统。

习题2

一、名词解释

1. 请解释下面的名词：

（1）数据；（2）数据元素；（3）数据对象；（4）数据结构。

（5）数据单元；（6）扩充的数据单元；（7）数据组织。

2. 请解释下列名词：

（1）数据库；（2）数据库管理；（3）数据库管理系统；（4）数据库管理员；（5）数据库系统；（6）数据库应用系统。

二、选择题

Oracle 是一种（   ）。

（A）数据库管理系统

（B）数据库

（C）数据库系统

（D）数据库应用系统

三、问答题

1. 请介绍并说明数据组成。

2. 数据运算中有哪些操作？

3. 请介绍线性结构、树结构及图结构件的异同，并对这三种结构各举一例。

4. 请介绍关系型数据结构，并举例说明。

5. 请介绍数据的三种特性。

6. 请说明数据单元与扩充数据单元间的异同。

7. 请用数据特性将数据组织分类。

8. 四种数据组织在使用上有何不同？

9. 请简单介绍数据组织发展历史。

10. 请介绍数据库系统的基本面貌。

11. 请介绍数据处理与数据库应用系统间的关系。

12. 请介绍数据库应用系统开发流程。

13. 请介绍数据库管理系统对数据库应用系统开发的支撑作用。

四、应用题

请将例 2.12 所示的身份证号码的线性结构用关系型数据结构表示。

五、思考题

1. 数据单元在计算机应用中起什么作用？

2. 请说明数据概念、数据使用及数据组织间的关系。

3. 请说明数据库系统与文件系统在开发应用中的异同。

4. 请比较基于图论的数据结构与关系型数据结构的异同。

5. 例 2.10 所示的关系型数据结构能用基于图论的数据结构表示吗？

6. 请说明软件工程与数据工程间的关系。

第3章 数据模型

数据模型是数据库管理的基本特征抽象，它是数据库的核心，也是了解与认识数据库管理的基础。本章介绍数据模型的基本内容，为下面进一步介绍数据库管理奠定基础。

3.1 数据模型的基本概念

数据库技术的主要内容是数据管理，而数据管理所要讨论的问题很多、内容丰富，为简化表示、方便研究，有必要将数据库管理的基本特征抽取而构成数据模型，为讨论数据库管理提供方便，为了解数据管理提供手段。因此，数据模型是数据库管理基本特征的抽象。它是数据库的核心与基础。**数据模型描述数据的结构、定义在结构上的操纵以及约束条件。**它从抽象层次上描述了系统的静态特征、动态行为和约束条件，为数据库管理的表示和操作提供框架。

3.1.1 数据模型的三个层次

数据模型按不同的层次分成三种类型，它们是概念数据模型（conceptual data model）、逻辑数据模型（logic data model）及物理数据模型（physical data model）。

1. 概念数据模型

概念数据模型又称概念模型，它是一种面向客观世界、面向用户的模型，它与具体的数据库系统无关，与具体的计算机平台无关。

概念模型着重于对客观世界复杂事物的结构描述及它们间的内在联系的刻画，而将与DBMS、计算机有关的物理的、细节的描述留给其他种类的模型。因此，概念模型是整个数据模型的基础。目前，较为有名的概念模型有 E-R 模型、扩充的 E-R 模型、面向对象模型及谓词模型等。

2. 逻辑数据模型

逻辑数据模型又称逻辑模型，它是一种面向数据库系统的模型。逻辑模型着重于数据库系统级别的表示。它是客观世界到计算机间的中介模型，具有承上启下的功能。概念模型只有在转换成逻辑模型后才能在数据库中得以表示。目前，逻辑模型很多，较为成熟并被人们大量使用的有：层次模型、网状模型、关系模型、面向对象模型、谓词模型及对象关系模型等。

从宏观观点看，概念模型也可视为逻辑模型的一种，是一种抽象的逻辑模型。也就是说，可将逻辑模型分解成为抽象级逻辑模型（即概念模型）及数据库级逻辑模型（即逻辑模型）两种。之所以分成两类模型，主要是由于数据库所涉及的模型较为复杂，特别是数据的全局模式与局部模式的复杂性。因此有必要将其分成为两个层次以降低复杂性。

3. 物理数据模型

物理数据模型又称物理模型，它是一种面向计算机物理表示的模型。物理模型给出了数据模型在计算机上物理结构与物理实现的表示。

3.1.2 数据模型的三项内容

数据模型所描述的内容有三部分，它们是数据结构、数据操纵与数据约束。

（1）数据结构

数据模型中的数据结构描述数据元素的类型、性质以及它们之间的关联，且在数据库系统中具有统一、规范的结构形式。数据结构有两种，一种是涉及数据整体的全局结构，另一种则是仅对数据部分的局部结构。数据结构是数据模型的基础，数据操纵与约束均建立在数据结构上，不同数据结构有不同的操纵与约束。因此，数据模型均依据数据结构的不同而分类。

根据数据模型所提供的统一结构方式，每个数据库都有自己特定的结构称数据模式（data schema）。具有全局结构的模式称全局模式（global schema），而在全局模式中的部分结构称局部模式（local schema）。

（2）数据操纵。

数据模型中的数据操纵主要是建立在数据结构上对数据值的操作。

（3）数据约束。

数据模型中的数据约束主要描述数据结构中数据间的制约与依存关系以及数据动态变化的规则，以保证数据的正确、有效与相容。

数据模型一般有三种层次，而每个层次又由三项内容所组成，而其中以数据结构（数据模式）为核心。

3.2 数据模型的四个世界

数据模型可以将复杂的现实世界要求反映到数据库中的物理世界，这种反映是一个逐步转化的过程，它分为四个阶段，称为四个世界。由现实世界开始，经历概念世界、信息世界而至计算机世界，从而完成整个转化。由现实世界开始每到达一个新的世界都是一次质的飞跃和提高。

1. 现实世界 (real world)

为实现某类问题求解，须将现实世界中的问题对象用数据库实现。此时，须预先设定对象及边界条件，这为整个实现过程提供了客观基础和初始启动环境。此时，人们所见到的是客观世界中划定边界的一个部分环境，它称为现实世界。

2. 概念世界 (conceptual world)

以现实世界为基础作抽象形成概念模型，这是一次新的飞跃。它将现实世界中复杂的客体关系作分析，去粗取精，去伪存真，最后形成一些基本概念与基本关系，并可以用概念模型提供的术语和方法统一表示，这是问题对象的抽象表示，它构成了一个新的世界——概念世界。

在概念世界中所表示的模型是现实世界的一种抽象，它们与具体数据库、具体计算机平台无关，其目的是集中精力构建数据间的关联及数据的框架，而不是拘泥于细节性的描述。

3. 信息世界 (information world)

在概念世界的基础上对问题对象进一步作数据库级上的刻画，而构成问题对象的数据库表示。它是一种数据的逻辑模型，叫信息世界。信息世界与数据库的具体模型有关，如层次模型、网状模型、关系模型等。

4. 计算机世界 (computer world)

在信息世界的基础上对问题对象致力于在计算机物理结构上的实现，从而形成物理模型，叫计算机世界。现实世界中的问题对象只有在计算机世界才得到真正的物理实现，而这种实现是通过概念世界、信息世界逐步转化得到的。

上述四个世界中，现实世界是客观存在，计算机世界是最终的计算机中的存在，而其他两个世界则是过渡模型。这种加工转化的过程是一种逐步精化的层次过程。它符合人类认识客观事物的规律。

下面四节对四个世界作较为详细的介绍。

3.3　数据库的现实世界

现实世界是产生数据模型的物质基础。现实世界中有很多问题有待解决，其中部分问题可用计算机解决，这就是问题求解。问题求解的对象（即问题对象）是事物，必须对事物作研究：

① 事物是由其特性所组成的；

② 事物间是有联系的，它们组成了规则；

③ 事物是处于不断变化中的；

④ 事物处于客观世界的特定环境中，受环境所制约的。

问题对象可与客观世界中的若干事物对应，这些事物及其相应的研究内容划定了客观世界的边界，这就组成了数据库数据模型的现实世界。

3.4　概念世界与概念模型

概念世界是一个抽象的、概念化的世界，概念世界一般用概念模型表示。概念模型目前常用的有 E-R 模型、扩充 E-R 模型、面向对象模型和谓词模型等四种，本书选用其中最简单、最实用的 E-R 模型作介绍。

E-R 模型（Entity-Relationship model）又称实体联系模型，它于 1976 年由 Peter Chen 首先提出，这是一种概念化的模型，它将现实世界中的问题对象转化成实体、联系、属性等几个基本概念以及它们间的两种基本关系，并且用一种较为简单的图表示，叫做 E-R 图（Entity-Relationship diagram），该图简单明了，易于使用，因此很受欢迎，长期以来作为一种主要的概念模型被广泛应用。

1. E-R 模型的基本概念

E-R 模型着重于对数据结构的统一抽象表示。E-R 模型有如下三个基本概念：

1）实体（entity）

现实世界中的事物等可以抽象成为实体，实体是概念世界中的基本事物，它们是客观存在的且又能相互区别的。凡是有共性的实体可组成一个集合称为实体集（entity set）。如学生张三、李四等是实体，而他们又均是学生，从而组成一个“学生”实体集。

2）属性（attribute）

现实世界中事物均有一些特性，这些特性可以用“属性”表示。属性描述了实体的特征。

属性由属性名、属性型和属性值组成。它们分别表示属性标识、属性的类型与取值。一个实体往往可以由若干属性表示，如实体张三可以用姓名、性别、年龄等属性表示。

3）**联系**（relationship）

现实世界中事物间的关联称为联系。在概念世界中，联系反映了实体集间的一定关系，如医生与病人这两个实体集间的治疗关系，旅客与列车间的乘坐关系等。

实体集间的联系有多种类型，它们分别为：

（1）联系中实体集的个数可分为以下几种：

① 两个实体集间的联系：前面所举的旅客与列车间的乘坐关系即属两个实体集间的联系。

② 多个实体集间的联系：这种联系包括三个及三个以上实体集间的联系。如工厂、产品、用户这三个实体集间存在着工厂生产产品供用户使用的联系。

③ 一个实体集内部的联系。一个实体集内有若干实体，它们间的联系称实体集内部联系。如某单位职工这个实体集内部可以有上下级联系。往往某人（如科长）既可以是一些人的下级（如处长），也可以是另一些人的上级（如该科内科员）。

（2）实体集间联系的个数可分为以下几种：

① 实体集间单个联系。如两个实体集，师生之间的教与学的联系。

② 实体集间多个联系。如两个实体集，官兵之间既有上下级联系，也有"老乡"的联系等。

（3）实体集间联系的函数关系。两个实体集间的联系存在函数关系，它可有下面几种：

① 一一对应（one to one）：这种函数关系是常见的函数关系之一，它可以记为 $1:1$。如学校与校长间的联系，一个学校与一个校长间相互一一对应。

② 一多对应（one to many）或多一对应（many to one）：这两种函数关系实际上是同一种类型，它们可以记为 $1:m$ 或 $m:1$。如学生与其宿舍房间的联系是多一对应函数关系（反之，则为一多对应函数关系），即多个学生对应一个房间。

③ 多多对应（many to many）：这是一种较为复杂的函数关系，可记为 $m:n$。如教师与学生这两个实体集间的教学联系是多多对应函数关系。因为一个教师可以教授多个学生，而一个学生又可以受教于多个教师。

以上四种函数关系可用图 3.1 表示。

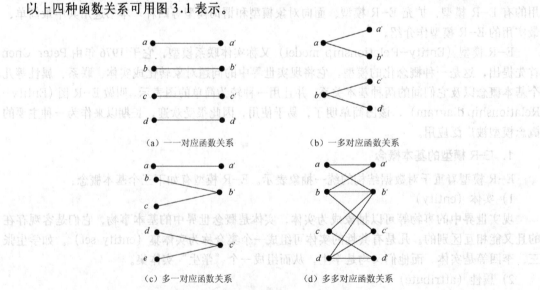

（a）一一对应函数关系　　　　（b）一多对应函数关系

（c）多一对应函数关系　　　　（d）多多对应函数关系

图 3.1　四种函数关系表示图

2．E-R 模型三个基本概念之间的关系

E-R 模型的三个基本概念之间的关系如下：

（1）实体集（联系）与属性间的关系

实体是概念世界中的基本单位，属性附属于实体，它本身并不构成独立单位。一个实体可以有若干属性，实体及其所有属性构成了实体的一个完整描述。因此实体与属性间有一定连接关系。如在人事档案中，每个员工（实体）可以有编号、姓名、性别、年龄、籍贯、政治面貌等若干属性，它们组成了一个有关员工（实体）的完整描述。

实体有型与值之别，一个实体的所有属性组合构成了这个实体的型，如表 3.1 人事档案中的实体，它的型是（编号，姓名，性别，年龄，籍贯，政治面貌），而实体中属性值的组合，如表 3.1 中（138，徐英键，女，18，浙江，团员），则构成了这个实体的值。

相同型的实体构成了实体集。实体集由实体集名、实体型和实体值三部分组成。一个实体集名可有一个实体型与多个实体值。如表 3.1 是一个实体集，它有实体集名：人事档案简表，它有一个实体型（编号，姓名，性别，年龄，籍贯，政治面貌）及五个实体值（对应表中五行）。

表 3.1　人事档案简表

编号	姓名	性别	年龄	籍贯	政治面貌
138	徐英键	女	18	浙江	团员
139	赵文虎	男	23	江苏	党员
140	沈亦奇	男	20	上海	群众
141	王宾	男	21	江苏	群众
142	李红梅	女	19	安徽	团员

联系也可以附有属性，联系和它的所有属性构成了联系的一个完整描述，因此，联系与属性间也有连接关系。如教师与学生两实体集间的教学联系可附有属性：课程号与教室号等。

（2）实体（集）与联系间的连接关系

实体集间可通过联系建立连接关系。一般而言，实体集间无法建立直接关系，只能通过联系才能建立起连接关系。如教师与学生之间无法直接建立关系，只有通过"教学"的联系才能在相互之间建立关系。

上述两个连接关系建立了实体（集）、属性、联系三者的关系，它可用表 3.2 表示。

表 3.2　实体（集）、属性、联系三者的连接关系表

	实 体（集）	属 性	联 系
实体（集）	×	单 向	双 向
属 性	单 向	×	单 向
联 系	双 向	单 向	×

3．E-R 模型的图示法

E-R 模型的一个很大的优点是可以用一种非常直观的图示形式表示，这种图称为 E-R 图。在 E-R 图中分别用不同的几何图形表示 E-R 模型中的三个概念与两个连接关系。

（1）实体集表示法。在 E-R 图中用矩形表示实体集，在矩形内写上实体集名。如实体集学生（student）、课程（course）可用图 3.2 表示。

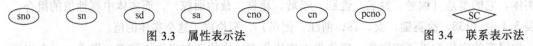

图 3.2　实体集表示法

（2）属性表示法。在 E-R 图中用椭圆形表示属性，在椭圆形内写上属性名。如学生有属性学号（sno）、姓名（sn）、系别（sd）及年龄（sa），课程有属性课程号（cno）、课程名（cn）及预修课号（pcno），它们可以用图 3.3 表示。

（3）联系表示法。在 E-R 图中用菱形表示联系，在菱形内写上联系名。如学生与课程间联系"修读"SC 可用图 3.4 表示。

图 3.3　属性表示法　　　　　　　　　　　　　　图 3.4　联系表示法

（4）实体集（联系）与属性间的连接关系的表示。在 E-R 图中实体集（联系）与属性之间的连接关系可用连接这两个图形间的无向线段表示（一般情况下可用直线）。如实体集 student 有属性 sno、sn、sd 及 sa；实体集 course 有属性 cno、cn 及 pcno，此时它们可用图 3.5 表示。

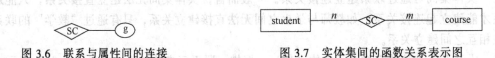

图 3.5　实体集与属性间的连接图

联系 SC 可与学生的课程成绩属性 g 建立连接，它可用图 3.6 表示。

（5）实体集与联系间的连接关系表示。在 E-R 图中实体集与联系间的连接关系可用连接这两个图形间的无向线段表示。为了进一步刻画实体间的函数关系，还可在线段边上注明其对应的函数关系，如 $1:1$，$1:n$，$n:m$ 等。如实体集 student 与联系 SC 间有连接关系，实体集 course 与联系 SC 间也有连接关系，因此它们间可用无向线段相连。而 student 与 course 间有多多函数对应关系，此时可以用图 3.7 表示。

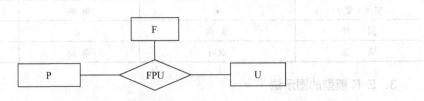

图 3.6　联系与属性间的连接　　　　　　　图 3.7　实体集间的函数关系表示图

一个联系可以与 n 个实体集连接，如上面所举例子是与两个实体集连接，叫二元联系；也可以与多个实体集连接，叫多元联系。如工厂、产品与用户间的联系 FPU 是三元联系，可用图 3.8 表示。

图 3.8　多个实体集间联系的连接方法

此外，一个联系还可仅与一个实体集连接，叫一元联系。如某公司职工（employee）与上下级管理（manage）间的联系，可用图 3.9（a）表示。

实体集间可有多种联系。如教师（T）与学生（S）之间可以有教与学（E）的联系，也可有领导与被领导间（C）的联系，可用图 3.9（b）表示。

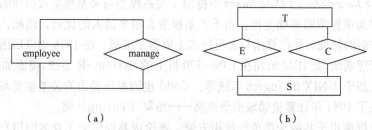

（a）　　　　　　　　　　　　　　（b）

图 3.9　实体集间多种联系

矩形、椭圆形、菱形以及按一定要求相连接的线段构成了一个完整的 E-R 图。

例 3.1　由实体集 student、course 及附属于它们的属性和联系 SC，以及附属的属性，构成了一个有关学生、课程及它们之间的修读联系的概念模型。用 E-R 图表示如图 3.10 所示。

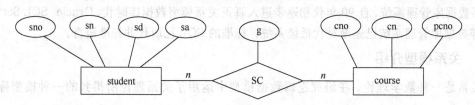

图 3.10　E-R 图的一个实例

E-R 模型中有三个基本概念以及它们间的两种基本关系。它们将现实世界中错综复杂的现象抽象成简单明了的几个概念及关系，具有极强的概括性，因此，E-R 模型目前已成为表示概念世界的有力工具。

3.5　信息世界与逻辑模型

3.5.1　概述

信息世界着重于数据库系统的构造与操作。信息世界由逻辑模型描述。

由于数据库系统不同的实现手段与方法，因此逻辑模型的种类很多，目前常用的有层次模型、网状模型、关系模型、面向对象模型、对象关系模型及谓词模型等。

逻辑模型在模型中的地位特别重要，用它构造的数据库管理系统均以该模型命名，如层次模型数据库管理系统、关系模型数据库管理系统等。本章介绍目前最为常用的关系模型。

3.5.2　关系模型概述

关系模型（relational model）的基本数据结构是二维表，简称表（table）。大家知道，表格在日常生活中应用广泛，在商业领域中，如金融、财务处理中无不以表格形式表示数据框架，这给了我们一个启发，将表格作为一种数据结构有着广泛的应用基础，关系模型就是以此思想为基础建立起来的。

关系模型中的操纵与约束也是建立在二维表上的,它包括对一张表及多张表的查询、删除、插入及修改操作,以及与表相对应的约束。

关系模型的思想是 IBM 公司的 E.F.Codd 于 1970 年在 ACM 中所发表的论文 *A Relational Model of Data for Large Shared Data Banks* 中提出了关系模型与关系模型数据库的概念与理论,并用数学理论作为该模型的基础支撑。由于关系模型有很多诱人的优点,因此,从那时起就有很多人转向此方面的研究,并在算法与实现技术上取得了突破,在 1976 年以后出现了商用的关系模型数据库管理系统,如 IBM 公司在 IBM-370 机上的 System-R 系统,美国加州大学在 DEC 的 PDP-11 机上基于 UNIX 的 Ingres 系统等。Codd 也因他所提出的关系模型与关系理论的开创性工作而荣获了 1981 年计算机领域的最高奖——图灵(Turing)奖。

关系模型数据库由于其结构简单、使用方便、理论成熟而引来了众多的用户,20 世纪 80 年代以后已成为数据库系统中的主流模型,很多著名的系统纷纷出现并占领了数据库应用的主要市场。目前,主要产品有 Oracle、SQL Server、DB2 等。关系模型数据库管理系统的数据库语言也由多种形式而逐渐统一成一种标准化形式,即 SQL。

我国数据库应用起始于 20 世纪的 80 年代,当时大多采用 dBASE、FOXBASE 等初级形式的关系数据库管理系统,自 90 年代初逐步进入真正关系模型数据库时代,Oracle、SQL Server 、DB2 等数据库管理系统已逐渐替代低级系统,标准的 SQL 已取代非标准语言。

3.5.3 关系模型介绍

关系是一种数学理论,在研究逻辑数据模型中运用了关系理论所得到的一种模型称关系模型。

关系模型由关系、关系操纵及关系约束等三部分组成。

1. 关系

(1) 表

关系模型统一采用二维表结构形式,也可简称表(table)。二维表由表框架(frame)及表元组(tuple)组成。而表框架由 n 个命名的属性(attribute)组合而成,n 称为属性元数(arity),每个属性有一个取值范围称为值域(domain)。在表框架中按行可以存放数据值,每行数据值称为元组(tuple),或称表的实例(instance)。实际上,一个元组是由 n 个元组分量所组成,每个元组分量是表框架中每个属性的投影值。一个表框架可以存放 m 个元组,m 称为表的基数(cardinality)。

一个 n 元表框架及框架内 m 个元组构成了一个完整的二维表,表 3.3 给出了二维表的一个例子。这是一个有关学生 S 的二维表。

表 3.3　二维表的一个实例

sno	sn	sd	sa
98001	张曼英	CS	18
98002	丁一明	CS	20
98003	王爱国	CS	18
98004	李　强	CS	21

二维表一般满足下面 7 个性质：

- 二维表中元组个数是有限的——元组个数有限性；
- 二维表中元组均不相同——元组的唯一性；
- 二维表中元组的次序可以任意交换——元组的次序无关性；
- 二维表中元组的分量是不可分割的基本数据项——元组分量的原子性；
- 二维表中属性名各不相同——属性名唯一性；
- 二维表中属性与次序无关——属性的次序无关性（但次序一经确定则不能更改）；
- 二维表中属性列中分量具有与该属性相同值域——分量值域的同一性。

在这 7 个性质中 "元组分量的原子性" 是最重要的性质，它表示元组分量中的数据表示形式只能是数据项，不可能是其他表示形式，如线性结构型、树结构型及组合型等。

（2）关系（relation）与表

关系是一种数学概念，一个关系可表示为：

$$R\ (x_1, x_2, \cdots, x_n)\qquad x_i \in D_i\ (i \in \{1,2,\cdots, n\})$$

其中 R 是关系名，x_i 是关系变量，D_i 是元素的集合。这个关系的表示式可见于第 2 章中的式（2-7）：

$$R(x_1,\ x_2,\cdots,\ x_n) = \{(x_1,\ x_2,\ \cdots,\ x_n)\,|\,x_i \in D_i(i \in \{1,2,\cdots, n\})\}$$

这个关系可称为建立在 D_1、D_2、$\cdots$、D_n 上的关系 $R\ (x_1, x_2, \cdots, x_n)$，它是 n 元元组 $(x_1, x_2, \cdots, x_n)$ 的集合。

具有 n 个变量的关系称 n 元关系，$n=0$ 时称空关系。

每个关系有 m 个元组，它具有下面的形式：

$$
\begin{array}{l}
(a_{11}, a_{12}, \cdots, a_{1n}) \\
(a_{21}, a_{22}, \cdots, a_{2n}) \\
\qquad\qquad \vdots \\
(a_{m1}, a_{m2}, \cdots, a_{mn})
\end{array}
$$

其中 $a_{ij}\ (i \in \{1,2,\cdots, n\}, j \in \{1,2, \cdots, m\})$ 称为元组分量。

这样，一个关系 R 可以表示为：

$$R\ (x_1, x_2, \cdots, x_n) = \{(a_{11}, a_{12}, \cdots, a_{1n}),\ (a_{21}, a_{22}, \cdots, a_{2n}), \cdots,$$
$$(a_{m1}, a_{m2}, \cdots, a_{mn})\} \tag{3-1}$$

在数据库中关系变量 x_i 也可称为属性，集合 D_i 可称为 x_i 的值域，而式（3-1）即表示由名为 R，属性为 $x_1, x_2, \cdots, x_n$ 所组成的一个关系。

关系可视为二维表的抽象表示，也可以说，二维表是关系在数据库中的具体体现。一般情况下可视关系与表为同一概念。但在模型理论中一般称关系较多，而在系统中常称为表。

表 3.3 所示的学生 S 的二维表可用关系形式表示如下：

$$S\ (sno, sn, sd, sa) = \{\ (98001, 张曼英, cs, 18)，(98002, 丁一明, cs, 20)，(98003,$$
$$王爱国, cs, 18)，(98004, 李强, cs, 21)\ \} \tag{3-2}$$

之所以要用关系表示二维表，主要是由于使二维表结构建立在关系理论基础上，能将数学理论作为数据库的支撑。

（3）键

键是关系模型中的一个重要概念，它具有标识元组、建立元组间联系等重要作用。

① 键（key）：在关系中凡能唯一最小标识元组的属性集称为该关系的键。

② 候选键（candidate key）：关系中可能有若干个键，它们称为该关系的候选键。

③ 主键（primary key）：从关系的所有候选键中选取一个作为用户使用的键称为主键。一般主键也简称键。

④ 外键（foreign key）：关系 A 中的某属性集是另一关系 B 的键，则称该属性集为 A 的外键。

关系中一定有键，因为如果关系中所有属性子集均不是键，则至少关系中属性全体必为键，因此也一定有主键。

（4）关系与 E-R 模型

关系的结构简单，但它的表示范围广，E-R 模型中的属性、实体、实体集及联系均分别可用关系中的属性、元组及关系表示。表 3.4 给出了 E-R 模型与关系间的表示方法。

表 3.4　E-R 模型与关系间的表示

E-R 模型	关　系
属　性	属　性
实　体	元　组
实 体 集	关　系
联　系	关　系

要特别说明的是，在关系模型中关系既能表示实体集又能表示联系。前面的表 3.4 表示了一个实体集，而下面的表 3.5 则给出了某公司职工间上下级**联系**的表示。

表 3.5　上下级联系的关系表示

上　级	下　级
王　雷	杨 光 明
杨 光 明	吴 爱 珍
杨 光 明	徐　晴
吴 爱 珍	钱　华
吴 爱 珍	李 光 西

例 3.2　例 3.1 中所示的 E-R 图（图 3.10）可用下面的关系形式表示的数据模型：

S（sno，sn，sd，sa）；

C（cno，cn，pcno）；

SC（sno，cno，g）。

也可以用下面的二维表框架形式表示，如表 3.6～表 3.8 所示。

表 3.6　学　生　S

sno	sn	sd	sa

表 3.7　课　程　C

cno	cn	pcno

表 3.8　学生修课 SC

sno	cno	g

2. 关系操纵

关系模型的数据操纵即建立在关系上的一些操作，如查询、删除、插入及修改等操作。

1）查询功能

关系模型查询操作是数据操纵中的最主要操作，它的过程是先定位后操作。查询的最小粒度是元组分量。查询操作一般具有如下功能：

(1) 单关系查询功能

根据**指定关系中指定的元组条件**及相应**属性名**可查询到关系中相应元组分量的值。其中前半部分为定位，后半部分为操作。如在式（3-2）所示的学生关系 S（指定关系）中，年龄>19岁（指定元组条件）的学生姓名（指定属性名）后（此为定位）即可获得相应元组分量的值为：李强、丁一明（此为操作）。

(2) 多关系查询功能

由**指定多个关系**中的一些**指定关系元组条件**出发最终查询**指定属性名**的值。通过关系间关联可由一些关系元组查到另一些关系元组。关系间关联一般是**通过外键连接的**。多关系查询建立了多个关系间的导航关联并给出了全局性查询环境，打破了数据库内的信息孤岛。在此前半部分为定位，后半部分为操作。

例 3.3　在例 3.2 所示的学生数据库中查询系别为计算机科学系的学生所修读课程名。

在此查询中涉及三个关系：S、SC 及 C，指定关系元组条件为：S.sd=cs，而指定属性名为：C.cn。这个查询的关系关联是通过外键 sno、cno 连接的，它由 S（S.sd=cs）出发，通过外键 sno 到达 SC 再通过 cno 到达 C（此为定位），最终可得到 C.cn 的值（此为操作）。其示意图如图 3.11 所示。

(3) 单关系自关联查询

通过单关系内某些元组的关联作单关系内属性的嵌套查询。

此种查询是多关系查询的特例。它是一个关系的多重嵌套查询，可视为多个相同关系的查询。

例 3.4　在例 3.3 所示的学生数据库中查询在关系 C（cno，cn，pcno）中课程名为"数据库"的预修课程名。在此查询中仅涉及关系 C 的一次嵌套，其中两个相同关系 C 间的关联是通过 cno 实现的。它的元组条件为：cn="数据库"，而指定属性名为预修课程名：pcno。这个查询的关系关联是通过键 cno=pcno 连接的，它由 C（cn="数据库"）出发，通过键 cno=pcno 到达另一个相同 C（此为定位），最终可得到 cn 的值（此为操作）。其示意图如图 3.12 所示。

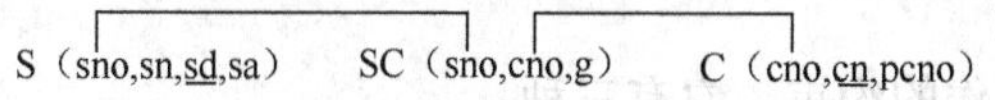

S（sno,sn,sd,sa）　SC（sno,cno,g）　C（cno,cn,pcno）　　　　C（cno,cn,pcno）　C（cno,cn,pcno）

图 3.11　例 3.3 示意图 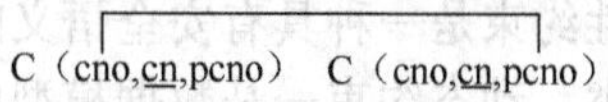　　　　　　　　　图 3.12　例 3.4 示意图

2）增、删、改功能

关系模型的删、改功能的最小粒度是关系中的元组，而增加操作的最小粒度则为关系，其功能可分为两步：

（1）定位

根据需求首先需对操作定位，其定位要求是：

- 增加操作定位为：关系；
- 删除操作定位为：关系、元组；
- 修改操作定位为：关系、元组。

（2）操作

根据增、删、改的不同要求作操作，在操作时须给出不同的数据。

- 增加操作——给出所增加的元组以及实施该操作；
- 删除操作——无需给出数据，仅实施该操作；
- 修改操作——给出对数据的修改要求，并实施该操作。

3）空值处理

在关系元组的分量中允许出现空值（null value）以表示信息的空缺。空值的含义如下：

- 未知的值；
- 不可能出现的值。

在出现空值的元组分量中一般可用 NULL 表示。目前一般关系模型中都支持空值，但是它们都具有如下两个限制：

（1）关系的主键中不允许出现空值

关系中主键不能为空值，因为主键是关系元组的标识，如为空值，则失去了其标识的作用。

（2）需要定义空值的运算

在算术运算中如出现有空值，则其结果为空值；在比较运算中如出现有空值，则其结果为 F（假）。此外，在作统计时，如求和 SUM、求平均值 AVG、求极大值 MAX、求极小值 MIN 中有空值输入时其结果也为空值，而在作计数 COUNT 时如有空值输入，则其值为 0。

3. 关系中的数据约束

关系模型允许有多类数据约束，它可分为两类共 7 种：

第一类：静态约束一是数据模型中有关数据结构的约束。它有五种：

（1）域约束

域约束是关系中属性域的约束。

（2）域间约束

域间约束是（多个）关系中属性间值的约束。

（3）键约束

由于键的重要性，需对它设置约束。

（4）引用约束

由于外键的重要性，它在关系的关联中起到了引领作用，需对它设置约束。

（5）安全性约束

安全性约束是一种具有安全语义的特殊约束。

第二类：动态约束一是数据模型中有关数据操作的约束。它有三种：

（1）并发控制

在执行数据并发操作时需设置的约束。

（2）故障恢复

在执行数据操作时所出现的数据库故障的控制。

（3）一致性控制

在执行数据库程序时的一种约束。

3.6　计算机世界与物理模型

计算机世界是计算机系统与相应的操作系统的总称。在概念世界与信息世界所表示问题对象的概念、方法等最终均用计算机世界所提供的手段和方法实现。计算机世界一般用物理模型表示。物理模型（主要是物理模式）是指计算机系统的物理存储介质（特别是磁盘组织）、操作系统中的文件以及数据库物理结构三个层次。它可用图 3.13 表示。

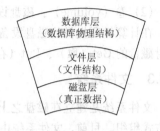

图 3.13　数据库物理模型的三个层次

3.6.1　数据库的物理存储介质

与数据库有关的物理存储介质是由主存储器、磁盘存储器及磁带存储器等三个部分组成，而以磁盘存储器为主。

1.　主存储器（main memory）

主存储器又称内存或主存，它是计算机机器指令执行操作的地方，由于其存储量较小、成本高、存储时间短，因此它在数据库中仅是数据存储的辅助体，如作为工作区（work area）（数据加工区）、缓冲区（buffer area）（磁盘与主存的交换区）等。

2.　磁盘存储器（magnetic-disk storage）

磁盘存储器又称二级存储器或次级存储器。由于它存储量大，能长期保存，存取速度较快，且价格合理，因此成为目前数据库真正存放数据的物理实体。

3.　磁带存储器（tape storage）

磁带存储器是一种顺序存取存储器，它具有极大的存储容量，价格便宜，可以脱机存放，因此可以用于存储磁盘或主存中的备份数据，它是一种辅助存储设备，也称为三级存储器。

磁盘能存储数据，但不能对数据直接"操作"，只有将数据通过缓冲区进入内存工作区后才能对数据作操作。因此磁盘与内存的有效配合构成了数据库物理结构的主要内容。加上磁带存储的辅助性配合，构成了一个数据库物理存储的完整实体。图 3.14 给出了其示意图。

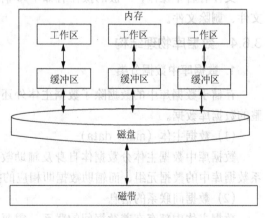

图 3.14　磁带、磁盘与内存的有效结合

3.6.2　磁盘存储器及其操作

1.　磁盘存储器结构

由于磁盘是数据库数据的主要物理存储实体，因此本节主要介绍磁盘及其结构。

磁盘存储器是一种大容量、直接存取的外部存储设备。所谓大容量指的是其存储容量极大，大约在 GB(10 亿字节)到 TB（万亿字节）之间。所谓直接存取指的是可以随机到达磁盘上任何一个部位存取数据。磁盘存储器是由盘片组与磁盘驱动器两部分所组成的。

2．磁盘存储器的结构与操作

在数据库管理系统中，真正的数据是存储在磁盘中的。磁盘的数据存/取单位如下：

（1）块（block）：它是内/外存交换数据的基本单位，它又称物理块或磁盘块，它的大小有 8 KB、16 KB 等。

（2）卷（volume）：磁盘设备的一个盘组称一个卷。

在计算机所提供的磁盘设备基础上，经操作系统包装可以提供若干原语供用户操作使用，如对磁盘的 Get（取）、Put（存）操作。

3.6.3　文件系统

文件系统是建立在磁盘之上的，它是数据库结构中数据的支撑实体，即数据库结构都按文件方式组织。目前，文件系统由操作系统管理，部分系统中的文件由数据库系统直接管理。

1．文件系统的组成

文件系统是实现数据库系统的直接物理支持，文件系统的基本结构由项、记录、文件及文件集合等四个层次组成。

（1）项（item）。项是文件系统中最小基本单位，

（2）记录（record）。记录由若干项组成，记录有型与值的区别。

（3）文件（file）。文件是记录的集合。一般讲，一个文件所包含的记录都是同型的。每个文件都有文件名。

（4）文件集（file set）。若干个文件构成了文件集。

2．文件的操作

文件有若干操作，一般的操作有如下 6 种：打开文件、关闭文件、读记录、写记录、创建文件、删除文件。

3.6.4　数据库物理结构

1．数据库中数据分类

存储于数据库中的数据除了数据主体外还需要很多相应配合的信息，它们的整体构成了完整的数据库数据。

（1）数据主体（main data）

数据库中数据主体分数据体自身及辅助数据，其中数据体自身即存储数据值的本身，如关系数据库中的数据元组，而辅助数据即相应的控制信息如数据长度、相应物理地址等。

（2）数据间联系的信息

数据主体内部存在着数据间的联系，需要用一定的"数据"表示，如在链接方法中用指针方法实现等。在关系数据库中，数据主体内在联系也可用关系表示并且融入主体中。

（3）数据存取路径信息

在关系数据库中数据存取路径都是在数据查询时临时动态建立，它们通过索引实现，而索引的有关数据，如索引目录均需存储并在数据操纵时调用。

（4）数据字典（data dictionary）

有关数据的结构描述作为系统信息存储于数据字典内。数据字典信息量小，但使用频率高，

是一种特殊的信息。

（5）日志信息

日志用于记录对数据库作"更新"操作的有关信息，以在数据库遭受破坏时作恢复之用。这种日志称事务性日志。还有用于记载跟踪用户操作轨迹的日志，称审计日志，以及记录数据库服务器工作的日志，称服务器日志等。

2. 数据库存储空间组织

在数据库中，数据存储空间组织统一由 DBMS 管理，它包括系统区和数据区，其中系统区有数据字典、日志信息等，而数据区则由数据主体、相应联系信息与存取路径信息组成。

数据库的存储空间组织在逻辑上由若干分区组成。系统区有若干分区，如数据字典分区、日志分区等；数据区也有若干分区，每个分区包括一至多个表，它们只属于有关分区，不能跨分区存放。数据分区又自动分为数据段与索引段，其中数据段存放数据元组及相应辅助控制信息，而索引段则存放相应索引信息。图 3.15 给出了数据库存储空间组织的结构。按这种结构将它们组织成若干文件，如数据字典文件、日志文件及数据文件（可以有多个）等。这样，一个数据库的物理结构可以由若干不同性质的文件组成。

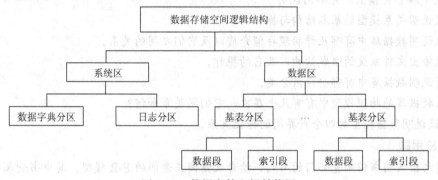

图 3.15　数据存储空间结构图

复习提要

本章讨论数据模型，它是数据库管理的核心，读者学习后对数据库管理的本质应有了解。

1. 数据模型基本概念

● 数据模型是数据管理特征的抽象；数据模型描述数据结构、定义其上操作及约束条件；

● 数据模型分三个层次：概念模型、逻辑模型与物理模型；数据模型的结构图。

数据模型	数据结构	操纵	约束
概念层			
逻辑层			
物理层			

2. 概念模型

E－R 模型。

3. 逻辑模型

关系模型。

4. 物理模型

三个组织层次：物理存储介质及磁盘层；文件层；数据库结构层。

5. 概念模型、逻辑模型与数据库管理系统

E-R模型——关系模型——关系数据库管理系统。

6. 本章的重点内容

模型基本概念；E-R方法与E-R图；关系模型

习题 3

一、问答题

1. 什么叫数据模型，它分哪几种类型？
2. 试区别数据模型与数据模式。
3. 试述数据模型四个世界的基本内容。
4. 试介绍E-R模型，并举例说明。
5. 试说明关系模型的基本结构与操作。
6. 试说明数据库中有哪几种物理存储介质以及它们之间的关系。
7. 试给出文件系统的组成结构以及它的操作。
8. 请说明数据库中有哪些数据分类。
9. 在数据库的物理模型中有哪几个层次，它们间关系如何？
10. 试说明数据模型的四个世界间的转化关系。

二、应用题

1. 请画出某图书馆阅览部门的书刊、读者及借阅三者间的E-R模型。其中书刊属性为书刊号、书刊名、出版单位，而读者属性为读者名及读者姓名，其中一个读者可借阅多种书刊，而一种书刊可以被多个读者借阅。

2. 设有一图书出版销售系统，其中的数据有：图书的书号、书名及作者姓名；出版社名称、地址及电话；书店名称、地址及其经销图书的销售数量。其中图书、出版社及书店之间满足如下条件：每种图书只能由一家出版社出版；每种图书可由多家书店销售；每家书店可以经销多种图书。

（1）请画出该数据库的E-R图。

（2）在该E-R图中必须标明联系间的函数关系。

3. 设有一车辆管理系统，其中的数据有：车辆号码、名称、型号；驾驶员身份证号、姓名、地址、电话；驾驶证号、发证单位。

其中车辆、驾驶员及驾驶证间满足如下条件：一辆车可以由多个驾驶员驾驶；每个驾驶员可以驾驶多辆车；每个驾驶员可以有多个驾驶证；每个驾证只能供一个驾驶员使用。

请设计该数据库的E-R图，并给出联系间的函数关系。

三、思考题

1. 目前流行的RDBMS有哪些你比较熟悉，试介绍其特点。
2. 请说明"关系"与"表"的异同。

第4章 数据管理基础

——关系数据库管理系统与数据库管理员

数据库研究的主要内容是数据管理，数据管理可分成为两大部分，它们是用系统管理数据与用人员管理数据，分别称数据库管理系统与数据库管理员。其中数据库管理系统是一种软件，它提供一种语言作为工具供操作员使用以管理数据。因此，数据管理包括两大部分与三个分支：

- 数据库管理系统——软件；
- 数据库语言——工具；
- 数据库管理员——人员。

4.1 关系数据库管理系统

数据库管理系统是管理数据库的一种软件，目前最为流行的是关系模型数据库管理系统简称关系数据库管理系统（Relational DataBase Management System，RDBMS）。本节主要介绍关系数据库管理系统。

关系数据库管理系统具有以下优点：

（1）数据结构简单。关系数据库管理系统中采用统一的二维表作为数据结构，不存在复杂的内部物理连接关系，具有高度简洁性与方便性。

（2）用户使用方便。关系数据库管理系统采用"关系"作为基本数据单元，它的使用不涉及系统内部物理结构，所用数据语言均为非过程性语言，因此操作、使用均很方便。

（3）功能强。关系数据库管理系统能直接构造复杂的数据结构，特别是多种联系间的构造能力，它可以一次获取一组元组，它可以方便地修改数据间联系，同时也可以有一定程度修改数据模式的能力。此外，路径选择的灵活性、存储结构的简单性都是它的优点。

（4）数据独立性高。关系数据库管理系统的组织、使用较少涉及物理因素，不涉及过程性因素，因此数据的物理独立性很高，数据的逻辑独立性也有一定的改善。

（5）理论基础深。Codd 在提出关系模型时即以"关系理论"形式出现，在经过若干年理论探索后才出现产品，这是一种以**理论带动系统**的典型代表。由于有理论工具的支撑，使得对关系数据库管理系统的进一步研究与提高有了可靠的保证。

4.1.1 关系数据库管理系统基本组成

关系数据库管理系统由五部分内容所组成，包括数据定义、数据操纵、数据控制、数据交

换及数据服务等（其中前三部分是其核心），其组成结构如图 4.1
所示。下面介绍这五个部分内容。

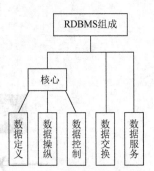

图 4.1 RDBMS 组成结构图

4.1.2 数据定义功能

关系数据库管理系统可以定义关系数据库的数据模式称数据定
义（data definition）功能。它包括构造关系数据库以及基表、视图
与物理数据库等，下面分别介绍。

1. 关系数据库

关系数据库（relational database）是关系数据库系统中的一个
持久的、海量的**数据共享单位**，其共享的范围是与同一单位
（enterprise）内一组相关的应用对应。在该组中的任意一个应用均能访问此关系数据库。也就
是说，关系数据库可以被单位内所有应用共享。在一个系统平台上一般可以构造多个关系数据库。

关系数据库的定义可以分为逻辑数据库定义与物理数据库定义两部分，其中逻辑数据库定
义给出了关系数据库的标识符及其拥有者，而物理数据库定义包括数据库中文件与分区的设置
以及物理参数设置等。

此外，还可对已定义的数据库作修改与删除。

2. 数据库对象

关系数据库由数据库对象组成。它由包括一定关联的基表集合（它们构成了全局数据库）
以及建立在基表集合上的视图（它们构成了局部数据库）所组成，这两部分构成了关系数据库
逻辑层面上的对象。它还包括数据字典、存储过程及函数等，以及物理层面上的对象，如索引等。

这样，一个关系数据库主要可由上面几个部分组成。下面分别进行介绍。

（1）数据库对象之一——基表

关系数据库中的表又称基表（base table），它是关系数据库中的基本数据单位。基表由表
结构与表元组组成。在表结构中，一个基表由表名、若干列（即属性）名及其数据类型所组成，
此外还包括主键及外键等内容。表元组则是存在于表中的数据值，它按表结构形式组织。

基表结构组成了关系数据库中的全局结构（称该数据库的全局模式），由它所组成的数据
库称全局数据库。在同一数据库中基表间是相互关联的，因此一般基表分为三类：

① 实体表：此种表内存放数据实体。

② 联系表：此种表内存放表间的关联数据（即通过外键建立表间关联）。

③ 实体－联系表：此种表内既存储数据实体，也存放表间关联数据。

由这三类基表可以组成一个全局的数据库。

基表是面向全局用户的一种数据体。

（2）数据库对象之二——视图

关系数据库管理系统中的视图（view）由基表构造而成，它也具有表结构形式。视图结构
是由同一数据库中若干基表结构改造而成，而其元组则是由基表中的元组经查询语句而构造成
的。这种表本身并不实际存在于数据库内，而仅保留其结构，只有在实际操作时，才将它与查询
语句结合，转化成对基表的操作，因此这种表也称为虚表（virtual table）或导出表（drived table）。

视图一般可作查询操作，而更新操作则受一定的限制。这主要是因为视图仅是一种虚构的
表，而并非实际存在于数据库中，而更新时必然会涉及数据库中数据值的实际物理变动，因此

就出现了困难，故对视图做更新操作一般须设置若干限制，只在下面特殊情况才能进行：

① 视图的每一行必须对应基表的唯一一行。

② 视图的每一列必须对应基表的唯一一列。

有了视图后，数据独立性大为提高，不管基表扩充还是分解均不影响用户从逻辑上对数据库的认知。只需重新定义视图内容，而不改变面向用户的视图形式，从而保持了关系数据库逻辑上的独立性。同时视图也简化了用户关注点，即用户不必了解整个模式，仅需将注意力集中于它所关注的领域，大大方便了使用。

视图是直接面向用户并为各用户所单独使用的一种局部数据体。

（3）数据库对象之三——索引

索引是数据库对象中的物理设置。索引就像书中的目录，可以加快对表的查询速度。

（4）数据库对象之四——存储过程及函数

这是关系数据库中的程序资源，具体介绍后面将会详述。

（5）数据库对象之五——数据字典

这是关系数据库中的元数据库资源。

图 4.2 给出了数据定义的示意图。

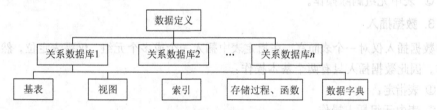

图 4.2　数据定义示意图

4.1.3　数据操纵功能

关系数据库管理系统的数据操纵（data manipulation）功能是对其中的基表、视图的数据进行查询、删除、插入及修改的操作功能，此外，还有其他一些功能我们先从基表操作讲起。

1. 数据查询

用户可以查询关系数据库基表中的数据，包括一个表内的查询以及多个表的查询。

（1）一个表内查询的基本单位是元组分量，其基本过程是先定位后操作。所谓定位包括表定位、表内纵向定位与横向定位。表定位即指定所操作的表，纵向定位即指定表中的一些属性（称列指定），横向定位即选择满足某些逻辑条件的元组（称行选择）。通过纵向与横向定位后，一个表中的元组分量即可确定。在定位后即可进行查询操作，即将定位的数据从关系数据库中取出并放入至指定位置。

这样，一个表内的查询可分解成如下几部分：

① 表指定；

② 表中列指定；

③ 表中元组选择；

④ 表查询操作。

（2）对多个表间的数据查询则可分为四步进行，第 1 步为多个表的指定，第 2 步将多个表合并成一个表，第 3 步为对合并后的一个表进行定位，第 4 步为查询操作。其中第 3 步与第 4 步为对一个表的查询，故只介绍第 1、2 步。对多个表的合并可分解成两个表的逐步合并，即如有 3 个表 R_1，R_2 与 R_3，它合并过程是先将 R_1 与 R_2 合并成 R_4，再将 R_4 与 R_3 合并成最终结果 R_5。而两个表的合并是通过**表间外键关联**实现的。

这样，对关系数据库的查询可以分解成四个基本定位与一个查询操作：

① 表指定；

② 表中列指定；

③ 表中元组选择；

④ 两个表的合并；

⑤ 表查询操作。

2. 数据删除

数据删除的基本单位是元组，其功能是将指定表内的指定元组删除。它也分为定位与操作两部分，其中定位部分是表指定、关系内横向定位，无须纵向定位，定位后即执行删除操作。因此，数据删除可以分解为 3 个基本操作：

① 表指定；

② 表中元组选择；

③ 表中元组删除操作。

3. 数据插入

数据插入仅对一个表而言。在指定表中插入一个或多个元组，仅需表定位，然后即元组插入操作。因此数据插入只有两个基本操作：

① 表指定；

② 表中元组插入操作。

4. 数据修改

数据修改是在一个表中修改指定的元组或列值。数据修改不是一个基本操作，它可以分解为两个更基本的操作：先**删除**需修改的元组，然后**插入**修改后的元组。

5. 四种关系操作小结

关系数据库的数据操纵可以总结如下：

（1）关系数据库数据操作的对象是表，而操作结果也是表。

（2）关系数据库基本操作有如下 7 种（其中四种为定位，三种为操作）：

① 表指定；

② 表中列指定；

③ 表的元组选择；

④ 两个表合并；

⑤ 表的查询操作；

⑥ 表中元组的插入操作；

⑦ 表中元组的删除操作。

下面举几个例子：

例 4.1 从式（3-2）所示的学生关系 S 中查找年龄为 21 岁的学生姓名。

解：此操作可分解成如下几个基本操作：

定位——表指定：S；

定位——列指定：学生姓名（sn）；

定位——元组选择：年龄为 21 岁（sa=21）；

操作——查询：李强（查询结果）。

例 4.2　从式（3-2）所示的学生关系 S 中增添元组：（98006，徐为中，cs，19）。

解：此操作可分解成下面几个基本操作：

定位——表指定：S；

操作——插入元组：（98006，徐为中，cs，19），结果为 S 中增加了一个新元组（98006，徐为中，cs，19）。

6．其他功能

（1）赋值功能。在数据查询过程中所产生的一些结果需作永久保留时，可以赋值形式保存至一些表中，经赋值后的表今后在数据库中即可供用户使用。

（2）计算功能。在数据操纵中还允许有一些计算功能：

① 简单的四则运算。它包括在查询过程中可以出现的加、减、乘、除等简单计算。

② 统计功能。由于数据库在统计中有极大的应用，因此需提供常用的统计功能，包括求和、求平均值、求总数、求最大值、求最小值等。

（3）分类功能。由于数据库在分类中有很大应用，因此提供常用的分类功能，如 Group by、Having 等。

（4）输入/输出功能。关系数据库管理系统一般提供标准的数据输入与输出功能。

4.1.4　数据控制功能

从数据模型角度看数据约束是关系数据库管理系统的基本内容之一，具体来说，它包括数据约束条件的设置、检查及处理等三个部分，由于它是对数据的一种控制，因此它也称数据控制（data control）。

关系数据库管理系统的控制分静态控制与动态控制两种，其中静态控制是对数据模式的语法语义控制，包括安全控制与完整性控制；动态控制则是对数据操作的控制，即在多个程序做并行数据操作时所出现的控制，称并发控制。动态控制还包括在执行数据操作时所出现的数据库故障的控制，称为数据库的故障恢复。此外，还包括数据库程序动态执行时的一致性控制，它可称为事务。

在静态控制中首先要建立数据模式中数据的语法、语义约束。我们知道，任意一个数据模式都是基于应用需求的，它们都含有丰富的语法、语义关联内容，特别是数据间的语义约束。如模式中任意一个基本数据项均有一定取值范围约束，数据项间有一定函数依赖约束、因果关系约束等，这种约束叫完整性约束或叫完整性控制。而有一种与安全有关的特殊语义约束称为安全性约束或安全性控制，这种约束是用户与数据体间的访问语义约束。如学生用户可以读他自己的成绩，但不能修改自己的成绩等。

动态控制主要是事务、并发控制与数据库故障恢复。而它们是以事务为核心进行操作的。

因此，数据库管理系统的数据控制包括安全性控制、完整性控制、事务、并发控制及故障恢复等五个部分。下面分别介绍。

1．安全性控制

所谓数据库安全性控制（security control）即**保证对数据库的正确访问与防止对数据库的**

非法访问。数据库中的数据是共享资源，必须在数据库管理系统中建立一套完整的使用规则。使用者（即用户）凡按照规则访问数据库必能获得访问权限并可访问数据库，而不按规则访问数据库者必无法获得访问权限，而最终无法访问数据库。

在安全性控制中其控制对象分为主体与客体两种，其中主体（subject）即数据访问者，它包括用户、应用程序（进程及线程）以及特殊数据体等，而客体（object）即数据体，它包括数据库、表及视图等。而数据库的安全控制即主体访问客体时所设置的控制。

目前常用的安全性控制有如下几种手段，它们是：

（1）身份标识与鉴别（identification and authentication）

在数据库安全中每个主体必须有一个标识符，用于区别不同的主体，称为身份标识，当主体访问客体时，RDBMS中的安全控制部分鉴别其身份并阻止非法访问，称为身份鉴别。

目前常用的标识与鉴别的方法有用户名、密码等，也可用计算过程与函数，最新的也可用人体生物特征手段作为身份标识，如指纹、虹膜、人脸及瞳孔等。

身份标识与鉴别是主体访问客体的最简单也是最基本的安全控制方式。

（2）自主访问控制（Discretionary Access Control，DAC）

自主访问控制是主体访问客体的一种常用的安全控制方式，它由一种基于存取矩阵的模型组成，此模型有三种要素，它们是主体、客体与存/取操作，它们构成了一个矩阵。矩阵的列表示主体，矩阵的行则表示客体，而矩阵中的元素则是存/取操作（如读、写、删、改等）。在这个模型中，指定主体（行）与客体（列）后可根据矩阵得到指定的操作，如图4.3所示。

主体 客体	主 体 1	主 体 2	主 体 3	...	主 体 n
客 体 1	Read	Write	Write	...	Read
客 体 2	Delete	Read/Write	Read	...	Read/Write
...			...	...	...
客 体 m	Read	Updata	Read/Write	...	Read/Write

图 4.3　存/取矩阵模型示意图

在自主访问控制中，主体按存取矩阵模型要求访问客体，凡不符合的访问均属非法访问。

存取矩阵的元素是可以改变的，主体可以通过授权的形式变更某些操作权限。

（3）审计（audit）

在数据库安全中除了采取有效手段对主体访问客体进行检查外，还采用辅助的跟踪、审计手段，随时记录主体对客体访问的轨迹，并作出分析供参考，在一旦发生非法访问后能即时提供初始记录供进一步处理，这就是数据库安全中的审计。

审计的主要功能是对主体访问客体作即时的记录，记录内容包括：访问时间、访问类型、访问客体名、是否成功等。为提高审计效能，还可设置审计事件发生积累机制，当超过一定阈值时能发出报警，以提示采取措施。

目前一般关系数据库管理系统中均有身份标识及鉴别功能以及自主访问控制功能，而部分系统中还具有审计功能。

2. 完整性控制

完整性控制（integrity control）指的是数据库中数据正确性的维护。我们知道，数据库中数据间存在有语法、语义关联称约束，而当数据遭到破坏时，这种关联也会受到损害，因此可以通过对这种约束的检查，来发现数据的错误。

1）完整性控制的四个规则

关系数据库完整性控制由完整性规则表示，它由如下四部分内容组成。

（1）实体完整性规则（entity integrity rule）

这条规则要求基表上的主键属性值不能为空值。这是数据库完整性的最基本要求，因为主键是唯一决定元组的，如为空值则其唯一性就成为不可能的了。

（2）参照完整性规则（reference integrity rule）

这条规则也是完整性中的基本规则，它表示不允许外键的值引用不存在的元组。设有基表 T 及它的参照表 R，R 中的主键必出现在 T 中称为外键。T 与 R 通过外键建立了关联。而参照完整性规则告诉我们，R 中外键的值，必出现于表 T 相应的元组中。如在基表 SC（sno, cno）与其参照表 S（sno, sn, sd, sa）中，S 的主键为 sno，而 sno 也是 SC 的外键，SC 与 S 通过 sno 相关联。而参照完整性规则要求 SC 中外键 sno 的值必在 S 中有相应元组。

例 4.3　表 2.5 所示的学生元组集合组成了一个关系 S。即

S={（030016，张帆，男，21，计算机），（030017，王曼英，女，18，数学），（030018，李爱国，男，23，物理），（030019，丁强，男，20，计算机）}。

此外，例 2.11 中所示的"学生修课"关系 SC 可表示如下：

SC={（030016，C10），（030016，C11），（030017，C10），（030017，C12），（030017，C13），（03018，C10），（030019，C10），（030019，C11）}。

在此关系中，参照表 SC 中外键 sno 的值为：030016，030017，030018，030019，它们分别出现在 S 中，具体的元组是：（030016，张帆，男，21，计算机），（030017，王曼英，女，18，数学），（030018，李爱国，男，23，物理），（030019，丁强，男，20，计算机）。

这条规则给出了表之间相关联的基本要求，也是对外键的基本要求。

（3）域完整性规则（domain integrity rule）

这条规则要求表中属性值必为属性域中的值或满足属性的某些性质。此外，还包括数据库内各层属性间的约束。

（4）用户定义的完整性规则（userdefined integrity rule）

此外，用户还可以根据具体数据环境与应用环境设置规则，它反映了具体应用中数据的语法/语义约束要求。

2）完整性控制的功能

在关系数据库中为实现完整性控制四个规则须有三个基本功能，它们是：

（1）设置功能：须设置完整性规则（又称完整性约束条件），由系统或用户设置。

（2）检查功能：必须有能力检查数据库中数据是否有违反完整性规则的现象出现。

（3）处理功能：在出现有违反完整性规则的现象时须有即时处理能力。

3）完整性控制功能的实现

完整性控制四个规则是由系统或用户设置的，而其检查则由系统完成，它的处理一般也由系统自行完成，有时也可由用户自行定义给出。

（1）对前两个完整性规则的设置，用户只需给出表中主键与外键，此后系统即能自动启动对它们所应满足要求的检查。后两个完整性规则的设置由用户给出，包括域约束及断言。其中域约束即可约束数据库中属性域的范围与条件，断言即建立数据库内属性间关联及表间属性间的约束。

（2）在完整性条件设置后，在系统中有专门软件模块对其作检查，以保证所设置条件能得到监督与实施，此即为完整性规则的检查。

（3）在系统中同样有专门的软件模块对完整性规则的检查结果作处理，特别是一旦出现违反完整性规则的现象作出响应或报警或报错，在复杂情况下可调用相应的处理过程。有时用户还可定义整个处理过程，它称为触发器。

4）触发器

触发器（trigger）是近年来在数据库中使用较多的一种手段，它起因于完整性控制，但目前已远远超出此范围。由于它体现了**数据库的主动功能**，因此大量用于主动性领域。

触发器一般由触发事件、触发动作与结果过程三部分组成，其中触发事件给出了触发条件，而结果过程是一个处理程序。触发条件一旦出现，触发器立刻启动触发动作，调用相应的结果过程对触发事件进行处理。整个触发器工作流程可用图 4.4 表示。

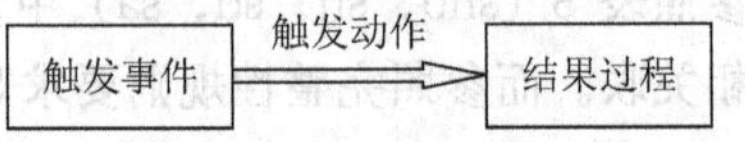

图 4.4　触发器

目前在一般数据库管理系统中触发事件往往仅限于增、删、改操作。

触发器在数据库完整性控制中起着很大的作用，一般可用触发器完成很多数据库完整性控制的功能，其中触发事件即完整性约束条件，而完整性检查即触发器的触发动作，最后，结果过程的调用即完整性检查的处理。

3. 动态控制概述

数据库是一个共享组织，多个应用可共享它的数据。在数据库程序运行时，由于共享的原因会产生多种不同错误，这是其他程序所没有的，因此必须做一定的控制以防止此类错误产生，这就称动态控制。

数据库程序运行时共享所带来的错误一般有三种：

（1）不一致性

多个应用程序执行时对共享数据作交互，数据交互期间的"时间差"使得在一段时间内数据库中数据产生短期"混乱"，只有当一个完整的交互结束后数据才会恢复正常，这就称为数据的不一致性。

（2）并发执行

应用程序在操作系统调度下并发执行。在此种情况下，一个程序在执行中被打断而转向执行另一个程序，从而造成程序非正常中止。一旦它恢复执行，由于共享的原因，原数据库中的数据就会受到破坏而无法继续执行，这是程序并发执行所造成的破坏。

（3）计算机故障

应用程序执行过程中计算机的软件与硬件故障可以造成数据破坏，程序非正常中止，而当它恢复执行后，由于故障所致，原有程序无法正确执行。这是计算机故障所造成的破坏。

上述三种错误是可以防止与排除的：数据库的不一致性可以通过**事务**予以排除，并发执行所引发的破坏可通过**并发控制**予以排除，计算机故障所引发的破坏可通过**故障恢复**予以排除。

下面讨论事务、并发控制与故障恢复这三种程序运行时共享所带来错误的防止技术。

4. 事务

1）事务的起由

为说明事务，从一个例子说起。

例 4.4　设有公司甲与公司乙，乙因资金短缺周转不灵，向甲请求临时借款人民币 5 万元。经研究后甲同意出借。设它们分别在工商银行有账户余额为：$A=200\,000$ 元与 $B=3\,000$ 元人民币，此时其应用 P 的操作可描述如下：

① Read(A)；

② $A:=A-50\,000$；

③ Write(A)；

④ Read(B)；

⑤ $B:=B+50\,000$；

⑥ Write(B)；

⑦ Stop。

在执行应用 P 前 $A=200\,000$，$B=3\,000$，其银行总账户余额为 $A+B=200\,000+3\,000=203\,000$ 元，在上述操作执行完成后，A 与 B 分别为：

$$A=150\,000$$
$$B=53\,000$$

其银行的总账户余额数仍为 $A+B=150\,000+53\,000=203\,000$，其总款数不变。也就是说，银行账户从原有的一致性在经过操作 P 后保持了新的一致性。但是，此应用在执行过程中总账户余额是在不断变化的，从图 4.5 流程中可以看出，在执行操作①、②时账户余额为 203 000 元，但到操作③、④、⑤时其总账户余额变成为 153 000 元，比正确的总款数少 5 万元。而到了操作⑥、⑦时，其总账户余额又恢复成为 203 000 元。因此，为保证资金运转正常进行，整个操作流程必须作为整体一次完成，其中间是不能被中止的。

那么，如果在执行时出现有非正常中止，会产生什么样的结果呢？在例 4.5 中如 P 执行流程至④时有另一应用 Q 并发进入并中断了 P 的执行，此为 P 非正常中止。应用 Q 是银行收支日报表，Q 的执行结果是收支产生错误并导致了银行资金损失 5 万元。

这个例子告诉我们，数据库程序必须分割成若干个具有一致性、完整的操作序列单位，它**要么全做，要么全不做，不允许出现非正常的中止。它是一个不可分割的、基本操作单位，它称为事务**（transaction）。

一般而言，一个数据库应用程序是由若干事务组成，每个事务构成数据库的一个状态，它形成了某种一致性，而整个应用程序的操作过程则是通过不同事务使数据库由某种一致性不断转换到新的一致性的过程。

序号	应用 P	A	B	总　计
1	Read (A)	200 000	3 000	203 000
2	$A=A-50000$	200 000	3 000	203 000
3	Write (A)	150 000	3 000	153 000
4	Read (B)	150 000	3 000	153 000
5	$B:=B+50000$	150 000	3 000	153 000
6	Write (B)	150 000	53 000	203 000
7	Stop	150 000	53 000	203 000

图 4.5　应用 P 的执行流程

下面讨论有关事务的概念。

2）事务的概念

有关事务概念的讨论可分为事务的性质、事务的活动及标志事务的三条语句三项内容。

（1）事务的性质

从前面的讨论中我们已经知道：数据库应用程序中必须划分事务，而事务是有其明显的个性存在，它一共有四个，它们是事务的原子性（Atomicity）、一致性（Consistency）、隔离性（Isolation）及持久性（Durability），简称为**事务的 ACID 性质**。

① 原子性：事务是应用程序中的一个基本执行单位。一个事务内的所有数据库操作是不可分割的操作序列，这些操作要么全执行，要么全不执行。

② 一致性：事务执行的结果将使数据库由一种一致性到达了另一种新的一致性。

这两个性质保证了事务最基本的要求。

③ 隔离性：在多个事务并发执行时，事务要存取数据库中共享数据，因此事务在执行期间会相互干扰。而事务隔离性表示，这种相互干扰不应存在，多个事务执行中，如同在单用户环境下执行一样。

事务隔离性保证了事务执行期间不受其他事务因使用共享数据而产生的影响。

④ 持久性：一个事务一旦完成其全部操作后，它对数据库的所有更新，将永久地反映在数据库中。不管以后发生的任何操作（包括故障在内），不应对保留这个事务执行的结果有任何影响。

事务持久性告诉我们，在一个事务执行期内，它对数据库的所有更新都是可以改变的，但一旦事务执行结束，这种更新将永远记录在数据库中且不可改变。

事务的 ACID 性质囊括了事务的所有性质，因此它就是事务的定义。下面就用 ACID 性质来讨论与研究事务。

（2）事务活动

事务活动一般由四个部分内容组成，它们分别是：

① 事务起始点：表示事务活动的开始。

② 事务执行：表示事务的活动过程。

③ 事务正常结束点：表示事务活动的正常结束。

④ 事务非正常结束点：表示事务活动的非正常结束。

一个事务由"事务起始点"开始活动，经"事务执行"而最终结束，事务结束有两个结束点，一种是正常结束称"事务正常结束点"，另一种是非正常结束称"事务非正常结束点"。

事务从事务起始点开始执行，它不断做 Read 或 Write（包括 Update 及 Delete）操作，但是，此时所做的 Write 操作，仅将数据写入磁盘缓冲区，而并非真正写入磁盘内。在事务执行过程中可能会产生两种状况：其一是顺利执行——此时事务继续正常执行；其二是产生错误而中止执行，从而进入非正常结束点，此种情况称事务夭折（abort），此时根据原子性性质，事务需将执行中 Write 操作的结果全部撤销，并返回起始点准备重新执行，此时称事务回滚（rollback）。在一般情况下，事务正常执行直至全部操作执行完成，从而进入正常结束点，执行事务提交（commit）。所谓提交即将所有在事务执行过程中写在磁盘缓冲区的数据，真正、物理地写入磁盘内，从而完成整个事务。因此，事务的整个活动过程可以用图 4.6 表示。

（3）标志事务活动的三条事务语句

事务是一种语义概念，在数据库应用编程时必须由程序员编写事务语句以控制事务活动。

事务活动中一般由三条事务语句控制，它们是置事务语句（SET TRANSACTION），事务提交语句（COMMIT）及事务回滚语句（ROLLBACK）。

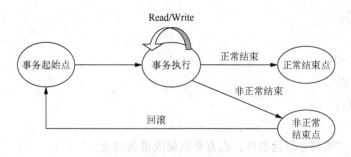

图 4.6 事务活动过程图

① SET TRANSACTION：此语句是置事务语句，表示事务起始点，事务由此语句开始执行。

② COMMIT：此语句是事务提交语句，表示事务正常结束，执行事务提交，将所有在事务执行过程中写在磁盘缓冲区的数据，真实地写入磁盘内。

③ ROLLBACK：此语句是事务回滚语句，表示事务非正常结束，执行事务回滚，将事务执行中的 Write 操作结果全部撤销，并返回起始点。

事务的三个语句保证了原子性与一致性，其中 SET TRANSACTION 与 COMMIT 给出了它的原子性，而 ROLLBACK 则保证了它的一致性。

在数据库应用程序中必须标志事务，它可由控制事务活动的上述三条语句完成。

例 4.5 例 4.4 所示的应用程序 P 组成一个事务。在程序起始端为该事务的起始点，可标以 SET TRANSACTION。该事务有一个正常结束点它可标以 COMMIT。这样，应用程序 P 就改写成为一个事务如下：

① SET TRANSACTION；

② Read (A)；

③ $A: = A - 50\,000$；

④ Write (A)；

⑤ Read (B)；

⑥ $B := B + 50\,000$；

⑦ Write (B)；

⑧ COMMIT。

下面举一个稍复杂点的例子。

例 4.6 对例 4.4 作适当改造。设公司甲与乙，乙因资金短缺周转不灵，向甲请求临时借款人民币 x 元。经研究后甲同意出借，但有一定的条件，即甲的流动资金在出借给乙后之余额必须大于乙在获得甲的资金后所持的流动资金总额。设它们分别在工商银行有流动资金金额为：A 元与 B 元人民币，此时其应用 Q 的操作可描述如下：

① SET TRANSACTION；

② Printf（"输入借款金额 x"）；

③ Scanf (x)；

④ Read (A)；

⑤ $A := A - x$；

⑥ Write (A)；

⑦　Read（*B*）；

⑧　*B*:=*B*+*x*；

⑨　IF（*A*−*B*>0）；

⑩　{Write（*B*）；

⑪　COMMIT}；

⑫　ELSE；

⑬　{Printf（"不符合借款条件，乙方必须修改借款额度。"）；

⑭　ROLLBACK}。

3）事务的重要性

由事务的概念可知，一个数据库应用程序实际上是由若干个串行的事务所组成。这是数据库编程与传统编程的重大区别。这一点很重要，但很多读者往往会忽视，须知这种忽视的结果可能会带来严重的后果。下面对其进行分析。

（1）脏数据

在数据库程序执行过程中，往往会在数据库中生成一些不一致的数据，如例 4.4 中操作③、④、⑤中所产生的总账户余额 153 000 元是不一致的数据，这种数据可称为脏数据（dirty data）。

甲程序的脏数据是不能被其他乙程序访问（读）的，如发生此种现象，称为脏读（dirty read），此时，乙程序必将甲程序的错误数据带到程序执行中，从而对乙程序产生严重的影响，且这种错误隐蔽性强不易发现。在前面应用 Q 的执行所产生的错误即属此种情况。

（2）数据现场破坏

数据库程序执行过程中往往会被打断而转向执行另一程序，从而造成程序非正常中止，一旦当它恢复执行后，原数据库中的共享数据可能会由于另一个程序执行而改变，从而无法继续执行，这称为数据现场破坏。

（3）数据库故障

另一种情况是计算机故障所引起的程序非正常中止且数据遭受破坏。

"脏数据""脏读"的出现及"数据现场遭受破坏""数据库故障"是数据库程序执行过程中不可避免的错误，且这种错误隐蔽性强，不易发现。若在数据库程序中设置事务，由于事务 ACID 性质，可完全避免这些错误的发生。其中的原子性与一致性避免了脏数据的产生，而隔离性与持久性则防止了数据库现场的破坏。

4）影响事务正常执行的三大因素

接着讨论如何保证事务的正确活动。为此，必须找到影响事务正常执行的因素，一般有三种：

（1）程序自身非正常中止

程序执行期间由于受自身原因的影响使事务非正常结束，事务的原子性与一致性受到破坏。这是程序内在因素所造成的事务 ACID 性质破坏，例 4.4 就是典型的例子。

（2）并发执行

应用程序在操作系统调度下并发执行。在此种情况下，一个事务在执行中间被打断而转向执行另一个程序，从而造成事务非正常中止。一旦当它恢复执行后，原数据库中状态就会受破坏而无法继续执行，这是典型的事务隔离性受到损害。这是程序外部因素所造成的事务 ACID 性质破坏。

（3）计算机故障

应用程序执行过程中，计算机的软件与硬件故障可以造成事务非正常中止，事务的原子性、一致性与持久性都受到破坏。这样，当它恢复执行后，由于故障所致，原有程序错误执行而使事务无法继续。这也是程序外部因素所造成的事务 ACID 性质破坏。

上面三种造成事务 ACID 性质破坏的因素是可以防止与排除的。

- 程序自身非正常中止。程序自身非正常中止可以通过**事务内在功能**予以排除，即通过在程序中设置事务语句排除。如在非正常中止点设置 ROLLBACK 语句等。
- 并发执行。并发执行所引发的事务破坏可通过**并发控制**予以排除。
- 计算机故障。计算机故障所引发的事务破坏可通过**故障恢复**予以排除。

下面讨论以事务为基础，保证事务 ACID 性质的并发控制与故障恢复技术。

5. 并发控制

在数据库中多个应用以事务为单位一般通过操作系统并发执行。

1）事务的并发执行

多个事务按操作系统调度策略并行执行，此种执行称为并发执行。它的执行效率高，但不能保证事务 ACID 性质，因此事务执行一般不能采用此方法，但可有两种变通方法。

- 串行执行：以事务为单位，多个事务依次顺序执行，此种执行称为（事务）串行执行。这种方法能保证事务的 ACID 性质，能保证事务的正确执行。因此一般情况下事务执行只能采用此方法。但是它执行效率太低，因此不是一种理想的方法。
- 并发执行的可串行化：是否存在有一种技术，它既能并发执行（即效率高），又能保证事务正确执行（即满足 ACID），亦即在并发执行时像串行执行时一样（正确），这种技术是有的，它称为**并发控制**（concurret control）技术。而此种执行称为并发事务的可串行化（serializability）。此种执行方法既能保证执行的高效率，又能保证事务 ACID 性质。

由于并发执行的可串行化方法的优越性，因此在数据库应用程序执行中普遍采用此种方法，而所使用的技术则是并发控制技术。

下面介绍并发控制技术。

2）并发控制技术介绍

并发控制技术是一种两次调度技术。首先多个事务按操作系统级别作并发调度，接着在数据库级别作二次调度，这种调度采用封锁机制的方法。这种方法的实施由数据库管理系统根据事务语言自动完成。

下面从一个例子开始介绍并发控制技术。

例 4.7 民航订票问题。

这是一个著名的并发控制例子。设有两个民航售票点，它们按下面事务 T 执行订票操作。

事务 T：

```
SET TRANSACTION
Read y      /*y为数据库中机票余额 */
y←y-1       /*卖出一张机票并修改余额*/
```

```
Write y
COMMIT
```

在一般情况下，两个售票点分别按事务 T 执行进程 T_1 与 T_2，如图 4.7 所示。
这是一种事务串行执行方法，因此执行正确性是得到保证的。

序号	T_1	T_2	数据库显示机票余额
1	SET TRANSACTION Read y:y=2		2
2	y←y−1		2
3	Write y:y=1 COMMIT		1
4		SET TRANSACTION Read y:y=1	1
5		y←y−1	1
6		Write y:y=0 COMMIT	0

图 4.7　"民航订票"操作流程图

接着，再看一个订票操作如下：

(1) A 售票点执行订票程序 T_1，通过网络在数据库中读出某航班机票余额为 y=2。

(2) B 售票点执行订票程序 T_2，通过网络在数据库中也读出同一航班机票余额为 y=2。

(3) A 售票点执行订票程序 T_1，卖出一张机票并修改余额 y=y−1，即 y=1 并写回数据。

(4) B 售票点执行订票程序 T_2，卖出一张机票并修改余额 y=y−1，即 y=1 并写回数据。

在订票结束后发现，在数据库中余额为 2 张票，卖出了 2 张后还余 1 张票，这样就产生了错误。其具体执行过程如图 4.8 所示。

序号	T_1	T_2	数据库显示机票余额
1	SET TRANSACTION Read y:y=2		2
2		SET TRANSACTION Read y:y=2	2
3	y←y−1		2
4	Write y:y=1 COMMIT		1
5		y←y−1	1
6		Writey:y=1 COMMIT	1

图 4.8　又一种"民航订票"操作流程图

这是多个应用并发执行且又不作任何控制所引发的错误。原因是**数据库数据 y 是一种共享数据**，T_1 与 T_2 都能对它进行操作，而当 T_1 执行中断 T_2 开始执行后，T_2 对共享数据 y 作了修改，破坏了 T_1 的**数据现场**，从而使得一旦 T_1 重新执行，现场无法得到恢复，因此出现了错误。这是由事务并发执行不当，造成现场破坏而引起的错误。这违反了事务的隔离性。

找到了问题的本质后，解决问题就不难了。进一步分析，为使事务正确执行，必须在其执行中断后能保留数据库数据现场，直至事务结束，**程序可并行执行，但执行中数据必须相互隔离。**但如何保证执行中数据库数据相互隔离呢？这就需要引入**封锁机制**（locking）。

封锁是事务并发执行的一种调度和控制手段，它可以保证并发执行的事务间相互隔离、互不干扰，从而保证并发事务的正确执行。所谓"封锁"，就是事务对某些数据对象的操作实行某种专有的控制，在事务 T 需要对某些数据进行操作时，它必须提出申请，并对其加锁，在成功加锁后，即具有对此数据的操作权限与控制权限。此时，其他事务不能对加锁的数据随意操作。当事务 T 操作完成后即释放锁，此后该数据即可为其他事务操作服务。

一事务对数据 A 做操作前必须申请加锁，如此时 A 正被他事务加锁，则申请不成功，必须等待，直至其他事务将锁释放后，才能加锁成功并执行操作，在对 A 操作完成后必须释放锁，此种事务称为合式（well formed）事务。合式事务是具有并发控制能力的事务，它为正确的并发执行提供了保证。

引入封锁机制从本质上解决了事务之间并发执行的问题，此种执行方法既能保证执行的高效率，又能保证事务 ACID 性质。即只要在执行数据库操作前、后对所操作的数据分别增加"加锁"与"解锁"两个操作：

① 加锁操作：LOCK（x）

② 解锁操作：UNLOCK（x）

其中 x 为加锁与解锁的目标数据。而加锁与解锁间所形成的区域称封锁区域。

在例 4.7 中，订票程序 T 的合式事务为 WT：

```
SET TRANSACTION
LOCK (y)
Read y
y←y-1
  Write y
COMMIT
UNLOCK (y)
```

该 WT 的执行保证了民航订票的正确性与并发性。下面的图 4.9 给出了 WT 的操作流程。

序号	T₁	T₂	数据库显示机票余额
1	SET TRANSACTION Lock y Read: y=2		2
2	y←y-1 Write: y=1 COMMIT Unlock y	SET TRANSACTION Lock y Wait Wait	2 1 1 1
3		获得 Lock y Read: y=1 y←y-1 Write: y=0 COMMIT Unlock y	1 1 0 0 0 0

图 4.9 并发控制的"民航订票"操作流程图

在事务并发执行中引入封锁机制后保证了并发控制，从而避免了数据现场破坏现象的出现并保持了事务的隔离性。它是事务按操作按调度策略作并发执行后的二次调度技术。

3）封锁粒度

封锁粒度（granularity）即事务封锁的数据对象的大小，在关系数据库中封锁粒度一般有如下几种：属性（值）及属性（值）集;元组;表;物理页面（或物理块）；数据库。

从上面几种不同粒度中可以看出，事务封锁粒度有大有小。一般而言，封锁粒度小，则并发性高但开销大；封锁粒度大，则并发性低但开销小。综合平衡照顾不同需求以合理选取封锁粒度是很重要的，常用的封锁粒度有表和属性（值）集。

4）程序员与封锁操作

在事务中加入封锁操作后即能实现事务的并发执行。但是一般来讲，这种操作是由系统自动设置与完成的。系统根据事务语句以及读写数据语句可自动设置封锁操作。目前数据库管理系统产品都有此项功能。

因此，一个合式事务需由程序员设置事务语句，同时由系统自动设置封锁操作，这样就构成了一个完整的事务组成。因此程序员在编写合式事务时仅须考虑事务控制语句的编写而无须考虑封锁操作编写。如在"民航订票问题"中程序员编写的事务为 T，而实际在 DBMS 中运行的事务为 WT。

5）死锁与活锁

采用封锁的方法可以有效解决事务并发执行中出现的错误，保证并发事务的可串行化。但是封锁本身带来了一些麻烦，最主要的就是由封锁引起的死锁（dead lock）与活锁（live lock）。所谓死锁即事务间对锁的循环等待。也就是说，多个事务申请不同锁，而申请者均拥有一部分锁，而它又在等待另外事务所拥有的锁，这样相互等待，而造成它们都无法继续执行。一个典型的死锁例子如图 4.10 所示。在例中事务 T_1 占有锁 A，而申请锁 B，事务 T_2 占有锁 B 而申请锁 A，这样就出现了无休止地相互等待的局面。

序号	T_1	T_2
1	Lock A	
2	Read: A	
3		Lock B
4		Read: B
5	Lock B	
6	Wait	Lock A
7	Wait	Wait
8	Wait	Wait
9	Wait	Wait

图 4.10　死锁实例

而所谓活锁即某些事务永远处于等待状态，得不到解锁机会。

活锁和死锁都有办法可以解决。解决活锁的最有效办法是采用"先来先执行"的控制策略，也就是采用简单的排队方式。而解决死锁的办法目前常用的有如下几种：

（1）预防法

预防法即预先采用一定的操作方式，以避免死锁的出现。

① 顺序申请法。即将封锁的对象按顺序编号，事务在申请封锁时按编号顺序（从小到大或反之）申请，这样能避免死锁发生。

② 一次申请法。事务在执行开始时将它需要的所有锁一次申请完成，并在操作完成后一次性归还所有的锁。

（2）死锁解除法

死锁解除法允许产生死锁，在产生后通过一定手段予以解决，常用的方法如下：

① 定时法。对每个锁设置一个时限，当事务等待此锁超过时限后即认为已产生死锁，此时调用解锁程序，以解除死锁。

② 死锁检测法。在系统内设置一个死锁检测程序，该程序定时启动，检查系统中是否产生死锁，一旦发现产生死锁则调用解锁程序以解除死锁。

目前，一般的数据库管理系统产品中都有活锁和死锁的解除方法。

6．故障恢复

故障恢复亦称数据库故障恢复，它由计算机故障而导致事务非法中止且数据遭受破坏，由此须对数据库作恢复，这就是数据库故障恢复。在其中涉及三个须讨论的问题，它们是计算机故障、数据库故障及数据库故障恢复。故障恢复主要是计算机故障所引发的事务破坏的恢复，因此它一般以事务为单位进行讨论。此类故障涉及事务的原子性与持久性。

1）计算机故障

计算机故障引起了数据库故障。计算机故障大致可以分为小型故障、中型故障与大型故障三种类型，并可细分为六个部分。

（1）小型故障

事务内部故障：事务内部执行时所产生的逻辑错误与系统错误，如数据输入错误、数据溢出、资源不足以及死锁等，此类故障属单个事务故障。

（2）中型故障

① 系统故障：系统硬件（如 CPU）故障、操作系统、DBMS 以及应用程序代码错误所造成的故障，此类故障可以造成整个系统停止工作，内存破坏，正在工作的事务全部非正常中止，但是磁盘数据不受影响，数据库不遭破坏，此类故障属中型故障。

② 外部影响：外部原因（如停电等）所引起的故障，它也造成系统停止工作，内存破坏，正在工作的事务全部非正常中止，但数据库不受破坏，此类故障属中型故障。

总体说来，中型故障可以造成**多个正在工作的事务非正常中止，但数据库数据不受破坏**。

（3）大型故障

① 磁盘故障：此类故障包括磁盘表面受损、磁头损坏等，此时磁盘受到破坏，数据库严重受影响。

② 计算机病毒：计算机病毒是目前破坏数据库系统的主要根源之一，它不但对计算机主机产生破坏（包括内存），也对磁盘文件产生破坏。

③ 黑客入侵：黑客入侵可以造成主机、内存及磁盘数据的严重破坏。

总体说来，大型故障不但造成多个正在工作的事务非正常中止，还致使数据库中大面积磁盘数据遭受破坏。

2）数据库故障

数据库故障有两个部分内容，它们是：事务非正常中止所造成的**事务**故障；数据库磁盘**数据**遭受破坏所造成的故障。其中前者造成了事务原子性的破坏，后者造成了事务持久性的破坏。

由计算机故障引起了数据库故障，其具体关系是：

（1）小型故障：小型故障引起了单个事务原子性故障，即引起了单个事务的非正常中止。

（2）中型故障：中型故障所引起的是多个事务原子性故障，它涉及多个事务的非正常中止。

（3）大型故障：大型故障所造成的影响是磁盘介质大面积破坏，所涉及的不仅是数据库数据破坏所造成的故障，还包括大量的事务故障。即事务的持久性故障与原子性故障。

3）数据库故障恢复技术

数据库故障恢复指的是事务恢复及数据库磁盘数据破坏的恢复。其中事务恢复可保持事务的原子性，而数据库磁盘数据破坏的恢复可保持事务的持久性。它一般采用三种技术：

（1）数据转储

所谓数据转储即定期将数据库中的数据复制到另一个存储设备中，这些存储的数据称为后援副本或备份。

转储可分为静态转储与动态转储。静态转储指的是转储过程中不允许对数据库有任何操作（包括存取与修改操作），即转储事务与应用事务不可并发执行。动态转储指的是转储过程中允许对数据库进行操作，即转储事务与应用事务可并发执行。

数据转储还可以分为海量转储与增量转储，海量转储指的是每次转储数据库的全部数据，而增量转储则是每次只转储数据库中自上次转储以来所产生变化的那些数据。由于海量转储数据量大，不易进行，因此增量转储往往是一种有效的办法。

数据转储用于**数据库数据遭受破坏的恢复。**

（2）日志（logging）

日志就是系统建立的一个文件，该文件以事务为单位记录数据库中更改型操作的数据更改情况，其内容有：事务开始标记；事务结束标记；事务的所有更新操作。具体内容有：事务标志、操作时间、操作类型（增、删、或改操作）、操作目标数据、更改前数据旧值、更改后数据新值。

日志以事务为单位按执行的时间次序，且遵循先写日志后修改数据库的原则进行。

日志主要用于**事务故障的恢复**及数据库数据遭受破坏的恢复。

（3）事务撤销与重做

数据库故障恢复中的事务故障恢复主要使用事务撤销（UNDO）与事务重做（REDO）两种操作。

① 事务撤销操作。

在事务执行中产生故障，为进行恢复，必须撤销这些事务。其具体过程如下：

a. 反向扫描日志文件，查找到应该撤销的事务；

b. 找到该事务更新的操作；

c. 对更新操作做逆操作，即如果是插入操作则做删除操作，如果是删除操作则用更改前数据旧值作插入，如果是修改操作则用修改前值替代修改后值。

如此反向扫描一直反复做更新操作的逆操作，直到事务开始标志出现为止，此时事务撤销结束。

② 事务重做操作。

当一事务已执行完成，它的更改数据也已写入数据库，但是由于数据库遭受破坏，为恢复数据需要重做，所谓事务重做实际上是仅对其更改操作重做。重做的过程如下：

a. 正向扫描日志文件，查找重做事务。

b. 找到该重做事务的更新操作。

c. 对更新操作重做，如果是插入操作，则将更改后新值插入至数据库；如果是删除操作，则将更改前旧值删除；如果是修改操作，则将更改前的旧值修改成更新后的新值。

d. 如此正向扫描反复做更新操作，直到事务结束标志出现为止，此时事务重做操作结束。

事务撤销与重做主要用于**事务故障的恢复。**

4）数据库故障恢复策略

利用后备副本（或称复本）、日志以及事务的撤销与重做可以对不同的数据库故障进行恢复。其具体恢复策略如下：

（1）小型故障的恢复

小型故障是一个事务内部的故障，恢复方法是做该事务的撤销操作，使事务恢复到初始阶段。

（2）中型故障的恢复

中型故障所引起的是多个事务原子性故障，它可分成为两种类型：

① 事务非正常中止，用事务撤销操作恢复；

② 已完成提交的事务，但由于故障使数据丢失，用事务重做操作恢复。

（3）大型故障的恢复

大型故障的恢复包括事务持久性故障恢复与事务原子性故障恢复，它大致分为下列步骤：

① 做数据恢复——将后备副本复制至磁盘。

② 做事务恢复——检查日志文件，将复制后所有执行完成的事务作重做操作。

③ 做事务恢复——对部分事务执行期间非正常中止的做事务撤销操作。

经过这三步处理，可以完成大型故障中数据库数据的恢复。

数据库故障恢复一般由 DBA 执行。数据库故障恢复功能是数据库的重要功能，每个数据库管理系统都有此种功能。

4.1.5　数据交换功能

数据交换（data exchange）是数据库与用户间的数据交互。数据交换是需要管理的，管理的内容是对数据交换方式、操作流程及操作规范的控制与监督。

从数据库诞生起即有数据交换存在，但由于交换方式与交换管理都很简单，因此并未出现数据交换的概念。真正出现数据交换并对其做规范化管理的是 SQL'92，而在 SQL'99 中则对其作了进一步规范，并明确划分了数据交换的四种方式。在此后公布的 SQL'03 中将原有四种交换方式扩充到八种。此外，在 20 余年来众多机构与相关单位纷纷推出多种数据交换的规范与产品，有的已成为业内的事实标准。目前常用的有五种交换方式，它们构成了关系数据库管理系统的一种必不可少的功能，为用户使用数据库提供了基本保证。

1．数据交换模型

数据交换是数据主体与数据客体间数据的交互过程。所谓数据客体即数据库，它是数据提供者，而数据主体是数据的使用者，它可以是数据处理中的应用程序（进程、线程）或操作员（人），有时也可是另一个数据体。数据交换的过程即首先由使用者（数据主体）通过数据库语言 SQL 向数据库（数据客体）提出数据请求，接下来数据库响应此项请求进行数据操作并返回执行结果，执行结果有两项：返回的数据值以及执行结果代码（它给出了执行状态，如结果正确与否、出错信息以及其他辅助性质），它可用图 4.11 所示的数据交换模型表示。

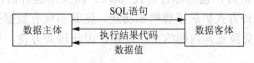

图 4.11　数据交换模型图

2．数据交换的三种环境

随着数据处理的发展以及数据库应用环境的不断变化，数据交换环境也随之发生变化，它一共经历三个阶段，形成了三种不同环境，它们分别是：

（1）单机集中式环境：在数据库作为计算机单机应用开发工具时（20 世纪 60～70 年代），其应用环境为单机集中式环境，它特别体现了**同一机器内**应用程序与数据库间的数据交换。

（2）网络环境：在数据库作为网络应用开发工具时（20 世纪 80～90 年代），其应用环境为网络、多机分布式的 C/S 结构方式。它特别体现了网络上**应用结点**与**数据结点**间的数据交换。

（3）互联网阶段：在数据库作为 Web 应用开发工具时（20 世纪初），其应用环境为 Web 应用、分布式 B/S 结构方式。它特别体现了互联网上 HTML（XML）**与数据库**间的数据交换。

3．数据交换的五种方式

数据交换不仅与环境有关，还与编程方式有关，不同编程方式形成了不同数据交换方式。

（1）人机交互方式

此种方式的主体是人（即操作员），它体现了机器内外操作员与数据库的直接对话，它们间的交换接口是人机交互界面。在最初阶段它以单机集中环境出现，交互界面简单，在现阶段的 C/S 与 B/S 结构中也可使用此种方式，且由于可视化技术的发展，交互形式与操作方式变得丰富多彩，因此此种方式目前仍普遍使用。

人机交互方式的接口（即界面）因系统而异，目前无统一规范与标准。

（2）嵌入式方式

嵌入式方式是出现最早的应用程序与数据库间的数据交换方式。嵌入式方式将数据库语言 SQL 与外界程序设计语言捆绑于一起，构成一种由两类不同语言所混合而成的新语言，此种语言扩展了传统数据库管理功能，使之还能从事数据处理功能。在嵌入式方式中以程序设计语言为主体（称为主语言），而数据库语言则依附于主语言（称为子语言）。"嵌入"即表示将数据子语言（SQL）嵌入至主语言中，故也可称为嵌入式 SQL。这种开发方式是以数据处理为主，而以数据管理为辅。在嵌入式方式中数据交换是在嵌入式开发工具内主语言所编应用程序与数据库间的交互。

嵌入式方式使用过程中存在多种不足，目前使用者极少，但它在数据交换历史上发挥过重要作用，由它所开创的数据交换技术也为此后多种数据交换方式提供了基础。

在 SQL 标准中，SQL'89 将嵌入式方式列入其中，而与其捆绑的语言也由原先的三种而增至八种，它们是：C、Pascal、FORTRAN、COBOL、ADA、PL/1、MUMPS、Java 等。此种方式在 SQL'99 中称为 SQL/BD。在 SQL'03 中则取消了通用的 SQL/BD 而仅保留基于 Java 的嵌入式方式。

（3）自含式方式

随着数据库管理系统的日益成熟以及数据库厂商势力的增强，出现了数据库管理系统自身在包含有数据库语言同时，也包含程序设计语言的主要成分，因而将数据库语言与程序设计语言统一于一体，称自含式语言，也可称自含式 SQL。而采用这种语言的编程方式称为自含式（contains self）方式。此种方式扩展了数据库功能，使其不仅有数据管理功能，还有数据处理能力。自含式方式中数据交换是其内部的交互过程，因此较为方便，目前它已取代嵌入式方式成为使用的主流。

自含式方式出现于单机集中式时代，在网络环境中，它存在于数据服务器中。在目前商用数据库产品中,自含式 SQL 有 Oracle 中的 PL/SQL、Sybase 中的 T-SQL 以及微软 SQL Server 中的 T-SQL 等。在 SQL 国际标准中自 SQL'92 起就有此类方式出现,称 SQL/PSM,即 SQL 的持久存储模块,它一般用于存储过程、函数及后台批处理应用程序编制中。

(4) 调用层接口 (call level interface) 方式

自数据库应用进入网络时代后,数据库结构出现了 C/S 结构模式。

在数据库应用系统中,一个完整的应用程序有下面三个部分:

① 存储逻辑:此部分包括 DBMS 及相应的数据存储。

② 应用逻辑:此部分包括由程序设计语言所编写的数据处理应用程序。

③ 表示逻辑:此部分用于用户交互,可用可视化编程实现,它包括图形用户界面 (GUI) 等。

C/S 结构由一个服务器 (server) 与多个客户机 (client) 所组成,它们间由网络相连并通过接口进行交互,其中服务器完成存储逻辑功能,客户机则完成应用逻辑与表示逻辑功能,它们按两种不同功能分别分布于服务器与客户机中,构成了“功能分布”式的模型。

在此结构中的编程方式是由三部分组成,它们是:

① 客户端应用程序(网络应用结点):由传统程序设计语言编写的应用程序,如 C、Java。

② 服务器数据库(网络数据结点):供应用程序使用的数据库。

③ 应用程序与数据库间的数据交换:它由一种接口工具完成。该工具设置于客户端内,是一组统一的函数(或过程)以实现数据交换,当客户端应用程序对数据库数据有请求时可调用工具中的函数,其具体要求以 SQL 语句表示。SQL 语句以函数参数的形式出现,当函数执行后就将此参数传递至服务器,并激活服务器执行 SQL 语句,最终将结果返回至客户端应用程序。

由网络中 C/S 结构的客户端应用程序、服务器数据库及客户端接口工具三者所组成的编程方式称为调用层接口方式。

C/S 方式是目前数据库应用环境中的常用方式,调用层接口方式已被广泛采用作数据交换的主要方式之一。

在 SQL 国际标准 SQL'97 中开始出现调用接口层的接口方式 SQL/CLI,在软件开发厂商中也出现微软的 ODBC 标准与 SUN 公司的 JDBC 标准。

(5) Web 方式

随着互联网的应用及普及、Web 的发展出现了 B/S 结构、HTML (XML) 及脚本语言等。在 Web 方式中一般使用典型的三层 B/S 结构,它由浏览器、Web 服务器及数据库服务器三部分组成。其中 Web 服务器存放及执行 Web 程序,数据库服务器存放数据并执行数据操作,最后浏览器展示 HTML 结果。

在 B/S 结构中的编程方式是由三部分组成,它们是:

① Web 服务器中的 Web 程序:Web 程序一般由置标语言 (如 HTML、XML)、脚本语言及相应工具编写而成。

② 数据库服务器中数据:供应用程序使用的数据。

③ Web 数据与数据库数据交换:Web 程序中存在半结构化形式的 HTML (XML) 数据 (即网页数据) 以及结构化形式的数据库数据,它们间需要作数据交换。这种数据交换由一种接口工具完成。常用的有两种方法,第一种方法是在 Web 服务器中将 HTML 与脚本语言及若干组件捆绑,再通过调用层接口构成一个与数据库的交换接口,称为 Web 数据库。第二种方法是将 XML 与传统数据库紧密结合于一起,将 XML 作为一种新的数据类型加入传统数据库中而构成

一种新的数据库，称为 XML 数据库。

由网络中 B/S 结构的 Web 服务器中 Web 数据、数据库服务器中数据及 Web 服务器中的接口工具三者所组成的编程方式称 Web 数据交换方式，它在 Web 环境下应用广泛。

在 SQL 标准 SQL'03 中出现有此种方式称 SQL/XML。微软与 SUN 公司中也有类似的产品推出。

在这两种方法中以 Web 数据库方法使用较多，在后面也仅介绍这种方法。

上面所介绍的五种方式反映了数据库应用发展过程中不同阶段、不同环境及不同主体的数据交换需求，它们在数据库系统中构成图 4.12 所示的结构。

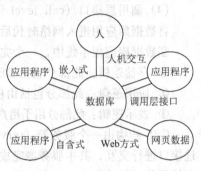

图 4.12　数据交换五种方式

4. 数据交换的七种接口

为了实现数据交换，必须建立相应的接口。上述五种交换方式的数据交换接口共七种：

(1) 直接式的人机交互界面

此接口主要是为操作人员顺利访问数据库所设置的接口，这是一种计算机系统内外之间的接口，是一种界面形式。它主要用于人机交互方式。

(2) 主语言与嵌入式 SQL 间的接口

此接口主要使用于嵌入式方式中。在此方式中，主语言与嵌入式 SQL 是两种不同的处理系统，必须在 SQL 的解释系统与主语言的编译系统间建立接口才能将 SQL 嵌入至主语言中，从而实现两种不同语言的捆绑形成一种新的应用开发工具。

(3) 标量与集合量间的接口

此接口主要用于自含式方式。自含式语言内的程序设计语言变量与数据库语言变量的量值类型是不一致的，前者是标量值，而后者则是集合量值，因此须有一种接口以建立集合量与标量间转换。

此种接口也用于嵌入式方式中。

(4) 应用结点与数据结点间的接口

此接口主要用于网络环境的调用层接口方式中。在此方式中网络的应用结点与数据结点是网络中两个不同的结点，它们间进行数据交换是需要在网络中建立物理与逻辑连接通路，这就是它们间的接口。此外，这种接口还用于互联网环境的 Web 方式中。

(5) Web 接口

在 Web 方式中，网页是用置标语言（如 HTML）编写的，此种语言无法实现网页与数据库中数据交换，更无法实现动态网页的生成，故而，置标语言与数据库间需要有一种接口来建立联系。

(6) 环境接口

在远程网络中涉及不同结点间的不同环境，如不同文字、不同时区、不同设置方式等。为建立两结点间的数据交换，必须首先建立它们间的统一环境与平台，这就是环境接口。此接口往往建立在特定网络与互联网环境中。

(7) 反馈信息接口

在主体与客体数据交换结束后，客体必须向主体反馈"执行结果代码"，为此必须建立一种专门的接口，用于反馈信息的传递称反馈信息接口。此接口主要建立在自含式方式及嵌入式方式中。

5. 数据交换的七种管理

为实现数据交换接口，必须有数据交换的管理。目前一共有 7 种数据交换管理：

（1）会话管理

会话管理主要为网络中数据交换结点间建立统一环境与平台，在会话管理中提供相关的语句为环境接口服务。

（2）连接管理

连接管理主要用于网络中数据交换的应用结点与数据结点间接口的连接，它提供相关的语句，为建立两结点间连接服务。

（3）游标管理

游标管理主要用于主体与客体的变量中标量与集合量间的接口，它提供相关的语句，为建立集合量数据与标量数据间的转换服务。

（4）诊断管理

诊断管理主要用于主体与客体间建立反馈信息的接口，它提供相关的语句，为建立由客体到主体的反馈信息服务。

（5）Web 管理

Web 管理主要用于置标语言与数据库间的接口管理，它提供相关的手段为建立两种数据体间的连接提供服务。

（6）界面服务

界面服务用于人机交互界面接口中。它提供的服务手段为建立人机间直接对话服务。

（7）嵌入式系统预编译

嵌入式系统预编译主要为嵌入方式中主语言与嵌入式 SQL 间接口的实现提供服务。

6. 数据交换环境下的数据交换方式、数据交换接口与数据交换管理

在数据交换的三个环境中，出现五种数据交换方式与七种数据接口，为实现这些接口需要有相应的七种数据交换管理，它们间的关系如下：

（1）人机交互方式

此方式主要用于主体为计算机系统外的人员（操作员），而客体是计算机系统内的数据库的场合。其接口特点是直接式人机交互界面接口。它适应于数据交换的三种环境。最后，其交换管理为界面服务。

（2）嵌入式方式

此方式主要用于单机集中式环境，且数据主体为用主语言编写的应用程序，而客体为同一机内数据库。（用数据子语言编写）。其接口特点是：集合量与标量间的接口、主语言与 SQL 间的接口以及反馈信息接口。最后，其交换管理是游标管理、嵌入式系统预编译与诊断管理。

（3）自含式方式

此方式主要用于单机集中式环境，且数据主体为应用程序（用自含式语言编写），而客体为同一机内的数据库同一自含式语言编写间的数据交换。其接口特点是：集合量与标量间的接口及反馈信息接口。最后，其交换管理为游标管理与诊断管理。此种方式也可用于网络与互联网环境中的同一服务器内自含式语言应用中。

（4）调用层接口方式

此方式主要用于网络环境下数据主体为网络应用结点中的应用程序，而客体为网络数据结点中的数据库间的数据交换。其接口特点是：应用结点与数据结点间的接口，集合量与标量间的接口，反馈信息接口及环境接口。最后，其交换管理为会话管理、连接管理、游标管理与诊断管理。此种方式也可用于互联网环境。

（5）Web方式

此方式主要用于互联网环境且数据主体为 Web 结点中 HTML 网页数据，而客体为数据结点中的数据库间的数据交换。其接口特点是：Web 接口，还有集合量与标量间的接口、应用与数据结点、环境接口及反馈信息接口。最后，其交换管理为会话管理、连接管理及 Web 数据管理，此外，还有游标管理与诊断管理等。

表 4.1 给出了数据交换三个环境中与相关的方式、接口、管理间的关系。

表 4.1　数据交换关系表

阶　段　名	单机集中式阶段	单机集中式阶段	单机集中式阶段	网络阶段	互联网阶段
交换方式	人机交互方式	嵌入式方式	自含式方式	调用层接口方式	Web 方式
时　期	20 世纪 70 年代	20 世纪 80 年代	20 世纪 80 年代	20 世纪 90 年代	本世纪初
应用环境	单机集中式	单机集中式	单机集中式	多机分布式（C/S）	多机分布式（B/S）
交换主体	人（操作员）	应用程序	应用程序	应用程序	网页数据
接口特点	直接式人机交互界面接口	集合量与标量、主语言与子语言、反馈信息	集合量与标量、反馈信息	应用与数据结点、集合量与标量、反馈信息、环境接口	Web 接口、应用与数据结点、集合量与标量、反馈信息、环境接口
数据交换管理	界面服务	游标管理、诊断管理、嵌入式预编译	游标管理、诊断管理	游标管理、诊断管理、连接管理、会话管理	会话管理、连接管理、Web 管理、游标管理、诊断管理

7. 数据交换的流程

数据交换的过程是按一定步骤逐步进行的流程，利用数据交换管理可以实现数据交换流程，以调用层接口方式为例，其全部步骤如下：

（1）数据交换准备

使用会话管理设置数据交换的各项环境参数，包括设置数据库的数据模式，设置会话授权标识符以及设置所使用的字符集与局部时区。

会话环境设置是面向固定应用的，一经设置后一般不会改变，它是某些应用的数据交换前提。

（2）数据连接

在设置环境参数后，下面的步骤是建立数据交换两个网络结点间的物理与逻辑连接，包括连接通路的建立、内存区域的分配以及通路标识符的设置等。

（3）数据交换

在数据连接后数据交换即可进行。数据交换首先由数据主体用 SQL 语句发出数据访问要求，接着数据库接到请求后进行操作并取得结果，然后返回信息并同时返回执行的状态信息，此时最关键的是需要不断使用游标语句与诊断语句。

（4）断开连接

数据交换结束后即可以断开两个结点间的连接，包括断开连接的通路、收回所分配的内存区域以撤销通路标识符。

图 4.13 给出数据交换的流程。

8. 数据交换的实现

上面所介绍的数据交换看起来很复杂，包括三种环境、五种方式、七种接口以及七种管理，但是在实际应用中一般会简单得多。首先，在三种环境中目前实际使用以网络与互联网两种环境为主。其次，在五种方式中嵌入式方式已趋淘汰，而人机交互方式因系统而异，无一定规范，因此不属我们讨论之列。这样，目前常用的就仅为三种。第三，七种接口中涉及余下的两种环境与三种方式的仅为五种接口，同时在我国，环境接口一般均为常值，这样就只剩下四种接口与四种管理了。它们是：连接管理、游标管理、诊断管理和 Web 管理。

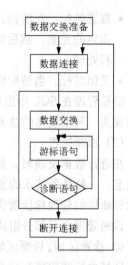

图 4.13　数据交换过程的流程图

经过简化的数据交换最终常用的为两种环境、三种方式、四种接口以及四种管理。这样，接口的实现就简单得多了。

与此同时，在数据交换的四个内容中，其基础是数据交换管理，因为所有数据交换的实现都是靠它。下面对四个管理进行详细介绍。

（1）连接管理

连接管理的主要目标是建立网络中不同结点主、客体间的物理与逻辑连接，从而建立起一条数据交换通路。这样，主、客体间的数据交换才能得以进行。

连接管理的参数包括连接两个端点的地址（用户名与数据库名）、相应的内存缓冲区与工作区的配置，以及连接的数据访问权限等。最后须赋予每个连接一个标识符，称连接名。此外，当数据交换结束后，尚须断开连接，亦即撤销所建立的通路，它包括断开物理的与逻辑连接、撤销连接名、收回内存资源等。

SQL 设有有关连接的语句以供建立连接与断开连接之用。

连接管理一般用于 C/S 及 B/S 等网络环境下的调用层接口方式及 Web 方式中。

连接管理最早出现于 SQL'99，由于它涉及众多外界物理环境，因此国际标准 SQL 中的连接语句往往被各种企业标准所取代，如微软的 ODBC 标准、ADO 标准及 SUN 公司的 JDBC 标准等。

（2）游标管理

游标（cursor）是一种标记，它将数据库查询结果的集合量逐一转换成标量，以供数据主体中的应用程序使用。

游标方法的主要操作是：

① 定义一个游标：首先须用一个 SQL 查询语句以确定查询结果集合量，接着在其上定义一个游标。其方法是将该集合中的元素（记录）按顺序排列，然后设置一个标杆，它指向集合中的某个元素，该标杆是可以移动的，称为游标。

② 使用游标：在定义游标后即可使用它，使用分为三个步骤：

- 打开游标。在使用游标前必须打开游标，此时游标处于激活状态并指向集合中的第一条记录。

- 推进游标。在游标打开后即可使用游标，具体方法是通过推进游标将游标定位于集合中指定的元素，然后取出该元素并送至应用程序的指定程序变量中，供应用程序对数据进行处理。
- 关闭游标。当游标使用结束后必须关闭游标，使其处于休止状态。

游标管理在 SQL 中出现很早，最早在 SQL'89 中出现，经 SQL'92、SQL'99 到 SQL'03，已发展成为一种很成熟的技术。

（3）诊断管理

在进行数据交换时，数据主体发出数据交换请求后（以数据查询为例），数据客体返回两种信息，一种是所请求的数据值，另一种是执行的状态值，而这种状态值称为诊断值，而生成、获取诊断值的管理称诊断管理。

诊断管理由两部分组成，它们是诊断区域及诊断操作。

① 诊断区域。诊断区域是存放诊断值的内存区域，它包括执行完成信息以及异常条件信息。诊断区域由标题字段与状态字段两部分组成。标题字段给出诊断的类型（如 NUMBER 表执行结果的数值表示），而状态字段则给出该诊断类型执行结果的编码值，它们是：语句执行是否成功（成功为 0，不成功为非 0 整数）。

② 诊断操作。

RDBMS 在执行 SQL 语句后将诊断值自动存放于诊断区域内。使用者用"获取诊断语句"将诊断区域指定标题的状态信息取出。这就是诊断操作。有的系统为操作方便将诊断区域的值自动放入一个全局变量中（如 sqlca），此后可直接在程序中使用全局变量而不必使用"获取诊断语句"。

诊断管理一般与游标管理相匹配，目前广泛应用于除人机交互方式外的其他方式中。

（4）Web 管理

Web 管理主要完成 HTML 与数据库间的接口管理。HTML 主要用于编写网页，但它不是程序设计语言，因此在需要与数据库交互时缺乏必要接口手段，此时须借助一种中间工具，这种工具能嵌入 HTML 中，通过它使用调用层接口以实现与数据库的连接。

Web 管理目前并无标准规范，因此这种工具的形式也很多，常用的有 ASP、JSP 及 PHP 等。

4.1.6　数据服务

1. 数据服务概述

近年来在计算机领域中"服务"（service）概念已成为热门。所谓服务意指系统为客户操作使用提供方便之意。由于服务一词范围模糊、内容广泛，它可因系统功能的不同、制造厂商理念不同以及客户群体的需求不同而有所不同，因此有关服务的内容是没有统一规范的。对数据库管理系统也是如此，RDBMS 中存在着多个方面与多个层次的服务功能，但就目前而言，这些服务大致与管理相关联，因此这种服务称为**管理性服务**，并将它归属于"管理"之列。

在数据库管理系统中的服务称为数据服务。这种服务在数据库管理系统刚出现时就有，但并不受到关注，但当系统的发展以及用户数量的增多后，对服务的要求日益增高，于是就出现了专门的服务性功能。这种服务的特点是：

（1）它是一种管理性服务，即为方便数据管理的服务；

（2）服务内容可因系统而不同；

（3）服务不同于管理，管理有一定的强制性，因此必须符合一定的规范与标准，而服务则不然，它有一定的自由度与弹性，因此它一般没有标准，但近来已出现标准化的趋势。

目前，RDBMS 为用户提供有多种数据服务功能，包括操作性服务、信息服务以及操作性服务的扩充——工具性服务等三种。

2．操作性服务

关系数据库管理系统一般均提供多种操作服务，它们可以以函数、过程、组件及命令行等多种形式出现，它们包括如下一些内容：

（1）数学操作：包括常用的数学操作，如算术运算、代数运算及三角运算等初等数学函数操作。

（2）转换操作：包括各种数制转换、度量衡转换、日期/时间转换等操作。

（3）输入/出操作：包括各种不同形式的输入/出操作。

（4）多媒体操作：包括多种媒体（如文本、图像、声音、音频、视频等）的处理操作。

3．工具性服务

操作性服务是一些单一性的简单服务，而当服务成为综合性与复杂性服务之后就需要用工具、工具包及工具集实现，这种服务称为工具性服务。这种服务目前已成为发展的主流。它包含如下内容：

（1）为 DBA 服务的工具：包括复制、转储、重组等服务以及性能监测、分析等服务工具。

（2）为数据库设计服务的工具：包括数据库概念设计、逻辑设计及物理设计等工具。

（3）界面服务工具：如可视化交互界面、图示/图表输出界面等。

（4）配制服务工具：为系统网络配置、客户端配置以及程序属性配置服务。

（5）注册与连接服务工具：为用户使用数据库的注册与连接服务。

（6）启动与关闭服务工具：为用户启动与关闭数据库服务。

（7）性能监测服务工具：对数据库中数据性能作分析服务。

（8）外围服务工具：对数据库的外围环境进行设置，以及对数据导入与导出环境进行设置等。

（9）数据分析服务：对数据库中海量信息作归纳性分析并获得规则的服务。

此外，还可以包括大量的工具包、工具集等，如目前所流行的人机交互平台性工具等。

有关工具性服务还可以有很多，随着数据库的发展，这种服务也越来越多，据不完全统计，目前它在 RDBMS 中所占的比例已接近 30%。如在 SQL Server 2008 中，工具性服务有数据库引擎、集成服务、分析服务、复制服务、报表服务、通知服务、服务代理、全文搜索、开发工具及管理工具集等多种。

工具性服务一般由数据库开发厂商提供，近年来出现第三方厂家开发与提供的现象，其品种与规模越来越大，这反映了工具性服务已成为数据服务发展的一种主流。

4．信息服务

信息服务是为客户提供有关信息的服务，它包括数据字典、日志、常用参数、系统帮助以及示例数据库等内容。下面简单介绍。

（1）数据字典

数据字典是一种特殊的信息服务，它提供有关数据库系统内部的元数据服务。

在数据库系统中每个数据库均有一些有关数据结构、数据操纵、数据控制及数据交换等有关信息，它们给出了数据库的基本面貌与特性，这些信息对用户了解数据库、使用数据库极为重要，因此在关系数据库管理系统中均保存此类信息，它们是数据库的数据，称元数据（metadata）。而保留这种元数据的系统区域称数据字典。用户可用查询语言对数据字典进行查询。

数据字典中的数据一般在 RDBMS 作相关操作时自动生成，其内容包括如下一些数据：

① 数据结构数据：有关数据模式、基表、视图、列、域及数据类型等信息以及有关索引、集簇等信息。

② 数据控制数据：有关数据安全性、完整性控制等信息以及事务执行信息，故障信息等。

③ 数据交换数据：有关数据应用平台的信息。如字符定义、字符转换等信息，如接口信息等。

④ 数据操纵数据：有关表间、列间引用信息等。

在 RDBMS 中一般有数据字典，而在 SQL 中对数据字典均有标准的规定。

（2）日志信息

日志信息是又一种重要的信息服务，它包括：

① 事务性日志：即以事务为单位记录事务中所出现的"更改型"操作，供故障恢复时使用。

② 审计性日志：记录用户的所有操作供审计时使用。

③ 服务器日志：记录服务器操作的日志。

（3）常用参数

数据库中提供一些用户常用的参数，如时间参数、定位参数、度量衡参数等数据。

（4）系统帮助

为用户操作使用数据库提供信息帮助。

（5）示例数据库

通过若干示范性数据库为帮助用户建造数据库提供样本。

从目前看来，一个完整的 RDBMS 不仅需要有强大的**管理**功能，还需要有与之匹配的**服务**功能，两者完美结合才能达到理想的效果。

4.2　关系数据库管理系统标准语言 SQL

在关系数据库管理系统中都设置有相应语言供用户使用，目前其标准语言是 SQL。

4.2.1　SQL 概貌

关系数据库系统的语言有多种，SQL 语言以其独特风格，独树一帜，成为 ISO 所确认的关系数据库系统标准语言。目前，SQL 已成为关系数据库系统所使用的唯一数据语言。一般而言，用该语言所书写的程序几乎可以在任何关系数据库系统上运行。

SQL 全称结构化查询语言（Structured Query Language），是 1974 年由 Boyce 和 Chamberlin 提出的，并在 IBM 公司 San Jose 研究实验室所研制的关系数据库管理系统 System R 上实现了这种语言，最初称为 SEQUEL。接着，IBM 公司又实现了商用系统 SQL/DS 与 DB2，其中 SQL/DS 是在 IBM 公司中型机环境下实现的，而 DB2 则主要用于大型机环境。

SQL 在 1986 年被美国国家标准化组织 ANSI 批准为国家标准，1987 年又被国际标准化组织（ISO）批准为国际标准，并经修改后于 1989 年正式公布，称为 SQL'89。此标准也于 1993 年被我国批准为中国标准。此后 ISO 陆续发布了 SQL'92、SQL'99 及 SQL'03 等版本。其中 SQL'92 又称 SQL-2，而 SQL'99 又称 SQL-3。目前，国际上所有关系数据库管理系统均采用 SQL，包括 DB2 以及 Oracle、SQL Server、Sybase、Ingres、Informix 等关系数据库管理系统。

SQL 称为结构化查询语言，但是它实际上包括查询在内的多种功能，它包括数据定义、数据操纵（包括查询）和数据控制三个方面，近年来还包括数据交换功能及数据服务等。

SQL 是一种特色很强的语言，它具有以下特点：

（1）SQL 的主要部分是一种非过程性语言，它开创了第四代语言应用的先例。

（2）SQL 是一种统一的语言，它将数据定义语言（DDL）、数据操纵语言（DML）、数据控制语言（DCL）以及数据交换语言等以一种统一形式表示，改变了以前多种语言分割的现象。

（3）SQL 是以关系代数为基础具有一定理论支撑的语言，因此其结构简洁、表达力强、内容丰富。

SQL 经历了 30 余年漫长的发展过程，迄今为止仍处于不断发展之中，其大致经历了下面几个阶段：

（1）第一阶段：1974—1989 年，这是 SQL 发展的初期阶段，此阶段奠定了 SQL 的关系数据模型的基础，展现了数据定义与数据操纵的基本功能与面貌，初步形成 SQL 的非过程性的第四代语言风格，其标志性成果是 SQL'89。

（2）第二阶段：1990—1992 年，这是 SQL 发展的关键性阶段，其标志性成果是 SQL'92。此阶段完成了关系数据模型的完整功能，包括数据定义、数据操纵及数据控制。现在所指的关系数据库语言 SQL 即指 SQL'92，它包含了现有关系数据库系统的所有核心功能，目前几乎所有商用数据库产品均采用 SQL'92，其符合率达 90%以上。

（3）第三阶段：1993—1999 年，这是 SQL 发展的突破性阶段，其标志性成果是 SQL'99（即 SQL-3）。此阶段的 SQL 发生了重大变化，主要表现在如下几方面：

① SQL'99 保留了 SQL'92 的全部关系数据模型的功能。

② SQL'99 中首次引入了面向对象的方法与功能。

③ SQL'99 中首次引入了数据交换的思想与功能。

④ SQL'99 的文本体例发生了重大变化，它将整个 SQL 文本划分成五大部分：

P1：框架部分——它给出了 SQL 的整体构架。

P2：基础部分——它给出了 SQL 的基本功能，包括数据定义、数据操纵及数据控制。

P3：嵌入式方式——简称 SQL/BD，是一种嵌入式的交换方式。

P4：持久存储模块方式——简称 SQL/PSM，是一种自含式的交换方式。

P5：调用层接口方式——简称 SQL/CLI，是一种调用层接口的交换方式。

从结构体例的变化中可以看出，数据交换已成为 SQL'99 的主要目标。

（4）第四阶段：2000—2003 年，这是 SQL 适应 Web 发展的阶段，其标志性成果是 SQL'03，在此阶段中主要增加了与 Web 相关的功能及部分服务功能，主要表现为：

① SQL'03 保留了 SQL'99 的全部主要功能。

② SQL'03 保留了 SQL'99 的三种交换方式，并增加了三种交换方式，形成六种交换方式，其中新增加的三种方式均与 Web 中的数据交换有关，如与 XML 的交换，与 Java 的交换等。

③ SQL'03 将信息模式（是一种信息服务）作为一个独立部分列出。

④ 在 SQL'03 的文本结构中由五个部分增加到九个部分，它们是：

P1：框架部分；

P2：基础部分；

P3～P8：数据交换部分，共六种数据交换方式；

P9：信息模式。

从上面的四个发展阶段可以看出：

(1) 从 SQL'89 到 SQL'92 是关系数据库语言的形成阶段，而 SQL'92 是标志。

(2) SQL'99 是种变革性的语言，从 SQL'99 到 SQL'03，它已经形成为对象－关系数据库语言，同时数据交换已成为 SQL 的主要关注目标。Web 数据及数据服务也已正式列入其文本内容。

4.2.2　SQL 的功能

根据上述介绍，目前关系数据库系统中主要语言为 SQL'92，并适当扩充 SQL'99 与 SQL'03 中的数据交换功能，一般的 SQL 功能大致如下：

1．SQL 的数据定义功能

SQL 的数据定义主要有如下几种功能：①模式定义功能；②基表定义功能；③视图定义功能；④索引定义功能。

2．SQL 的数据操纵功能

SQL 的数据操纵主要有如下几种功能：①数据查询功能；②数据删除功能；③数据插入功能；④数据修改功能；⑤数据的简单计算及统计功能。

3．SQL 的数据控制功能

SQL 的数据控制主要有如下几种功能：①数据的完整性约束功能；②数据的安全性及存取授权功能；③数据的事务功能。

4．SQL 的数据交换功能

SQL 的四种交换方式：①SQL/BD——嵌入式方式；②SQL/PSM——持久存储模块方式（又称自含式方式）；③SQL/CLI——调用层接口方式；④SQL/XML——Web 方式。

SQL 的三种数据交换管理：①连接功能；②游标功能；③诊断功能。

5．数据服务功能

数据字典——信息模式管理。

4.3　数据库管理与数据库管理员

数据库管理是由一组精通数据库技术的人员管理数据库，它包括数据库生成管理及数据库运行维护管理两个部分。

4.3.1　数据库管理

数据库是一种软件，在它的开发过程中必须遵循软件工程的开发原则，即按照开发的五个阶段（需求分析、软件设计、代码生成、测试以及运行维护）进行，而其中需求分析及测试是与相应的应用系统综合在一起进行的，余下的软件设计、代码生成及运行维护则须单独进行，它们分别称为数据库设计、数据库生成与数据库运行维护管理。数据库设计是由专门人员负责的，数据库生成及数据库运行维护管理则称为数据库管理（data administration）。也就是说，数据库管理是属数据库开发中的管理。数据库管理需要有专门人员负责，称为数据库管理员（data administrator）。

下面介绍数据库管理功能。

1．数据库生成管理

（1）设置数据库的环境与平台；

（2）安装数据库管理系统，设置数据库服务器；

（3）建立数据库模式，设置物理参数；

（4）建立数据库对象，包括基表、视图、索引、存储过程、函数等；

（5）设置数据库的安全性与完整性约束；

（6）设置数据接口；

（7）设置用户；

（8）设置数据服务；

（9）对数据库进行数据加载，从而完成数据库的生成。

在数据库生成中一般用 SQL 操作实现。此外，还须用相关的服务性工具以协助实现。

2．数据库运行维护管理

在数据库生成后即进入运行维护阶段，在此阶段必须对运行的数据库进行监控，及时了解数据库运行状态并根据需要对数据库进行维护，内容包括：

（1）数据库的运行出错监督；

（2）数据库的效率监督；

（3）数据库的安全性与完整性控制维护；

（4）数据库的并发控制维护；

（5）数据库的故障恢复维护；

（6）数据库的重新组织，称数据库重组；

（7）数据库的重新构造，称数据库重构；

（8）数据库的调整与优化，称数据库调优。

在此阶段使用的主要工具是 SQL 以及专用的服务性工具。

4.3.2　数据库管理员

数据库管理是数据库开发五个阶段中的数据库编码及数据库运行维护的管理，这种管理主要靠人员，这种管理数据库的人员称为数据库管理员（DBA）。

数据库管理员是一组人员，他们掌握了一定的数据库开发技术。数据库管理员的职能是：

（1）负责数据库管理，即负责数据库的生成及数据库运行维护管理。

（2）在数据库及其用户间沟通，即帮助用户使用数据库以及听取用户对数据库使用的反映。

（3）制定数据库的使用规则并组织实施。

复习提要

本章主要介绍关系数据库管理系统的基本内容组成、标准语言 SQL 以及数据库管理，读者学完此章后能对关系数据库管理系统及数据库管理有一个全面了解。

1. 数据管理

数据管理由数据库管理系统及数据库管理两部分内容以及 RDBMS、SQL、数据库管理等三大分支组成。

2. RDBMS 基本概念

关系数据库管理系统；关系数据库；关系模式；基表；视图；索引；数据查询；数据增、删、改；数据控制；安全性控制；完整性控制；事务处理；并发控制；故障恢复；数据交换；连接管理；游标管理；诊断管理；数据字典；数据服务；嵌入方式；自含方式；调用层接口方式；Web 方式。

3. RDBMS 基本组成

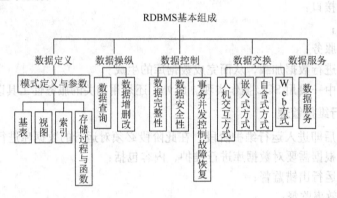

4. 标准语言 SQL

（1）SQL 四个发展阶段

第一阶段 SQL'89；第二阶段 SQL' 92；第三阶段 SQL' 99；第四阶段 SQL'03。

（2）SQL 五大功能

数据定义功能；数据操纵功能；数据控制功能；数据交换功能；数据服务功能。

5. 数据库管理

（1）数据库管理负责数据库开发中的数据库创立及数据库运行维护管理。

（2）数据库管理由数据库管理员负责。

6. 本章重点内容

关系数据库管理系统基本内容组成。

习题 4

一、问答题

1. 数据管理由哪些内容组成？请说明。
2. 试给出关系数据库管理系统的组成。
3. 关系数据库由哪几个部分组成？
4. 关系数据库管理系统中有哪些数据操纵功能？
5. 试述数据库管理系统中的数据控制的静态控制与动态控制包括哪些内容。

6. 数据库安全控制中一般有哪些控制功能？

7. 什么是数据库的安全性？

8. 试说明完整性规则的 3 个组成内容。

9. 什么叫实体完整性与参照完整性规则？

10. 什么是数据库的完整性？

11. 数据库的完整性约束设置分哪几类？

12. 什么叫事务？它有哪些性质？

13. 请说明事务与并发控制间的关系。

14. 请说明事务与故障恢复间的关系。

15. 什么叫日志？它在故障恢复中起什么作用？

16. 数据库故障恢复中所"恢复"的是什么？

17. 试给出故障分类以及这些类中如何进行恢复。

18. 什么叫数据转储？如何实现转储？转储在恢复中的作用是什么？

19. 什么叫数据交换？数据交换起什么作用？

20. 什么叫数据环境？

21. 请给出数据交换的五种方式以及相应的环境。

22. 请给出数据交换的七种接口，并作出说明。

23. 请给出数据交换七种管理，并作出说明。

24. 请给出数据交换的流程，并作出说明。

25. 什么叫数据字典？它有什么作用？

26. 试述 SQL 标准的四个发展阶段。

27. 试给出目前 SQL 的五大功能。

28. 什么叫数据库管理？

29. 什么叫数据库管理员？

二、思考题

1. 为什么在数据库程序中必须要设置事务控制语句？如果不设置，将会产生何种后果？请说明。

2. SQL'03 是一种非过程性语言吗？请回答并说明理由。

3. 请说明数据库管理与数据库管理员间的关系。

4. 请说明数据库管理与数据库管理系统间的关系。

操作篇

前面了解了数据库技术的基本原理，本篇将介绍基础操作。这种操作在目前讲主要是指基于 SQL 的操作。SQL 是一种数据库的国际标准语言，它使用广泛，目前几乎所有数据库产品均采用此种语言，因此本篇主要介绍基于 SQL 的操作。

SQL 一般有三种不同层次的标准，其第一层次的标准即 ISO 的 SQL 标准，它是所有其他层次 SQL 标准的基础。第二层次的标准即各国的国家标准，如美国的 ANSI SQL 标准等。第三层次的标准即企业标准，如 Oracle 的 SQL、微软 SQL Server 的 SQL 标准等，它们都是可直接操作的标准。所有第二层次、第三层次的 SQL 均以 ISO SQL 为依据。本书中介绍 ISO SQL 及 SQL Server 2008 的 SQL。ISO SQL 是所有可直接操作版本的基础，因此必须介绍，但在直接操作时一般都会做适度的变通，故选用 SQL Server 2008 的 SQL 进行介绍。这两种 SQL 的介绍既具普遍性又有可操作性。本篇主要介绍 ISO SQL，而下一篇则以介绍 SQL Sever 2008 中的 SQL 为主。

在 SQL 标准划分中，一个 SQL 可分解成为五大部分，分别是数据定义功能、数据操纵功能、数据控制功能、数据交换功能及数据服务功能。本篇共四章（第 5~8 章）分别介绍这五个功能。

第 5 章：SQL 数据操纵语句，介绍 SQL 数据操纵功能。

第 6 章：SQL 数据控制语句，介绍 SQL 数据控制功能。

第 7 章：SQL 数据定义语句，介绍 SQL 数据定义功能。

第 8 章：SQL 数据交换及服务，介绍 SQL 数据交换及服务。

本篇是对 ISO SQL 的全面介绍，包括 ISO SQL 的全部功能。此外，本篇还介绍非国际标准 SQL 但使用广泛的部分功能，如索引、身份标识与鉴别、数据恢复、数据服务及 Web 数据库等功能。

ISO 的 SQL 有很多版本，其中 SQL'92 具有完整的关系数据模型功能，但缺少数据交换功能，此类功能是在 SQL'99 中引入。本篇在基本部分（数据交换除外）采用 SQL'92 标准，而数据交换部分则采用 SQL'99 标准。之所以这样做，是因为 SQL'99 的基本部分是建立在对象－关系模型基础上的，而我们的目标是希望所介绍的 SQL 是一种基于关系模型的数据库语言同时又具有数据交换功能。在本篇中，如无特别声明，一般所指的 SQL 即为前面所介绍的 SQL。

本篇中所介绍的实例都是基于学生数据库 STUDENT 的，它是建立在例 3.1 所示的三个关系上的。它们是：

S (sno, sn, sa, sd)

SC (sno, cno, g)

C (cno, cn, pcno)

第 5 章　SQL 数据操纵语句

本章主要介绍数据库中的数据操纵功能以及 SQL 中的数据操纵语句，包括查询语句、更新语句及统计、分类语句等。

5.1　SQL 的查询语句

SQL 的数据操纵能力基本上体现在查询上，SQL 的一个基本语句是一个完整的查询语句，它给出了如下三项内容：

① 查询的目标列：$r_1, r_2, \cdots, r_m$；

② 查询所涉及的表：$R_1, R_2, \cdots, R_n$；

③ 查询的逻辑条件：F。

它们可以用 SQL 中的基本语句——SELECT 语句的三个子句分别表示。SELECT 语句由 SELECT、FROM 及 WHERE 等三个子句组成。

① SELECT 子句又称目标子句，它给出查询的目标列，即 SELECT　$r_1, r_2, \cdots, r_m$。

② FROM 子句又称范围子句，它给出查询所涉及的表，即 FROM　$R_1, R_2, \cdots, R_n$。

③ WHERE 子句又称条件子句，它给出查询的逻辑条件，即 WHERE　F。WHERE 子句中的条件 F 是一个逻辑值，它具有 T（真）或 F（假）之别。

在 SQL 中 SELECT 语句可以用下列形式表示：

```
SELECT<列名>[,<列名>]
FROM<表名>[,<表名>]
WHERE<逻辑条件>
```

这种 SELECT 语句在数据查询中表达力很强，它主要表现在 WHERE 子句中，该子句具有更多的表达能力：

① WHERE 子句具有嵌套能力。

② WHERE 子句中的逻辑条件具有复杂的表达能力。

1．SQL 的基本查询语句

SQL 的查询功能基本上是用 SELECT 语句实现的，下面说明 SELECT 语句的使用。

（1）单表简单查询

单表简单查询须给出三个条件，它们是：

• 所需查询的表名，由 FROM 子句给出；

- 已知条件——给出满足条件的行，由 WHERE 子句给出；
- 目标列名，由 SELECT 子句给出。

单表的简单查询包括：

① 单表全列查询；

② 单表的列查询；

③ 单表的行查询；

④ 单表的行与列查询。

它们可用下面四个例子表示。

例 5.1　查询 S 的所有情况：

```
SELECT  *
FROM  S
```

其中"*"表示表中所有列。

例 5.2　查询全体学生名单。

```
SELECT  sn
FROM  S
```

此例为选择表中列的查询。

例 5.3　查询学号为 990137 的学生情况。

```
SELECT  *
FROM  S
WHERE  sno = '990137'
```

此例为选择表中行的查询。在例中凡出现有字符型值时必须加引号。如 sno = '990137'。

在此查询中须使用比较符 θ，它包括：=、<、>、> =、< =、< >、! =、! <、! >。它们构成 $A\theta B$ 的形式，其中 A，B 为列名或列值。$A\theta B$ 称比较谓词，是一个仅具 T/F 值的谓词。

例 5.4　查询所有年龄大于 20 岁的学生学号与姓名：

```
SELECT  sno, sn
FROM  S
WHERE  sa > 20
```

此例为选择表中行与列的查询。

(2) 常用谓词

除比较谓词外，SELECT 语句中还有若干谓词，谓词可以增强语句表达能力，它的值仅是 T/F，这里介绍几个常见的谓词，它们是 DISTINCT、BETWEEN、LIKE、NULL。

一般的谓词常用于 WHERE 子句中，但是 DISTINCT 则用于 SELECT 子句中。

例 5.5　查询所有选修了课程的学生学号：

```
SELECT  DISTINCT  sno
FROM  SC
```

SELECT 后的 DISTINCT 表示在结果中去掉重复的 sno 值。

例 5.6　查询年龄在 18 至 21 岁（包括 18 与 21 岁）的学生姓名与年龄：

```
SELECT  sn, sa
```

```
FROM   S
WHERE   sa BETWEEN 18 AND 21
```

例 5.7 查询年龄不在 18 至 21 岁的学生姓名与年龄:

```
SELECT   sn, sa
FROM   S
WHERE   sa NOT BETWEEN 18 AND 21
```

以上两例给出了 WHERE 子句中 BETWEEN 及 NOT BETWEEN 的使用方法。

例 5.8 查询姓名以 A 打头的学生姓名与所在系:

```
SELECT   sn, sd
FROM   S
WHERE   sn LIKE  'A%'
```

此例给出了 WHERE 中 LIKE 的使用方法,LIKE 的一般形式是:

```
<列名>   [NOT] LIKE <字符串常量>
```

其中列名类型必须为字符串,字符串常量的设置方式是:

字符%表示可以与任意长的字符相配,字符_(下横线)表示可以与任意单个字符相配;其他字符代表其本身。

例 5.9 查询姓名以 A 打头,且第三个字符必为 P 的学生姓名与系别:

```
SELECT   sn, sd
FROM   S
WHERE   sn  LIKE  'A_P%'
```

例 5.10 查询无课程分数的学号与课程号:

```
SELECT   sno, cno
FROM   SC
WHERE   g IS NULL
```

此例给出了 NULL 的使用方法,NULL 用于测试列值是否为空的谓词,其一般形式是:

```
<列名>IS[NOT] NULL
```

(3)布尔表达式

在 WHERE 子句中经常需要使用逻辑表达式,它一般由比较谓词通过 NOT、AND 与 OR 三个连接词构成,称为布尔表达式。布尔表达式组成了 WHERE 子句中的逻辑条件。

例 5.11 查询计算机系年龄小于等于 20 岁的学生姓名:

```
SELECT   sn
FROM   S
WHERE   NOT sd='cs' AND sa<=20
```

三个连接词的结合强度依次为 NOT、AND 及 OR。表达式中若同时出现若干连接词,且有时要求不按结合强度连接则需加括号。

(4)简单连接

多表查询涉及表间连接,其中简单的连接方式是表间等值连接,它可用 WHERE 子句设置两表不同列间的相等关系,而这些列往往用的是表的外键。因此,在多表查询中须给出四个条件:

① 目标列名由 SELECT 子句给出；

② 所涉及的表名由 FROM 子句给出，有多个；

③ 已知条件由 WHERE 子句给出；

④ 表间连接由 WHERE 子句给出。

下面用两个例子说明。

例 5.12　查询修读课程号为 C101 的所有学生的姓名。

这是一个涉及两张表的查询，它可以写为：

```
SELECT  S·sn
FROM  S, SC
WHERE  SC·sno = S·sno AND SC·cno = 'C101'
```

S·sn、S·sno 及 SC·sno、SC·cno 分别表示表 S 中的列 sn、sno 以及表 SC 中的列 sno、cno。一般而言，在涉及多张表查询时须在列前标明该列所属的表，但是凡查询中能区分的列则其前面的表名可省略。此外，在 Where 子句中将已知条件与表间连接，通过'AND'将它们相连，构成一个布尔表达式。

例 5.13　查询修读课程名为 DATABASE 的所有学生姓名。

这是一个涉及三张表的查询，它可以写为：

```
SELECT  S·sn
FROM  S, SC, C
WHERE  S·sno = SC·sno AND SC·cno = C·cno AND C·cn = 'DATABASE'
```

（5）自连接

有时在查询中需要对相同的表进行连接，为区别两张相同的表，须对一个表用两个别名，然后按照简单连接方法实现。现举例说明。

例 5.14　查询至少修读 s_5 所修读的一门课的学生学号。

```
SELECT FRIST·sno
FROM SC FRIST, SC SECOND
WHERE  FIRST·cno = SECOND·cno AND
       SECOND·sno = 's5'
```

它可以用图 5.1 表示。

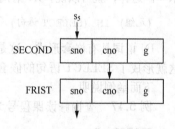

图 5.1　例 5.14 自连接示例

（6）结果排序

查询结果可按某种顺序排列，此时须在语句后加一个排序子句 ORDER BY，它具有下面的形式：

```
ORDER BY <列名>[ASC/DESC]
```

其中<列名>给出了所需排序的列名，而 ASC/DESC 则分别表示升序与降序。有时为方便起见，ASC 可以省略。

例 5.15　查询计算机系所有学生名单并按学号升序排列。

```
SELECT  sno, sn
FROM  S
WHERE  sd = 'cs'
ORDER BY sno ASC
```

（7）查询结果的赋值

可以将查询结果赋值到另一张表中，这可用赋值子句表示，它的形式是：

INTO <表名>

它一般直接放在 SELECT 子句后。在作赋值时的表中列必须与 SELECT 子句中的列一致。

例 5.16 将学生的学号与姓名保存到表 S_1 中。

```
SELECT  sno, sn
INTO    S₁
FROM    S
```

注意：表 S_1 的框架必须为 S_1（sno，sn）。

2. 分层结构查询

SQL 是分层结构的，即在 SELECT 语句的 WHERE 子句中可以嵌套使用 SELECT 语句。

目前常用的嵌套关系有两种：一种是 IN 嵌套；另一种是 ANY(ALL)嵌套。它们都反映了查询中的查询路径。

在多表查询中，从已知条件的表中开始到目标表中间须有一条路径，只有存在路径，查询才能得以进行，而表的嵌套关系即给出了这种查询的路径。同时，查询路径的建立也给出了表间的连接。

（1）谓词 IN 的使用

在集合论中，元素与集合间有隶属关系，可表示为 $x \in S$ 的形式，其中 x 为元素，S 是集合，而它们间的隶属关系可用"$\in$"表示，这是一种逻辑条件。因此在 SELECT 语句的 WHERE 子句中允许出现此种关系，称"属于"关系，可用 IN 谓词表示。在该谓词中，可用元组表示元素 x，而用 SELECT 语句表示集合 S（因为 SELECT 语句的结果为元组集合），最后，可用 IN 表示 $\in$。这样，就可以说，IN 谓词可以出现在 SELECT 语句的 WHERE 子句中，其表示形式为：

(元组) IN (SELECT 语句)

IN 谓词具有嵌套形式，这是因为 SELECT 语句的 WHERE 子句中又出现 SELECT 语句，这就形成了 SELECT 语句的嵌套使用。

下面举例说明。

例 5.17 查询修读课程号为 C23 的所有学生姓名。

```
SELECT  S·sn
FROM    S
WHERE   S·sno IN
                (SELECT  SC·sno
                 FROM    SC
                 WHERE   SC·cno = 'C23')
```

在此例子中 WHERE 子句具有 $x \in S$ 的形式，其中 S·sn 为元素 x，IN 为"属于"（$\in$），而嵌套的 SELECT 语句

```
SELECT  SC·sno
FROM    SC
WHERE   SC·cno = 'C23'
```

为集合 S，它的执行结果是一个元组集合。此嵌套 SELECT 语句称为一个子查询。这个嵌套可以用图 5.2 表示。

通过 WHERE 子句中的 IN 谓词可以实现嵌套，这种嵌套可以有多重，下面的例子即二重嵌套，它是图 5.3 所示的嵌套形式。

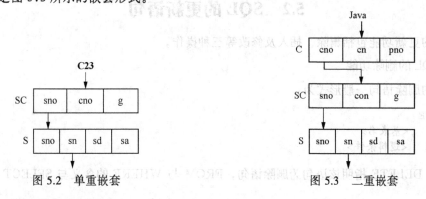

图 5.2　单重嵌套　　　　　　　　　　　　图 5.3　二重嵌套

例 5.18　查询修读课程名为 Java 的所有学生姓名。

```
SELECT  sn
FROM  S
WHERE  sno IN
         (SELECT sno
          FROM  SC
          WHERE  cno IN
                   (SELECT  cno
                    FROM  C
                    WHERE  cn = 'Java'))
```

（2）限定比较谓词的使用

在元素与集合的关系中还有更为复杂的情况，它们是元素与集合中元素的比较关系，可用带有比较符的 ANY 与 ALL 表示。其中谓词 ANY 表示子查询结果集中某个值，而谓词 ALL 则表示子查询结果集中的所有值。这样，"＞ANY"表示大于子查询结果集中的某个值，"＞ALL"表示大于子查询结果集中的所有值。其他如"＞＝ANY""＞＝ALL""＝ANY""＝ALL""＜ANY""＜ALL""＜＝ANY""＜＝ALL""！＝ANY""！＝ALL"等。注意，现在经常用 SOME 代替 ANY，两者具有相同效果，下面用两个例子说明。

例 5.19　查询学生成绩大于 C487 课程号中所有学生成绩的学生学号。

```
SELECT  sno
FROM  SC
WHERE  g＞ALL
         (SELECT  g
          FROM  SC
          WHERE  cno='C487')
```

例 5.20　查询学生成绩大于等于 C326 课程号中的至少一位学生成绩的学生学号。

```
SELECT  sno
FROM  SC
WHERE  g＞＝ANY
         (SELECT  g
          FROM  SC
          WHERE  cno='C326')
```

5.2　SQL 的更新语句

SQL 的更新功能包括删除、插入及修改等三种操作。

1. SQL 的删除功能

SQL 的删除语句一般形式为：

```
DELETE
FROM    <基表名>
WHERE   <逻辑条件>
```

其中，DELETE 指明该语句为删除语句，FROM 与 WHERE 的含义与 SELECT 语句中的相同。

例 5.21　删除学生 WANG 的记录。

```
DELETE
FROM S
WHERE   sn = 'WANG'
```

2. SQL 的插入功能

SQL 插入语句的一般形式为：

```
INSERT
INTO    <表名>[<列名>[,<列名>]…]
VALUES  (<常量>[,<常量>]…)
```

该语句的含义是执行插入操作，将 VALUES 所给出的值插入 INTO 所指定的表中。

插入语句还可以将某个查询结果插入至指定表中，其形式为：

```
INSERT
INTO    <表名>[<列名>[,<列名>]…]
<,查询语句>
```

例 5.22　插入一个选课记录（S13207，C213，75）。

```
INSERT
INTO SC (sno, cno, g)
VALUES  ('S13207', 'C213', 75 )
```

例 5.23　将 SC 中成绩及格的记录插入到 SC1 中。

```
INSERT
INTO SC1 (sno, cno, g)
(SELECT *
FROM  SC
WHERE   g>=60)
```

3. SQL 的修改功能

SQL 的修改语句一般形式为：

```
UPDATE  <表名>
```

```
SET    <列名>=表达式[,<列名>=表达式]...
WHERE    <逻辑条件>
```

该语句的含义是修改（UPDATE）指定基表中满足（WHERE）逻辑条件的元组，并把这些元组按 SET 子句中的表达式修改相应列上的值。

例 5.24　将学号为 S13507 的学生系别改为 cs。

```
UPDATE S
SET  sd='cs'
WHERE  sno='S13507'
```

例 5.25　将数学系学生的年龄均加 1 岁。

```
UPDATE  S
SET  sa=sa+1
WHERE  sd='ma'
```

5.3　SQL 的统计、计算及分类

可在 SQL 的查询语句中插入计算、统计、分类的功能以增强数据查询能力。

1. 统计功能

SQL 的查询中可以插入一些常用统计功能，它们能对集合中的元素做下列计算：

（1）COUNT：集合元素个数统计；

（2）SUM：集合元素的和（仅当元素为数值型）；

（3）AVG：集合元素平均值（仅当元素为数值型）；

（4）MAX：集合中最大元素（仅当元素为数值型）；

（5）MIN：集合中最小元素（仅当元素为数值型）。

以上五个函数叫总计函数（aggregate function），这种函数是以集合量为其变域以标量为其值域，可用图 5.4 表示。

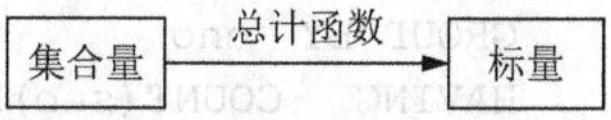

例 5.26　给出全体学生数。

```
SELECT  COUNT(cno)
FROM  S
```

图 5.4　总计函数的功能

例 5.27　给出学生 S14096 修读的课程数。

```
SELECT    COUNT(cno)
FROM  SC
WHERE  sno='S14096'
```

例 5.28　给出学生 S11246 所修读课程的平均成绩。

```
SELECT  AVG(g)
FROM  SC
WHERE  sno='S11246'
```

2. 计算功能

SQL 查询中可以插入简单的算术表达式如四则运算功能，下面举几例说明。

例 5.29 给出修读课程为 C239 的所有学生的学分级（即学分数 *3）。

```
SELECT   sno, cno, g*3
FROM   S
WHERE   cno = 'C239'
```

例 5.30 给出计算机系下一年度学生的年龄。

```
SELECT   sn, sa+1
FROM   S
WHERE   sd = 'cs'
```

3. 分类功能

SQL 语句中允许增加两个子句。

```
GROUP BY
HAVING
```

此两子句可以对 SELECT 语句所得到的元组集合分组（用 GROUP BY 子句），并还可设置逻辑条件（用 HAVING 子句）。下面举几例说明。

例 5.31 给出每个学生的平均成绩。

```
SELECT   sno,AVG(g)
FROM   SC
GROUP BY   sno
```

例 5.32 给出每个学生修读课程的门数。

```
SELECT   sno, COUNT(cno)
FROM   SC
GROUP BY   sno
```

例 5.33 给出所有超过五个学生所修读课程的学生数。

```
SELECT   cno, COUNT(sno)
FROM   SC
GROUP BY   cno
HAVING   COUNT(sno)>5
```

例 5.34 按总平均值降序给出所有课程都及格但不包括 C220 的所有学生总平均成绩。

```
SELECT   sno, AVG(g)
FROM   SC
WHERE   cno!='C220'
GROUP BY   sno
HAVING   MIN(g) > = 60
ORDER BY   AVG(g) desc
```

复习提要

本章介绍 SQL 中的数据操纵语句，学完本章后能掌握数据操纵语句的使用。

1. 基本功能

查询；增、删、改；统计、分类及计算。

2. SQL 查询

（1）SELECT 语句主要成分：SELECT　　目标子句;FROM　　范围子句;WHERE　　条件子句。

（2）WHERE 子句的使用：WHERE 子句中的条件是一个逻辑值，具有 T（真）与 F（假）之别，它的结构称布尔表达式。

- 操作数——标量及集合量。
- 谓词：标量谓词——比较谓词、DISTINCT、BETWEEN、LIKE、NULL。

　　　　　集合谓词——IN

　　　　　标量 - 集合量谓词——θANY，θALL。

- 布尔表达式：由谓词及其连接符 AND、OR、NOT 所组成的公式。

（3）其他语句：

统计——COUNT、SUM、AVG、MAX、MIN；分类——GROUPBY、HAVING；排序——ORDER BY；赋值——INTO。

（4）查询语句顺序：

SELECT;[INTO];FROM;[WHERE];[GROUP BY];[HAVING];[ORDER BY]。

3. SQL 增、删、改语句

4. 本章重点内容

SELECT 语句的使用。

习题 5

应用题

1. 在 SQL 中有哪些方法可作表间连接，请说明，并各举一例。

2. 有图 5.5 所示结构的医院组织，请用 SQL 做如下查询：

病房:	编号	名称	所在位置	主任姓名

医生:	编号	姓名	职称	管辖病房号

病人:	编号	姓名	患何种病	病房号

图 5.5　某医院组织结构

（1）找出外科病房所有医生姓名；

（2）找出管辖 13 号病房的医生姓名；

（3）找出管理病员李维德的医生姓名；

（4）给出内科病房患食道癌病人总数。

3. 在本章所定义的学生数据库中用 SQL 做如下操作：

（1）查询系别为计算机的学生学号与姓名；

（2）查询计算机系所开课程之课程号与课程名；

（3）查询至少修读一门 OS 的学生姓名；

（4）查询每个学生已选课程门数和总平均成绩；

（5）查询所有课程的成绩都在 80 分以上的学生姓名、学号并按学号顺序排列；

（6）删除在 S、SC 中所有 Sno 以 91 开头的元组。

4. 设有图书管理数据库，其数据库模式如下：图书（书号，书名，作者姓名，出版社名称，单价）；作者（姓名，性别，籍贯）；出版社（出版社名称，所在城市名，电话号码）。

请用 SQL 表示下述查询：（1）由'科学出版社'出版发行的所有图书书号；（2）由籍贯是'江

苏省'的作者所编号的图书书名；（3）图书'软件工程基础'的作者的籍贯及其出版社所在城市名称。

5. 设有车辆管理数据库的数据模式如下：车辆（车号，车牌名，车颜色，生产厂名）；工厂（厂名，厂长姓名，所在城市名）；城市（城市名，人口，市长姓名）。

请用 SQL 语言写出如下查询：（1）查询车牌名为红旗牌轿车的所有车号；（2）查询红旗牌轿车的生产厂家及厂长姓名；（3）查询跃进牌货车的生产厂家及所在城市的市长姓名；（4）查询第一汽车制造厂所生产车辆的颜色；（5）查询武汉生产哪些牌子的车。

6. 设有一课程设置数据库，其数据模式如下：

课程 C（课程号 cno，课程名 cname，学分数 score，系别 dept）

学生 S（学号 cno，姓名 name，年龄 age，系别 dept）

课程设置 SEC（编号 secid，课程编号 cno，年 year，学期 sem）

成绩 GRADE（编号 secid，学号 sno，成绩 g）

其中成绩 g 采用五级记分法，即分为 1、2、3、4、5 五级。

请用 SQL 做下列查询：（1）查询'计算机系'的所有课程；（2）查询'计算机系'在 2003 年开设课程的总数；（3）查询'计算机系'每个学生的学号及总学分成绩并按总学分成绩从高到低顺序输出。

7. 设有一职工管理数据库，其关系模式如下：职工（职工编号，姓名，住址，工资，部门名称）；部门（部门名称，地址，电话，部门负责人，职工编号）。

请用 SQL 写出如下查询：（1）查询所有部门负责人的姓名和住址；（2）查询每个部门名称及职工人数。

8. 设有一关系模式如下：顾客 Customers（cid, cname, city, discnt）；供应商 Agent（aid, aname, city, present）；商品 Product（pid, pname, city, quantity, price）；订单 Orders（oid, month, cid, aid, pid, qty, dollars）。

请用 SQL 作如下查询：

（1）查询购买过'P02'号商品的顾客所在的城市（city）以及销售过'P02'号商品的供应商所在城市（city）。

（2）查询仅通过'a03'号供应商来购买商品的顾客编号（cid）。

9. 在上题中用 SQL 做如下删、改操作：（1）删除顾客号为'C01'的元组；（2）将供应商号为'a07'的 city 改为武汉。

第6章 SQL 数据控制语句

本章主要介绍 SQL 中的控制语句，包括安全性控制、完整性控制、事务及故障恢复等四部分。

6.1 SQL 的数据控制功能

SQL 的数据控制语句有如下几方面：

1. 安全性控制

在 SQL 中一般能完成基本的安全功能，包括身份标识与鉴别以及自主访问控制（即授权）功能，在目前部分数据库产品中还具有审计功能。

2. 完整性控制

在 SQL 语句中可以设置完整性规则，包括实体完整性、参照完整性及域完整性。此外，还可用 SQL 语句设置用户定义完整性规则，可用断言等表示。

完整性控制的检查一般由系统完成。

最后，完整性控制的处理有两种方法：一种是系统自动按标准规范完成；另一种则是由用户用 SQL 中的触发器语句完成。

3. 事务功能

在 SQL 中能完成事务的全部控制功能，包括置事务语句、事务提交语句及事务回滚语句。

4. 故障恢复

在故障恢复中，一般数据库产品均提供事务撤销与重做语句，此外还通过拷贝、转储及日志等服务性程序以建立数据备份。

6.2 SQL 的安全性控制语句

在 SQL 中提供了基本的数据库安全支持，它们是：自主访问控制与授权功能。

数据库安全涉及操作、数据域与用户三部分：

（1）操作：SQL 提供了六种操作权限。SELECT 权，即查询权；INSERT 权，即插入权；DELETE 权，即删除权；UPDATE 权，即修改权；REFERENCE 权，关联权，即定义新表时允许使用其他表的键作为其外键；USAGE 权，即使用权。

（2）数据域：即用户访问的数据对象的粒度。SQL 包含四种数据域，数据库：即以数据库作为访问对象；表：即以表作为访问对象；视图：即以视图作为访问对象；列：即以表中列作为访问对象。

（3）用户：即数据库中所登录的用户。

基于这三部分，SQL 提供了下面的一些安全性功能语句：

1. 授权语句

SQL 提供了授权语句，其功能是将指定**数据域**的指定**操作**授予指定的**用户**，其语句形式如下：

```
GRANT <操作表> ON <数据域> TO <用户名表> [WITH GRANT OPTION]
```

其中 WITH GRANT OPTION 表示获得权限的用户还能获得传递权限，即能将获得的权限传递给其他用户。

例 6.1 **GRANT** SELECT, UPDATE **ON** S **TO** XU LIN WITH GRANT OPTION

表示将表 S 上的查询与修改权授予用户徐林（XU LIN），同时也表示用户徐林可以将此权限传递给其他用户。

2. 回收语句

SQL 提供了回收语句，它表示用户 A 将某权限授予用户 B，则用户 A 也可以在它认为必要时将权限从 B 中收回。收回权限的语句称为回收语句，其语句形式如下：

```
REVOKE <操作表> ON <数据域> FROM <用户名表> [RESTRICT/CASCADE]
```

语句中带有 CASCADE 表示回收权限时要引起连锁回收，而 RESTRICT 则表示不存在连锁回收时才能回收权限，否则拒绝回收。

例 6.2 **REVOKE** SELECT,UPDATE **ON** S **FROM** XU LIN CASCADE

表示从用户徐林中收回表 S 上的查询与修改权，并且是连锁收回。

3. 角色

自 SQL'99 以后，SQL 提供了角色（role）功能，角色是一组固定操作权限。之所以引入角色，是为简化操作权限管理。角色分类有 3 种，它们是 CONNECT、RESOURCE 和 DBA，其中每个角色拥有一定的操作权限。

（1）CONNECT 权限。该权限是用户的最基本权限，它又称 public，每个登录用户至少拥有 CONNECT 权限。CONNECT 权限包括如下内容：可以访问数据库，修改口令；可以查询、更新经授权的其他用户的表；可以查询、更新自己拥有的表；可以创建视图或定义表的别名。

（2）RESOURCE 权限。该权限是在 CONNECT 基础上的一种权限，它拥有 CONNECT 的操作权外，还有创建表及表上索引及在该表上所有操作的权限，以及对该表所有操作作授权与回收的权限。

（3）DBA 权限。DBA 拥有最高操作权限，它拥有 CONNECT 与 RESOURCE 权限外，能对所有表的数据进行操纵，并具有控制权限与数据库管理权限。它又称 SYSTEM。

DBA 通过角色授权语句将用户及相应角色登录，此语句形式如下：

```
GRANT <角色名> TO <用户名表>
```

此语句执行后，相应用户即拥有其指定的角色。

同样，DBA 可用 REVOKE 语句取消用户的角色，此语句形式如下：

REVOKE <角色名> FROM <用户名表>

例 6.3　**GRANT** CONNECT **TO** XU LIN

此语句表示将 CONNECT 权授予用户 XU LIN。

例 6.4　**REVOKE** CONNECT **FROM** XU LIN

此语句表示从用户徐林处收回 CONNECT 权限。

4. 身份标识与鉴别

ISO SQL 中未提供身份标识与鉴别功能语句，但在一般数据库产品中均有此项功能语句，它并不独立出现而是依附于用户登录语句中。

5. 审计

SQL 中有关审计功能以及审计内容如下：

（1）审计事件。在 SQL 中设置两种审计，一种是用户审计，另一种是系统审计。用户审计由用户设置，用于审计该用户所创建的表与视图的所有访问操作。系统审计则由 DBA 设置，用于审计用户登录，GRANT 及 REVOKE 操作以及其他管理型操作，所有一切引发审计的操作称为审计事件。

（2）审计内容。一旦审计事件产生，审计模块即启动，它自动记录事件的有关内容：操作类型（查询/修改/删除/插入……）；事件发生时间；操作终端标识与操作者标志；所操作的数据域（表、视图、列等）。

（3）审计操作。SQL 提供两条审计语句：AUDIT 与 NONAUDIT。其中，AUDIT 语句用于选择审计事件、审计数据域以及是否审计，而 NONAUDIT 语句则是取消审计。它们的语句形式如下：

AUDIT <操作表> ON <数据域名>
NONAUDIT <操作表> ON <数据域名>

例 6.5　AUDIT UPDATE, DELETE ON S

此语句表示对基表 S 设置修改与删除的审计。

例 6.6　NONAUDIT DELETE ON S

此语句表示取消对表 S 的删除审计。

在 ISO SQL 标准中无审计功能，上面所介绍的审计功能是大多企业级 SQL 的审计功能。

6.3　SQL 的完整性控制语句

6.3.1　SQL 完整性控制语句

SQL 完整性控制语句一般用于实体完整性规则设置、参照完整性规则设置、域完整性规则设置以及用户定义的完整性规则设置，它包括如下内容：

1. 实体完整性规则设置

实体完整性规则设置主要用于对表的主键进行设置。它可用下面的短句表示：

PRIMARY KEY <列名表>

它一般定义在创建表语句的后面。

2. 参照完整性规则设置

参照完整性规则设置主要用于对表的外键进行设置。它可用下面形式的短句表示：

```
FOREIGN KEY <列名表>
REFERENCE <参照表> <列名表>
[ON DELETE <参照动作>]
[ON UPDATE <参照动作>]
```

其中，第一个<列名表>是外键，而第二个<列名表>则是参照表中的主键，而参照动作有五个，它们是：NO ACTION、CASCADE、RESTRICT、SET NULL 及 SET DEFAULT，分别表示无动作、动作受牵连、动作受限、置空及置默认值等。其中，动作受牵连表示在删除（或修改）元组时相应表中的相关元组一起删除（或修改），而动作受限则表示在删除（或修改）时仅限于指定表的元组。它们一般也定义在创建表语句的后面。

3. 域完整性规则设置

域完整性规则设置可以约束表中列的数据域范围与条件。它可有多种方法，它一般放在创建表语句中列定义的后面。

（1）CHECK 短句

```
CHECK: <约束条件>
```

其中约束条件为一个逻辑条件。

（2）默认值短句

```
DEFAULT <常量表达式>
```

默认值表示若对应列为空则选用<常量表达式>中的数据。该约束定义在列后面。

（3）列值唯一

可在列定义后给出 UNIQUE 以表明该列取值唯一。

（4）不允许取空值

可在列定义后给出 NOT NULL 以表明该列值为非空。

4. 用户定义完整性规则设置

用户定义完整性规则设置主要用于数据库中表内及表间的语法语义约束，它有两种表示形式：

（1）检查约束

用于对表内列间设置语义约束，所使用的短句形式如下：

```
CHECK <约束条件>
```

它一般定义在创建表的语句后，其约束条件可以是布尔表达式。

（2）断言

当完整性约束涉及多个表时，此时可用断言（assertion）建立多表间列的约束条件。在 SQL 中，可用创建断言与撤销断言的方法建立与撤销约束条件：

```
CREATE  ASSERTION <断言名> CHECK <约束条件>
DROP  ASSERTION <断言名>
```

其中约束条件一般用布尔表达式表示。

例 6.7　建立下面的断言：

```
CREATE  ASSERTION student-constraint
CHECK (sno >'90000' AND sno<'99999')
CHECK (sa<29))
CHECK ((S·sd !='cs' OR C·cn='mathmatic logic')AND  S·sno = SC·sno AND SC·cno
= C·cno)
```

在此例中是建立了三个完整性约束条件：①学号必须在 90000～99999 之间；②学生年龄必须小于 29 岁；③计算机科学系学生必须修读数理逻辑课。

*6.3.2　触发器语句

触发器语句主要用于完整性规则的处理。在 SQL 中有关触发器的语句有两条，即创建触发器与删除触发器。触发器功能是 SQL'99 中列入的。

下面介绍这两个触发器的语句。

1. 创建触发器语句

触发器的触发行为是一种复杂的动作，它有触发条件、触发动作及结果过程，还包括有多种触发环境要求，如触发目标、触发操作、触发时间及触发频度等。

① 触发目标：即产生触发的目标数据体，如表、列等。

② 触发操作：即产生触发的操作，包括 INSERT、DELETE 及 UPDATE 等三种操作。

③ 触发时间：即产生触发的时间，一般有两种，即操作前触发（BEFORE）与操作后触发（AFTER）。

④ 触发频度：即产生触发的频率，它一般有两种，分别是按行触发，称行级触发（FOR EACH ROW）及按语句触发称语句级触发（FOR EACH STATEMENT）。

基于这些因素，创建触发器语句的参数较多。在 SQL'99 中创建触发器语句的一般形式如下：

```
CREATE TRIGGER <触发器名>,
<触发动作时间>
<触发器事件> ON <表名>, [REFERENCING <旧/新行(表)名>],
<触发器类型>,
[WHEN<触发条件>] <触发动作体>
```

下面对其进行说明：

（1）触发器名

触发器名给出触发器的标识符，它在模式内应是唯一的。

（2）触发动作时间

触发时间共有两种，它们是：AFTER——表示事件执行后触发器才被激活；BEFORE——表示事件执行前触发器就被激活。

（3）触发的事件与表名

触发事件即触发操作，一共有三个，它们是 INSERT、DELETE 及 UPDATE，其中 UPDATE 后还可跟有 OF <触发列名>，它指明了修改哪些列时触发器被激活。表名则给出触发事件中的目标表。

（4）触发器类型

触发器类型即触发频度。触发器按照所触发动作的间隔尺寸可分为行级触发——FOR EACH ROW 及语句级触发——FOR EACH STATEMENT。行级触发是每执行一行触发一次，而语句级触发则是整个语句执行仅触发一次。

(5) 触发条件与触发动作体

触发条件是一个可选项，当它出现时，只有此条件成立时，被激活的触发器中的触发动作体才会执行。触发动作体是触发器的结果过程（一般用自含式 SQL 书写）。

(6) REFERENCING NEW/OLD AS <变量别名>

为方便起见，在动作体中可以使用 REFERENCING 所指定的变量，这种变量有两种，它们是 NEW 与 OLD，以引用 UPDATE/INSERT 事件之后的新值以及 DELETE/UPDATE 之前的旧值。

在这两种变量中，当出现 FOR EACH ROW 时，此变量是元组变量，称行变量。当出现 FOR EACH STATEMENT 时，此变量是元组集变量，称表变量。

在 REFERENCING NEW/OLD 的使用中，可以对变量作别名定义，它是一个可选项，其形式是：

```
REFERENCING NEW AS<新值变量别名>
REFERENCING OLD AS<旧值变量别名>
```

创建触发器语句执行后即创立一个命名的触发器。触发器一经创建后，系统即能随时检查触发事件，当事件成立时，即调用相应过程以处理该事件。

2. 删除触发器语句

在 SQL'99 中删除触发器语句的一般形式如下：

```
DROP TRIGGER <触发器名>
```

该语句的执行即删除一个指定的触发器。

使用触发器可以完成完整性控制功能，特别是增、删、改中所出现的完整性约束条件（即此中的触发条件）受破坏后，即可调用相应过程（即触发动作体）以处理之。

下面给出一个触发器的实例。

例 6.8 表 Teacher 中有列：tno、tn、job、salary。在 job 列上创建一个名为 update-sal 的触发器。该触发器的触发事件是"修改教师职务工资，如教师晋升为教授"，其调用的过程是"工资自动转为 15000 元"。

```
CREATE  TRIGGER  update-sal
/*定义一个触发器，其名字为 update-sal*/
AFTER  UPDATE  OF  job  ON teacher,
/*该触发器的触发动作时间是 AFTER，该触发器的触发事件是表 Teacher 上的 job 列修改操作*/
REFERENCING  NEW AS new
/*定义新值变量别名 */
FOR EACH ROW,
/*为行级触发*/
WHEN (new·Job ='教授')
/*某教师晋级为教授*/
BEGIN
UPDATE teacher
SET salary=15000
WHERE   tno=new·tno
/*工资自动转为 15000 元*/
END;
```

再给出一个触发器的例子，它可以替代完整性约束的功能。

例 6.9 在学生数据库表 S 中的 sa 列上，若出现 sa>50 或 sa<0 时，则打印 error:13。

```
CREAT TRIGGER constraint-sage,
BEFORE INSERT UPDATE OF sa ON S,
FOR EACH ROW,
WHEN(sa>50 OR sa<0)
BEGIN
Print:'error:13';
END;
```

6.4 SQL 的事务语句

一个应用程序由若干事务组成，事务语句一般嵌入在应用程序中。在 SQL 中，应用程序所嵌入的事务语句有三个，它们是一个置事务语句与两个事务结束语句。

1. 置事务语句 SET TRANSACTION

```
SET  TRANSACTION [<事务名>];
```

此语句表示事务从此句开始执行，此语句也是事务回滚的标志点。在大多数情况下，可以不用此语句，对每个事务结束后的数据库的操作都包含着一个新事务的开始。

2. 事务提交语句 COMMIT

```
COMMIT  TRANSACTION  [<事务名>];
```

当前事务正常结束，用此语句通知系统，此时系统将所有磁盘缓冲区中数据写入磁盘内．在不用"置事务"语句时，同时表示开始一个新的事务。

3. 事务回滚语句 ROLLBACK

```
ROLLBACK  TRANSACTION  [<事务名>];
```

当前事务非正常结束，用此语句通知系统，此时系统将事务执行中的 Write（包括 update、delete）操作结果全部撤销，将事务回滚至事务开始处（即置事务语句处）并准备重新开始执行事务。

6.5 SQL 的故障恢复操作

故障恢复的三大功能是：事务的撤销/重做、复制及日志。其中，事务的撤销与重做一般用 UNDO 与 REDO 语句，而其余两个功能均用数据服务，它们在国际标准 SQL 中的均无此类操作，但是在一般产品中都有。

复习提要

本章主要介绍 SQL 控制语句，包括安全性控制、完整性控制、事务以及数据库故障恢复等内容，还包括相关的 SQL 语句的使用。

1. 安全性控制语句

授权语句及角色授权语句、审计语句。

2. 完整性控制语句

（1）规则设置

- 实体完整性规则设置：PRIMARY KEY
- 参照完整性规则设置：FOREIGN KEY REFERENCE
- 域完整性规则设置：

```
NOT NULL
UNIQUE
```
默认值设置

- 表约束用户定义完整性规则设置：

```
CHECK
ASSERTION
```

（2）规则——系统自动完成

（3）规则处理：触发器语句

3. 事务语句

```
SET TRANSACTION
COMMIT
ROLLBACK
```

4. 故障恢复

故障恢复的三大操作。

5. 本章重点内容

- SQL 安全性控制语句；
- SQL 事务语句。

习题 6

一、问答题

1. 试介绍 SQL 的安全性与完整性语句。

2. 试给出 SQL 的事务语句。

二、应用题

1. 在下面的学生数据库中：

```
S(sno, sn, sd, sa)
SC(sno, cno, g)
C(cno, cn, pcno)
```

请用 SQL 中的 GRANT 及 REVOKE 语句以完成如下授权控制：

（1）用户张军对三个表的 SELECT 权；

（2）用户李林对三个表的 INSERT 及 DELETE 权；

（3）用户王星对表 SC 有查询权，对 S 及 C 有更改权；

（4）用户徐立功具有对三个表的所有权限；

（5）撤销张军、李林的权限。

2. 对学生数据库设置如下审计：

（1）对 S 设置 DELETE 及 INSERT 审计；

（2）对 SC 设置 UPDATA、INSERT 及 DELETE 审计。

3. 对学生数据库设置如下断言：

（1）所有课程必定有预修课；

（2）每门课程修读人数必超过 5 人；

（3）所有女生必须修读"跆拳道"课程；

（4）中年（45 岁）以上学生"体育"课成绩不登记入册。

第 7 章　SQL 数据定义语句

本章主要介绍数据定义整体构造以及 SQL 中的数据定义语句，它包括数据定义框架、模式定义语句、表定义语句、索引定义语句以及视图定义语句等。此外，还结合完整性控制语句对表定义语句作完整介绍。

7.1　数据定义框架介绍

关系数据库管理系统的数据定义主要为数据库应用系统定义数据库上的整体结构模式，这种定义比较复杂，须预作框架性介绍。

数据定义可分为若干层次：

1. 上层——数据库模式层

首先需要为数据库应用系统定义一个数据库模式。一般来讲，一个关系数据库管理系统可以定义若干数据库模式，而每个模式对应一个数据库，而一个数据库对应若干个应用。

一个模式由若干个表、视图以及相应索引所组成，它们称模式对象。模式由"创建模式"语句定义，并可用"删除模式"语句取消。模式一旦定义后，该模式后所定义的模式对象均归属于此模式。

2. 中层——表结构层

表结构层是对模式层结构的具体定义，包括基表、视图及索引。

（1）基表：基表是关系数据库管理系统中的基本结构，它可用"创建表"语句定义表结构，用"修改表"语句对表结构进行更改，用"删除表"语句取消之。

此外，在创建表时还可设置完整性控制中的主键、外键、域约束规则以及用户定义完整性规则。

（2）视图：视图是建立在同一模式表上的虚拟表，它可由模式中的表导出。视图可用"创建视图"语句定义，并可用"删除视图"语句取消。

（3）索引：在关系数据库的物理存储结构中索引是必须由用户设置的，它是表结构层中的基本物理对象。索引设置可以用"建立索引"语句以构建索引，也可用"删除索引"语句撤销索引。

有关存储过程、函数等将在后面进行介绍。

3. 底层——列定义层

列定义层是对表（特别是基表）中列的定义，包括列名、列的数据类型等。它一般在创建表中定义。

此外，列定义中还可定义有关列的约束条件，如默认值设置、空值设置、UNIQUE 设置、CHECK 短句。

列中数据类型是由关系数据库管理系统统一支撑。

上面的三个层次可以用图 7.1 表示。

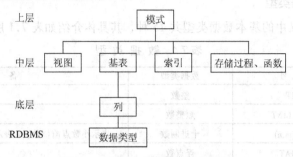

图 7.1　数据定义的三个层次结构

7.2　SQL 的数据定义语句

本节中讲述用 SQL 定义数据模式、基表及索引、最终定义视图。

7.2.1　SQL 的模式定义语句

模式是数据库结构的总称，它一般由 SQL 语句中的创建模式（CREATE SCHEMA）及删除模式（DROP SCHEMA）表示。

1. 模式定义

模式定义由 CREATE SCHEMA 完成，其形式为：

CREATE SCHEMA <模式名> **AUTHORIZATION** <用户名>

该语句共有两个参数，分别是模式名及用户名，它们给出了模式的标识及其创建者，而其真正结构则由模式后所定义的模式元素给出。

例 7.1　学生数据库的模式可定义如下：

CREATE SCHEMA student **AUTHORIZATION** lin

2. 模式删除

模式删除可由 DROP SCHEMA 完成，其形式为：

DROP SCHEMA <模式名>, <删除方式>

参数"删除方式"一共有两种，一种是连锁式或称级联式：cascade，另一种是受限制：restrict，其中 cascade 表示删除与模式所关联的模式元素，而 restrict 则表示只有在模式中无任何关联模式元素时才能删除。

例 7.2　学生数据库模式可删除如下：

DROP SCHEMA student cascade

该语句执行后则删除模式及与其关联的所有模式元素。

7.2.2 SQL 的表定义语句

SQL 的表定义包括"创建表""更改表"及"删除表"等三个 SQL 语句，此外，SQL 还给出了 15 种基本数据类型供创建表时使用。

1. SQL 基本数据类型

SQL 提供数据定义中的基本数据类型共 15 种，其具体介绍如表 7.1 所示。

表 7.1　数　据　类　型

序　号	符　号	数据类型	备　注
1	INT	整数	
2	SMALLINT	短整数	
3	DEC(m,n)	十进制数	m 表示小数点前位数，n 表示小数点后位数
4	FLOAT	浮点数	
5	CHAR(n)	定长字符串	n 表示字符串位数
6	VARCHAR(n)	变长字符串	n 表示最大变长数
7	NATIONAL CHAR	民族字符串	用于表示汉字
8	BIT(n)	位串	n 为位串长度
9	BIT VARYING(n)	变长位串	n 为最大变长数
10	NOMERIC	数字型	
11	REAL	实型	
12	DATE	日期	
13	TIME	时间	
14	TIMESTAMP	时间戳	
15	INTERVAL	时间间隔	

2. 表的定义

可以通过创建表（CREATE TABLE）语句以定义一个表的框架，其形式为：

CREATE TABLE<表名>(<列定义>[<列定义>]...) [其他参数]

其中列定义有如下形式：

<列名> <数据类型>

可选项：其他参数是与物理存储有关的参数，它随具体系统而有所不同。

通过表定义可以建立一个表框架。

例 7.3　学生数据库的三张表可定义如下：

```
CREATE TABLE S(sno CHAR(5),
              sn VARCHAR(20),
              sd CHAR(2),
              sa SMALLINT)
CREATE TABLE C(cnoCHAR(4),
              cn VARCHAR(30),
              pcno CHAR(4))
CREATE TABLE SC(sno CHAR(5),
               cno CHAR(4),
               g SMALLINT)
```

3. 表的更改

可以通过更改表语句（ALTER TABLE）扩充或删除基表的列，从而构成一个新的基表框架，其中增加列的形式为：

```
ALTER TABLE <表名> ADD <列名> <数据类型>
```

例 7.4　可以在表 S 中添加一个新的列 sex，并可用如下形式表示：

```
ALTER TABLE S ADD sex SMALLINT
```

而删除列的形式为：

```
ALTER TABLE <表名> DROP <列名> <数据类型>
```

例 7.5　在表 S 中删除列 sa，可用如下形式表示：

```
ALTER TABLE S ROPD sa SMALLINT
```

4. 表的删除

可以通过删除表（DROP TABLE）语句以删除一个基表，包括表的结构连同该表的数据、索引以及由该基表所导出的视图并释放相应空间。删除表的形式为：

```
DROP TABLE <表名>
```

例 7.6　可用如下形式删除表 S：

```
DROP TABLE S
```

7.2.3　带完整性约束的表定义语句

在 SQL 中，完整性规则设置除断言外往往与表定义语句捆绑在一起，它们以短句的形式置于表或列后。其中主键、外键及检查短句设置于表定义后，而 UNIQUE、NOT NULL 及 CHECK 短句则放置于列定义后。这种带完整性约束的表定义语句才是完整的表定义语句。

例 7.7　例 7.3 所示的学生数据库三张表可扩充成带完整性约束的表定义语句如下：

```
CREATE  TABLE S
        (sno CHAR(5)NOT NULL
        sn CHAR(20)
        sd CHAR(2)
        sa SMALLINT  CHECK(sa<50 AND sa>=0)
        PRIMARY KEY (sno))
CREATE TABLE C
        (cno CHAR(4)  NOT NULL
        cn  CHAR(30)
        pcno CHAR(4)
        PRIMARY KEY(cno))
CREATE  TABLE  SC
        (sn(o CHAR(5) NOT NULL
        cno CHAR(4) NOT NULL
        g SMALLINT  CHECK(g>=0 AND g<=100)
        PRIMARY KEY(sno,cno)
        FOREIGH KEY(sno)REFERENCES S(sno)
        FOREIGN KEY(cno)REFERENCES C(cno))
```

7.2.4 SQL 的索引定义语句

在 SQL 中可以对表建立索引。索引的建立可以通过建立索引（CREATE INDEX）语句实现，该语句可以按指定表名、指定列以及指定顺序（升序或降序）建立索引。其形式如下：

```
CREATE[ UNIQUE][ CLUSTER]INDEX <索引名> ON <表名> (<列名> [<顺序>][,<列名>
[<顺序>], …])
```

语句中 UNIQUE 为可选项，在建立索引中若出现 UNIQUE，则表示不允许两个元组在给定索引中有相同的值。

CLUSTER 表示所建立的索引是集簇索引。所谓集簇索引是指索引项的顺序与表中记录的物理顺序一致的索引组织。在最经常查询的列上可建立集簇索引以提高查询效率。

语句中顺序可按升序（ASC）或降序（DESC）给出。默认时为升序。

例 7.8 在 S (sno)上建立一个按升序排序的唯一性的索引 XSNO。

```
CREATE UNIQUE INDEX XSNO ON S (sno)
```

例7.9 在SC上建立一个按（sno, cno）升序排列、名为XSC的索引。

```
CREATE INDEX XSC ON SC(sno, cno)
```

例 7.10 在 S (sno)上建立集簇索引 STUSN，且 S 表上记录将按 sno 值的升序排序。

```
CREATE CLUSTER INDEX STUSN ON S(sno)
```

在 SQL 中可以用删除索引（DROP INDEX）语句以删除一个已建立的索引：

```
DROP INDEX<索引名>
```

例 7.11 将已建立的名为 XSNO 的索引删除。

```
DROP INDEX XSNO
```

索引不是国际标准 SQL 中的语句，但在一般企业级 SQL 中均有此语句。

7.2.5 SQL 中的视图语句

SQL 中有关视图的语句有"创建视图"与"删除视图"语句，对视图的查询则与一般对基表的查询一样，而视图的更新操作则较为复杂，一般很少使用。

1. 视图定义

SQL 的视图可用创建视图语句定义，其一般形式如下：

```
CREATE VIEW <视图名>([<列名>[, <列名>]…])
AS <SELECT 语句>
```

例 7.12 定义一个计算机系学生的视图。

```
CREATE VIEW CS-S(SNO, SN, SD, SA)
AS (SELECT *
FROM S
WHERE sd='cs')
```

例 7.13　定义学生姓名和他修读的课程名及成绩的视图。

```
CREATE VIEW S-C-G(SN, CN, G)
 AS(SELECT    S·sn, C·cn, SC·g
    FROM      S, SC, C
    WHERE     S·sno = SC·sno AND SC·cno = C·cno)
```

例 7.14　定义学生学号、姓名及其平均成绩的视图。

```
CREATE VIEW S-G(SNO, SN, AVG)
AS(SELECT    sno, sn, AVG(g)
    FROM      S, SC
    WHERE     S·sno = SC·sno
    GROUP BY sno)
```

视图一般定义在基表上，但也可以定义在基表及其他已定义的视图之上。

例 7.15　定义计算机系学生姓名和他修读的课程名及成绩的视图。

```
CREATE VIEW SCG-CS(sn, cn, g)
 AS(SELECT    S-C-G·SN, S-C-G·CN, S-C-G·G
    FROM      S-C-G
    WHERE     sd = 'cs')
```

SQL 的视图可以用取消视图语句删除，其形式如下：

```
DROP VIEW <视图名>
```

例 7.16　删除已建立的视图 S-G。

```
DROP VIEW S-G
```

取消视图表示不仅取消该视图，还取消由该视图所导出的其他视图。

2．视图查询

在创建视图后可像基表一样对视图进行查询。

例 7.17　用已定义视图 CS-S 作查询操作，查询计算机系中年龄大于 20 岁的学生姓名。

```
SELECT    SN
FROM      CS-S
WHERE     sa>20
```

对于此查询，在实际操作时需将该查询转换成为对基表的查询，即用视图 CS-S 的定义将此查询转换为：

```
SELECT    sn
FROM      S
WHERE     sd = 'cs'  AND  sa>20
```

复习提要

本章介绍 SQL 中的数据定义语句，学完本章后能掌握 SQL 数据定义的使用。

1．基本功能

SQL 数据定义的三层结构：模式定义层；表结构定义层——基表、视图、索引；列定义层——数据类型。

2. 操作语句

模式定义层——数据模式定义语句、数据模式删除语句；表结构层——创建表语句、修改表语句、删除表语句、创建视图、删除视图、创建索引、删除索引；列定义层——15种数据类型。

3. 本章重点内容

- 数据定义的三层结构；
- 创建表语句。

习题 7

一、问答题

1. 试述数据定义的结构模式的层次。

2. 数据定义中共有哪些 SQL 语句？请一一列出，并作说明。

3. 在 SQL 中常用的数据定义方式有哪几种？

4. 什么是基表？什么是视图？两者有何关系与区别？

二、应用题

1. 请在习题 5.2、5.4、5.5、5.6、5.7 及 5.8 中所示的结构中用 SQL 定义语句写出模式创建及表创建语句。

2. 用 SQL 语句定义下面的基表及模式：现有如下商品供应数据库：供应商 S(sno,sanme,status, scity)、零件 P（pno,pname,color,wieght）、工程 J（jno,jname,jcity）、供应关系 SPJ（sno,pno,jno,qty）（注：qty 表示供应数量）。

请用 SQL 定义上面四个基表以及商品供应模式。

3. 对上面四个基表建立带完整性约束的表定义如下：

（1）四个表的主键分别为：sno、pno、jno 及（sno，pno，jno）；

（2）它们的外键为（sno，qno，jno）；

（3）它们的列必满足：wight<10kg；status 仅有两种状态，它们是供货或不供货；主键不为空值。

4. 在商品供应数据库上为提高查询速度请用 SQL 语句构建如下索引：

（1）在 S 上构建 sno 的索引；

（2）在 P 上构建 pno 的索引；

（3）在 J 上构建 jno 的索引；

（4）在 SPJ 上构建(sno,pno,jno)的索引。

5. 在学生数据库中建立计算机系的视图（包括 S、SC、C）。

6. 利用建立的计算机系视图查询修读 Database 的学生姓名。

7. 在学生数据库中请修改 S 的模式为 S'（Sno, Sname, Ssex, Sdept）。

8. 将学生数据库中 S 的年龄全部增加 1 岁并按学号重新排序后，赋值给新表 S'(S#, sname, sdept, sage)（注意：S'须重新定义）。

9. 设有一个产品销售数据库，其数据模式如下：产品 P（pno，pn，price）；客户 C（cno，cn, ctel，ccity）；产品销售 S（cno，pno，year，month，date，num）。

其中 pno、pn、price 分别表示产品编号、产品名及单价；cno、cn、ctel、ccity 分别表示客户编号、客户名、电话及所在城市；而 year、month、date、num 则分别表示销售年、月、日及销售数量。

（1）用 SQL 定义语句定义此数据模式及表结构。

（2）在上面的表上定义一个产品销售视图 S－V，它包括产品编号 Pno、名称 Pname，购买产品的客户所在城市 City，以及该产品在该城市的销售总数 P－C－total 和销售总金额 P－C－money，请写出该视图定义语句。

（3）请用 SQL 表示下列查询：

① 购买'熊猫电视机'的客户所在的城市名称。

② '海尔空调'在'南京市'的月销售情况：月份及当月销售总数量。

③ 查询每种产品编号、名称及累计销售数量最高的城市名称（提示：可用本题（1）中建立的视图）。

第 8 章　SQL 数据交换及服务

本章主要介绍 SQL 中的数据交换功能，它包括四种数据交换接口管理及四种数据交换方式。此外，还简要介绍数据服务。

8.1　数据交换接口管理中的 SQL 语句

数据交换接口管理也称数据交换管理，在本节中主要介绍其中的连接管理、游标管理、诊断管理及 Web 管理等四部分 SQL 语句。

8.1.1　连接管理语句

连接管理语句主要用于数据交换中主客体间建立物理与逻辑关联的语句，它一般有三条，它们是连接语句、置连接语句与断开语句。连接管理语句一般用于 C/S 或 B/S 方式下调用层接口方式及 Web 方式中。

1. 连接语句

连接语句（connect statement）用于建立数据主、客体（即数据库服务器与客户机）间的虚拟逻辑通路，它包括连接名、数据库服务器名及客户机名。其语句形式为：

```
CONNECT TO <数据库服务器名> AS <连接名> USER <连接客户机名>
```

2. 置连接语句

置连接语句（set connect）用于分配连接资源（包括网络资源及相应内存资源）激活连接，以建立连接的物理通路。其语句形式为：

```
SET  CONNECT  <连接名>
```

3. 断开连接语句

断开连接语句（disconnect statement）用于断开已建立的物理连接，归还资源。其语句形式为：

```
DISCONNECT <断开目标>
```

其中"断开目标"是：

```
<断开目标>=<指定连接名>|<ALL>|<CURRENT>
```

它包括三个内容，即断开指定的连接、断开所有连接（ALL）或断开当前连接（CURRENT）。

8.1.2　游标管理语句

游标管理语句主要用于在数据交换中数据库集合量数据与应用程序的标量数据间的转换。它主要用于 SQL 的数据查询语句中。

在游标管理中一共设有四条语句，它们是：

（1）定义游标。为 SELECT 语句的结果集合定义一个命名游标。其形式为：

```
DECLARE <游标名> CURSOR FOR <SELECT 语句>
```

（2）打开游标。在游标定义后当使用数据时需打开游标，此时游标处于激活状态并指向集合的第一行，其语句形式为：

```
OPEN <游标名>
```

（3）推进游标。将游标定位于集合中指定的行，并从该行取值，送入应用程序变量中。

```
FETCH <定位取向> FROM <游标名> INTO <程序变量列表>
<定位取向>::=NEXT|PRIOR|FIRST|LAST| ABSOLUTE±n|RELATIVE±n。
```

在此语句的定位取向中给出了游标移动方位：

- 从当前位置向前推进一行——NEXT；
- 从当前位置向后推进一行——PRIOR；
- 推向游标第一行——FIRST；
- 推向游标最后一行——LAST；
- 从当前位置向前推进 n 行——RELATIVE+n；
- 从当前位置向后推进 n 行——RELATIVE−n；
- 推向游标第 n 行——ABSOLUTE+n；
- 推向游标倒数第 n 行——ABSOLUTE−n。

（4）关闭游标。游标使用完后需关闭，其语句形式为：

```
CLOSE <游标名>
```

游标管理语句一般的使用流程是：

① 定义游标；

② 打开游标准备使用；

③ 推进游标以取得数据，在此阶段往往与应用程序混合使用，并构成循环；

④ 在使用完毕后关闭游标。

8.1.3　诊断管理语句

诊断管理语句主要用于获取 SQL 语句执行后的状态。它与游标管理语句可以匹配使用以利于数据交换的顺利执行。

在诊断管理中一般仅有一个 SQL 语句，即获取诊断语句，该语句主要用于获取在诊断区域内语句执行状态的信息。其语句形式是：

```
GET DIAGNOSTICS <SQL 诊断信息>
```

其中"SQL 诊断信息"是：

```
<SQL 诊断信息>::=statement|state
```

它包含两个内容，即语句或状态，也就是说 SQL 诊断信息给出所需获取信息的语句名或状态。其中状态为 0 表示 SQL 语句执行成功，而非 0 则表示执行失败。

8.1.4　Web 管理

Web 管理主要实现 Web 中 HTML（网页数据）与程序设计语言间的接口，再通过它利用调用层接口实现两数据库接口。它使用一种中间工具，目前尚未有统一的标准，常用的是：

（1）ASP——此种方式目前较为流行，它是基于微软的方式，适用于 SQL Server 系列及其他微软产品。

在微软公司的 Windows 环境下，基于 Web 的开发工具 ASP 可以实现 HTML（网页数据）与程序设计语言间的接口。ASP 由脚本语言 VBScript（JavaScript）及若干组件组成，其中脚本语言可插入 HTML 中，从而实现 HTML（网页数据）与脚本程序设计语言 VBScript（JavaScript）间的接口，再通过调用层接口 ADO 实现与数据库接口。

（2）JSP——此种方式是基于 UNIX 及 Java 的方式，目前适用于 UNIX 平台、采用 Java 的数据库系统。

JSP 是 Sun 公司于 1996 年推出的一种基于 Java 的 Web 管理工具，它具有脚本功能，能嵌入 HTML。JSP 是类似于 ASP 的另一种 Web 管理工具。

（3）PHP——这又是一种 Web 管理方式，此种方式目前流行于 HTML 与 MySQL 数据库中。

这三种方式以 ASP 方式使用最为广泛，它也是 SQL Server 2008 中使用的方式。

8.2　SQL 的四种数据交换方式

本节主要介绍 SQL 的四种数据交换方式，它们是：人机交互方式、自含式方式、调用层接口方式及 Web 方式等，其中嵌入方式已趋于淘汰，就不再介绍了。

8.2.1　人机交互方式

人机交互方式是人与数据库直接交互的方式，它是最原始、最简单，也是最方便的一种方式，因此在数据库系统出现时就存在此种方式。此种方式即操作员直接用 SQL 语句与数据库进行交互，自 20 世纪 90 年代以来，可视化技术的发展使人机交互方式得到了迅速的发展，它不仅在单机方式下，还在 C/S 与 B/S 结构方式下得到了发展。由于人机交互方式是一种操作员与系统进行直接交流方式，它的交换界面形式无法统一，因此在标准 SQL 中是没有的，但考虑到它的应用重要性，因此作为一种最基础、原始与直接的交换方式予以介绍。它一般以服务的形式出现（特别是其中的操作服务）。它因系统不同而有不同表现形式，在第 4 篇中将会介绍 SQL server 2008 中的人机友好界面功能。

8.2.2　自含式方式及 SQL/PSM

1. 自含式 SQL 概述

在数据交换中，自含式 SQL 在开始时应用于单机集中方式中作为开发应用的主要编程手段，目前在 C/S 及 B/S 结构中定位于服务器内，用于在服务器内的数据交换应用编程。它主要是 SQL 中的集合量与程序中标量间的接口以及主、客体间反馈信息接口。其所需要使用的接口管

理是游标管理与诊断管理。目前自含式 SQL 主要用于服务器中的应用程序编制，主要包括存储
过程、触发器及后台脚本程序编制。

一个完整的自含式 SQL 大致包括如下内容：

（1）SQL 的基本内容：SQL 的数据定义、数据操纵及数据控制等语句。

（2）程序设计语言中的主要成分：如常量、变量、数据类型、表达式、控制类语句等。

（3）SQL 中数据交换部分内容：游标、诊断等。

（4）服务性内容：服务性的函数库、类库、存储过程等。

自含式 SQL 构成一种完整的语言，它将传统的程序设计语言与 SQL 相结合，其数据同时具
有集合量与标量形式。这种语言可以编程，它们以过程或模块形式长久存储于服务器内并供应
用程序调用。

目前自含式 SQL 已取代嵌入式 SQL 成为数据库应用开发中的主要工具之一。

在国际标准 SQL 中，自含式 SQL 称为 SQL/PSM（Persistent Storage Module），即 SQL
持久存储模块。此外，在数据库产品中均有其企业级自含式 SQL 标准，它们与 SQL/PSM 有
一定符合度。本章中主要介绍 SQL/PSM，在第 4 篇中将会介绍 SQL Server 2008 中的自含
式 SQL——T-SQL。

2. SQL/PSM 介绍

本节主要介绍 SQL/PSM。它的最初目标是用于书写存储过程，因此功能有限，但是目前已
发展成为一种完整的程序设计语言，这主要表现在企业级 SQL 中，如 T-SQL 等。

SQL/PSM 将 SQL 与程序设计语言中的主要成分结合于一起，并通过游标、诊断建立无缝
接口，从而构成一个跨越数据处理与流程控制的语言。它包括如下五个内容：数据类型、常量、
变量与表达式；核心 SQL 操作；数据交换中的游标与诊断语句；程序流程控制语句；持久存储
模块语句。

下面对其进行介绍。

1）数据类型、常量、变量与表达式

SQL/PSM 的数据类型共有 15 种，可见表 7.1。SQL 中有常量、变量以及算术表达式与逻
辑表达式。

2）核心 SQL 操作

在 SQL/PSM 中可以对核心 SQL 语句作操作，包括下面一些语句。

（1）数据定义类语句

即数据模式定义、表定义、索引定义、视图定义语句等。

（2）数据操纵类语句

包括 SELECT 语句的各种类型数据操纵语句。

（3）数据控制类语句

包括 GRANT、REVOKE 等授权类语句以及关于事务类语句和完整性规则、默认值定义语
句等。

3）数据交换操作

SQL/PSM 中的数据交换操作主要是游标操作与诊断操作，他们一共有五个语句：

① 定义游标语句：DECLARE；

② 打开游标语句：OPEN；

③ 推进游标语句：FETCH；

④ 关闭游标语句：CLOSE；

⑤ 获取诊断语句：GET DIAGNOSTICS。

4）程序流控制语句

包括九条语句：

① COMPOUND 语句，组合语句，用于将语句组合于一起；

② IF 语句，条件语句，用于两种状况的选择执行；

③ CASE 语句，状况语句，用于多种状况的选择执行；

④ LOOP 语句，循环语句，用于语句序列的反复执行；

⑤ FOR 语句，另一种循环语句；

⑥ LEAVE 语句，离开语句，离开循环体，继续执行；

⑦ ASSIGNMENT 语句，赋值语句；

⑧ CALL 语句，调用语句，调用一个过程；

⑨ RETURN 语句，返回语句，与 CALL 配合使用，返回至调用处并返回一个值。

在应用程序中，游标与诊断的配合使用可以有效建立程序与数据库间的数据接口。下面是它的一个应用实例。

例 8.1 关于应用与游标、诊断的实例。

```
declare abc cursor for select sn from S          /*定义游标*/
open abc                                          /*打开游标*/
fetch first from abc into y                       /*游标的使用*/
for(x=0, x<n, x=x+1)
{ get diagnostics(state)
  if state=0
  …处理 sn …
  fetch next from abc into y
  else
  leave}
close abc                                         /*关闭游标*/
```

5）持久存储模块语句

持久存储模块语句共有三条：

① CREAATE MODULE 语句：创立模块语句，用此语句以创建持久性新模块。

② DROP MODULE 语句：撤销模块语句，用此语句撤销一个已建持久性模块。

③ ALTER MODULE 语句：更改模块语句，用此语句以变更一个已建持久性模块。

有关持久存储模块的创建与使用的情况如下：

（1）模块的创建

应用 CREATE MODULE 语句创建模块，该模块是用 SQL/PSM 编写的一个应用程序，它一般是一个过程，有时也可以是函数或子程序。模块创建后可持久地存储于数据库内供用户使用。

（2）模块的使用

当用户（包含程序）需使用模块时可用 CALL 语句调用。

（3）模块的删、改

可用 DROP MODULE 语句以删除模块，用 ALTER MODULE 语句以更改模块。

有了 SQL/PSM 后，用户就可用它编写过程、函数及子程序等，还可以编写服务器后台应用程序。目前应用最多的是存储过程及触发器。

3. T-SQL 及 PL-SQL 简介

在 SQL/PSM 基础上发展起来的自含式语言是企业级 SQL，如 Oracle 的 PL-SQL 以及 SQL Server 中的 T-SQL。这些自含式语言进一步发展了 SQL/PSM。从编程角度看，它们已经是一个完整的程序设计语言了，也就是说，它们除了有 SQL/PSM 的五个功能外，还有如下功能：

① 存储过程及函数的定义与使用；
② 系统存储过程及系统函数；
③ 输入/输出功能；
④ 字符处理功能；
⑤ 图形处理功能。

有了扩充功能后，它们就能编写程序模块了，其中有一种能持久存储于数据库中的过程（称存储过程）的编写是自含式语言编程的主要功能。此外还能编写触发器程序及服务器批处理程序。所谓批处理，是 T-SQL 多条语句所组成的整体，它按组编译与执行。批处理程序一般由客户端传递至服务器，并在服务器编译与执行，因此也可称为后台批处理。

将在第 4 篇详细介绍自含式语言中的 T-SQL。

8.2.3　调用层接口方式及 SQL/CLI 接口

1. 调用层接口方式概述

调用层接口方式主要是在网络的 C/S 结构中连接应用结点与数据结点的接口，它是一种接口工具。将客户端的应用程序与服务器端的数据库捆绑于一起组成一个新的完整的编程方式。

目前有关调用层接口的标准及产品有三种，它们是：

(1) SQL'99 中的 SQL/CLI——这是调用层接口的国际标准。

(2) ODBC——这是微软的标准，并有相应产品，它适用于 SQL Server 及其他多种微软产品，如 Access、Visual FoxPro 等，从标准角度看 ODBC 与 SQL/CLI 相近。

此后，微软又在 ODBC 基础上开发了 ADO 及 ADO.NET 等产品，它们在使用上更为简单方便。

(3)JDBC——这是 UNIX 下基于 Java 的标准并有相应产品，它适用于 Oracle 等系统，JDBC 从标准角度看也与 SQL/CLI 相近。

2. SQL/CLI 介绍

1) SQL/CLI 工作原理

在 C/S 结构网络环境中，客户端的应用程序与服务器端的数据库可通过 SQL/CLI 捆绑于一起组成一个新的完整的开发方式。SQL/CLI 是一个标准化规范，它有如下一些接口管理功能：

① 连接管理：建立客户端应用程序与服务器端数据库间的接口。
② 游标管理：建立标量与集合量间的接口。
③ 诊断管理：与游标相匹配以完成数据的获取。

此外，它还有一组用于数据收发的操作。

SQL/CLI 是一组过程，它共有 47 个，其中连接管理 14 个，游标管理 5 个，诊断管理 10 个，用于数据收发的操作 18 个。下面对它们作简单介绍。

（1）连接管理

连接管理是 SQL/CLI 中最重要的一种管理，它建立了网络中客户端与服务器端的通路。这种通路包括连接与断开两个部分。从表面上看似乎很简单，但仔细探究可以发现有很多内容，它们分别是：

① 环境：为建立连接必须设置一定的内存工作区供接口操作之用，称为环境。

② 连接：为建立连接，必须在网络中客户端与服务器端间构建逻辑及物理连接通路。

③ 资源（数据源）：指的是数据库资源。在连接后须指定数据库以便与应用程序相连接。

④ 语句：指的是 SQL 语句，它在操作执行时同样需要内存区域作为缓冲区及工作区。

另外，在连接时这四个部分也是有先后顺序的，即首先建立环境，接着建立连接，此后建立与数据源的连接，最后是 SQL 语句操作环境的建立。

这四部分的连接可以用下面四个语句表示：

① AllocEnv，分配环境；

② AllocConnect，分配连接；

③ AllocHandle，分配资源；

④ AllocStmt，分配语句。

同样，断开连接也有四个部分，它们按与连接相反的顺序进行，分别是：

① FreeStmt，释放语句；

② FreeHandle，释放资源；

③ FreeConnect，释放连接；

④ FreeEnv，释放环境。

连接管理一般有 14 条语句，其中主要是以上 8 条。

（2）游标管理

SQL/CLI 中的游标管理功能与 SQL/PSM 中的一样，它建立了数据库中集合量与应用程序标量间的接口。共有五条语句，主要有两条，它们是：

① Fetch：推进游标并读取数据。

② CloseCursor：关闭游标。

（3）诊断管理

SQL/CLI 中的诊断管理功能与 SQL/PSM 中的也一样，它建立了主、客体间反馈信息的接口。一共有十条语句，主要有一条，即：

GetDiagField：从诊断区得到信息。

（4）数据的发送与接收

在完成连接后，网络的两端即可进行数据收发，其中从客户端到服务器端是发送 SQL 语句（以查询语句为主），反之，从服务器端到客户端则是接收数据。下面分别介绍。

① 发送：SQL/CLI 中的发送语句共有五条，常用的是一条，称直接执行语句：

ExecDirect(Stmt, SQL 语句)

该语句自客户端将"SQL 语句"发送至服务器端，服务器端指定的数据库执行此语句并将执行结果数据放入至变量（是一个集合量）Stmt 中。

② 接收：SQL/CLI 的直接执行语句中即包含接收的内容，即参数 Stmt 接收来自数据库的结果数据集。接下来就可以使用游标语句将 Stmt 中的集合量数据逐个分发为标量数据供应用程

序使用，Stmt 就是所定义的游标变量。因此在 SQL/CLI 中是没有 DECLARE CURSOR 语句的。同样，也没有 OPEN CURSOR 语句，因为直接执行语句执行后即表示一个相应游标的打开。但是，关闭游标还是需要的。因此在 SQL/CLI 中有关游标使用仅有两条语句，它们是：Fetch 与 CloseCursor。

此外，在应用程序在处理接收的标量数据时还需使用事务，在 SQL/CLI 中常用事务语句为两条，即结束事务语句（亦即事务提交语句）及事务回滚语句：

- EndTran；
- Rollback。

在事务中 SET TRASACTION 是可以省略的，因为一个事务的结束即表示另一个事务的开始。

2）SQL/CLI 工作流程

SQL/CLI 主要用于建立客户机与服务器间数据交互，其工作流程可分为三个步骤。

首先是建立应用程序与数据库的连接以确立接口关系；其次是数据交换，即应用向数据库发送 SQL 语句，数据库接到语句后进行处理并将结果返回；最后断开与数据库的连接。这三个步骤都通过应用程序调用 SQL/CLI 中的过程而实现。

在第一个步骤中需用连接管理以建立应用程序与数据库的连接；在第二个步骤中即作数据交换，此时需作数据收/发还须建立主语言变量与 SQL 集合量间的接口及反馈信息的接口，此时需使用游标管理与诊断管理；第三个步骤中须使用连接管理，以断开两个结点间的连接。

下面对这三个步骤进行介绍。

（1）步骤 1：建立应用程序与数据库的连接

建立应用程序与数据库的连接包括顺序的四条连接语句：

```
AllocEnv
AllocConnect
AllocHandle
AllocStmt
```

（2）步骤 2：应用程序与数据库作数据交换

在建立应用程序与数据库连接后，即进入应用程序与数据库数据交换阶段。它包括：向数据库发送 SQL 语句，数据库执行 SQL 语句并返回结果，应用程序获取查询结果等内容。

它包括发送数据、游标中的推进语句、关闭语句及诊断区获得信息语句等，用这些语句完成数据收发。这些语句分别是：

```
ExecDirect
Fetch
CloseCursor
GetDiagField
```

（在应用程序中还需使用 EndTran 及 Rollback）

（3）步骤 3：断开应用程序与数据库的连接

与建立连接类似，断开应用程序与数据库的连接包括顺序的四条断开语句：

```
FreeStmt
FreeConnect
FreeHandle
FreeEnv
```

（4）SQL/CLI 工作流程全貌

基于上面的三个步骤，SQL/CLI 的整个工作流程是一个相当规范的流程，它由连接、处理与断开连接三部分组成，它是一个典型的数据查询处理的例子。

```
AllocEnv                                               /*连接*/
AllocConnect
AllocHandle
AllocStmt
ExecDirect(Stmt, select sn from S where sd='cs')        /*发送SQL语句*/
Fetch first from stmt into y                            /*接收数据*/
for(x=0, x<n, x=x+1)                                    /*应用程序处理数据*/
  { GetDiagField(state)
    if state=0
      …处理sn…
      fetch next from stmt into y
    else
      leave}
close stmt
FreeStmt                                                /*断开*/
FreeConnect
FreeHandle
FreeEnv
```

3. ADO 简介

ADO 是由微软公司开发的在 ODBC 基础上调用层接口工具。ADO 采用面向对象方法及组件技术，为用户使用调用层接口提供了简单、方便与有效的工具，目前，它已取代 ODBC 及 SQL/CLI 成为最常用的调用层接口工具之一。

此后，微软又在 .NET 基础上开发了 ADO.NET 等产品，它们是 ADO 的进一步发展。目前，ADO 及 ADO.NET 已成为调用层接口主要工具。有关对它们的介绍将在第 4 篇中展开。

8.2.4　Web 方式

Web 方式是互联网 Web 站点中动态网页的编程方式，它的数据交换是网页数据与数据库数据间的数据交互。

我们知道，在 Web 中是以网页为基本数据单位的，而书写网页的基本工具是 HTML，网页一般存储于 Web 服务器中，网页分静态与动态两种。在动态网页中，需要经常访问数据，但数据存储于数据库服务器中，因此就出现了在网络中两个结点间动态网页与数据库间数据交换的需求，这就是 Web 方式交换。具体说来，一般用 ASP 与 ADO 完成 Web 方式的数据交换，它需经过下面几个步骤：

① 动态网页提出数据访问要求；

② 使用嵌入于 HTML 中的脚本语言编程；

③ 程序调用 ADO，实现对网中数据库结点的数据访问；

④ 用程序实现对网页的动态修改。

这个过程可用图 8.1 表示。

HTML — ASP — ADO — DB

图 8.1　Web 方式操作步骤示意图

这种数据交换涉及多个接口，它们有：

（1）用 HTML 书写的动态网页与脚本语言程序（包括 ADO）的接口，即 Web 接口。

（2）网络中两结点间的连接管理接口。

（3）应用程序中标量数据与数据库中集合量数据间接口，即游标管理接口。

（4）诊断管理接口。

Web 接口一般采用 ASP，而（2）、（3）、（4）则联合采用 ADO。也就是说，用 ASP 与 ADO 实现 Web 方式的数据交换。

Web 方式实现的主要内容将在第 4 篇中介绍。

8.3　数　据　服　务

8.3.1　SQL 与数据服务

ISO SQL 的数据服务内容很少，目前仅限于数据字典，且影响力有限，大多系统并不采用。因此目前数据服务内容均按不同数据库厂商及不同产品而有所不同。尽管如此，它们的功能一般大同小异，因此我们介绍目前常用的横向五种服务形式与纵向七种层次，给出数据服务框架，使读者对数据服务有一个全面了解。

8.3.2　数据服务五种形式

从横向功能看，目前常用的数据服务有五种形式，它们是：

1. 操作服务

目前常用的操作服务包括函数、过程、组件及命令行等。

（1）函数：目前常用的函数服务是一种系统函数，它由系统提供供用户使用，此外，也有用户自行定义服务。

（2）过程：目前常用的过程服务是一种系统过程，它包括存储过程及触发器，它由系统提供供用户使用。此外，也有用户自行定义服务

（3）组件：在操作服务中很多工具都可以分解成为组件使用。此外，Windows 与 .NET Framwork 所提供的大量组件也可作为数据服务供用户使用。

（4）命令行：在操作服务中，很多系统存储过程、组件及工具都可以命令行形式出现。它为用户使用提供了又一种方便形式。

2. 工具服务

目前常用的一些工具如下：

（1）系统安装工具；

（2）配置管理工具；

（3）事件探查工具，用于数据库运行中的监视与测试；

（4）数据复制与转换的工具；

（5）数据库优化工具，用于提高数据库运行效率的工具；

（6）数据恢复服务工具；

（7）数据分析服务工具；

（8）数据报表服务工具；

（9）全文搜索工具；

（10）数据加载、分离、附加及整合工具；

（11）数据组织注册、连接、启动与关闭服务。

3. 工具包服务

目前常用如下工具包：

(1) 数据集成管理平台工具包；

(2) 业务智能集成开发平台工具包。

4. 信息服务

目前常用如下信息服务：

(1) 信息服务数据库：提供信息服务数据库，包括数据字典、新建数据库模板及示例数据库等。

(2) 日志：提供多种不同的日志，如事务日志、服务器工作日志等。

(3) 系统帮助：提供系统帮助，如系统参数、联机丛书等。

5. 第三方服务

第三方服务指的是除 DBMS 以外的服务。

8.3.3 数据服务七个层次

从纵向层次看，数据服务层次是在 DBMS 功能的基础上作了进一步扩充而形成的，它可包括如下七层：

1. 系统安装服务

系统安装是最初级的数据服务，它包括相应的安装工具及相关的信息服务。

2. 服务器管理服务

这是系统中 SQL 服务器级的数据服务，包括 SQL 服务器的启动、停止、暂停及重新启动等管理性服务，SQL 服务器的网络环境配置，以及相应的 SQL 服务器参数设置。此外，还包括创建服务器组及服务器连接管理等服务。与之相匹配的是相关的信息服务，包括服务器属性设置与查看、SQL 服务器日志等。

3. 数据库服务

这是系统中数据库级的数据服务。它包括数据库的分离、附加与压缩等，还包括查看数据库的管理信息等。

除此之外，它还包括数据库备份与恢复、数据库数据转换等服务。

与它们有关的信息服务有事务日志、数据字典及示例数据库等。

4. 数据对象服务

这是系统中数据对象级的数据服务。它包括数据对象操作中的工具及相关信息，如表创建、表操纵以及安全性、完整性等工具，报表服务工具，全文搜索工具以及函数、过程操作性服务。

与它们有关的信息服务有事务日志、数据字典及示例数据等。

5. 数据库运行、维护服务

这是系统中数据库运行、维护级的数据服务。常用的服务包括如下内容：

(1) 数据库运行时的事件查看。用于监督、跟踪、发现及处理运行中的事件。

(2) 数据库优化工具。用它可优化数据库，提高数据库运行效率。

与它们有关的信息服务有数据字典等。

6. 用户使用服务

这是系统中用户级的数据服务。它为用户使用数据库提供帮助。其常用的工具如联机丛书。

7. 数据库分析服务

这是系统中数据库扩展的数据服务。它常用的是分析服务工具等。

复习提要

本章介绍 SQL 中四种数据交换接口管理及四种数据交换方式。此外还介绍了数据服务。

1. SQL 四种数据交换接口管理

数据交换中的 SQL 语句共 4 部分：①连接管理语句，常用三条语句；②游标管理语句，常用四条语句；③诊断管理语句，常用一条语句；④Web 管理语句，常用 ASP。

2. SQL 四种数据交换方式

1）人机交互方式

单机、集中式环境；C/S 环境；B/S 环境。

2）自含方式

（1）使用环境

单机集中式——主机内；C/S、B/S——服务器内。

（2）使用范围

存储过程；函数；后台编程。

（3）接口

游标管理；诊断管理。

（4）自含式 SQL

SQL 核心内容；语言中的控制成分；数据交换中的游标、诊断部分；服务性内容

（5）两个标准

SQL/PSM；T-SQL。

3）调用层接口方式

（1）使用环境

C/S 环境；B/S 环境。

（2）接口

连接管理；游标管理；诊断管理。

4）ADO 接口方式

5）Web 方式

（1）使用环境

互联网、Web 应用、B/S 环境。

（2）接口

连接管理；游标管理；诊断管理；Web 管理。

（3）接口原理

HTML—ASP—ADO—DB

3. 数据服务

数据服务横向五种形式内容：①操作服务；②工具服务；③工具包服务；④信息服务；⑤

第三方服务。

数据服务纵向七种层次：①系统安装级服务；②SQL 服务器级服务；③数据库级服务；④数据对象级服务；⑤运行维护级服务；⑥用户使用级服务；⑦数据库分析级服务。

4．本章内容重点

- 自含方式；
- 调用层接口及 ADO。

习题 8

一、问答题

1．常用 SQL 数据交换接口有几个部分？

2．请说明连接管理语句的内容。

3．请说明游标管理语句的内容。

4．请说明诊断管理语句的内容。

5．请说明 Web 管理语句内容。

6．什么叫人机交互方式？它在数据交换中起什么作用？

7．试述自含式 SQL 主要的使用环境及应用范围。

8．试述自含式 SQL 的主要内容。

9．SQL/PSM 包括哪些内容？

10．SQL/PSM 中的程序流控制有哪些语句？

11．请说明 SQL/PSM 的主要应用范围。

12．SQL/PSM 中无连接管理操作，是什么原因？

13．SQL/PSM 中如何编程？请给出一个例子。

14．试介绍 ADO 基本结构与原理。

15．试介绍 ADO 的工作流程。

16．Web 方式有哪几种接口？

17．试介绍 Web 方式的基本工作原理。

18．数据服务有 SQL 标准吗？什么原因？

19．请给出数据服务与 SQL 关系。

20．请给出数据服务的框架。

二、名词解释

1．试解释下面名词：（1）调用层接口方式；（2）SQL/CLI；（3）ADO。

2．试解释下面名词：（1）Web 方式；（2）ASP；（3）脚本语言。

三、思考题

思考并回答下列问题：（1）C/S 与 B/S 间的差异；（2）SQL/CLI 与 ADO 间的差异。

第 **4** 篇

为开发数据库应用系统，需要使用数据库管理系统产品。目前市场上相关的产品很多，它们大致可以分为下面几类：

1．大型产品：用于大型应用开发，典型的产品如 Oracle、DB2 等。

2．中、小型产品：用于中、小型应用开发，典型的产品如 SQL Server 2008 等。

3．桌面式产品：用于微型应用开发，典型的产品如 Access 等。

在其中，SQL Server 2008 具有典型的数据库管理系统的特征，规范的 SQL 操作方式，且规模适中、应用面广，非常适用于教学需要。因此本篇以它为产品代表，对其作重点介绍。在典型性与规范性的同时，SQL Server 2008 也有其一定的个性与差异性，因此本篇既介绍其典型性与规范性的一面，也介绍其个性与差异性的另一面。

本篇共 6 章，从第 9 章至第 14 章。其中：

第 9 章：SQL Server 2008 系统介绍。主要对 SQL Server 2008 作全面与系统性的介绍。

第 10 章：SQL Server 2008 服务器管理。主要对 SQL Server 2008 服务器的管理作介绍。它包括服务器注册与连接，服务器暂停、关闭、恢复与启动以及相关参数设置等内容。

第 11 章：SQL Server 2008 数据库管理。主要对 SQL Server 2008 数据库的管理作介绍。它包括创建数据库、查看数据库、修改数据库、删除数据库、分离与附加数据库及数据库备份与恢复等内容。

第 12 章：SQL Server 2008 数据库对象管理。主要对 SQL Server 2008 数据库对象的管理作介绍。它包括表、视图等数据库对象的管理。

第 13 章：SQL Server 2008 数据交换。主要对 SQL Server 2008 数据交换四种方式作介绍，包括人机交互方式、自含式方式、调用层接口方式及 Web 方式。

第 14 章：SQL Server 2008 用户管理与数据安全性管理。主要对 SQL Server 2008 中的用户管理作介绍。由于用户管理与数据库安全性紧密相联，因此将它们捆绑于一起作介绍。

第9章 SQL Server 2008 系统介绍

Microsoft SQL Server 是一个典型的关系数据库管理系统，它以 SQL 作为操作语言。它同时提供数据仓库、联机事务处理（OLAP）和数据分析的功能。本章主要对 SQL Server 2008 作全面与系统性的介绍，它包括产品的概况、版本、系统结构及系统服务等。

9.1 SQL Server 2008 系统概况

9.1.1 SQL Server 2008 发展介绍

SQL Server 起源于 Sybase SQL Server，于 1988 年推出第一个版本，Microsoft 公司于 1992 年将 SQL Server 移植到了 Windows NT 平台上。在 Microsoft SQL Server 7.0 版本中对数据存储和数据库引擎方面作了根本性的改造，确立了 SQL Server 在数据库管理系统中的主导地位。

Microsoft 公司于 2000 年发布了 SQL Server 2000，这个版本在 SQL Server 7.0 的基础上对数据库性能、数据可靠性、易用性等做了重大改进。在 2005 年，Microsoft 公司发布了 SQL Server 2005，该版本可以为各类用户提供完整的数据库解决方案，增强用户对外界变化的敏捷反应能力，提高用户的市场竞争力。

SQL Server 2008 是在 SQL Server 2005 基础上具备全新功能的一种版本，SQL Server 2008 是一个全面、集成的、端到端的数据库管理系统，为用户提供一个更安全可靠、更高效的平台。此后的 SQL Server 2012 由于其特色不明显，在 2014 年迅速被 SQL Server 2014 所替代，但 SQL Server 2014 推出时间较短，还尚未被大众接受，且装机量少。因此本书中选用 SQL Server 2008 作介绍。

9.1.2 SQL Server 2008 版本与平台

1. SQL Server 2008 版本

根据数据库应用环境的不同，SQL Server 2008 分别发行了企业版、标准版、开发版、工作组版、Web 版、移动版及精简版等多种版本。不同版本的 SQL Server 能够满足单位和个人不同的需要。目前使用以企业版为主。

2. SQL Server 2008 运行平台

（1）平台结构

SQL Server 2008 可以在 B/S 、C/S 及单机结构上运行，如图 9.1 和图 9.2 所示。

（2）硬件环境

CPU：建议处理器的频率最低为 1.0 GHz，建议 2 GHz。

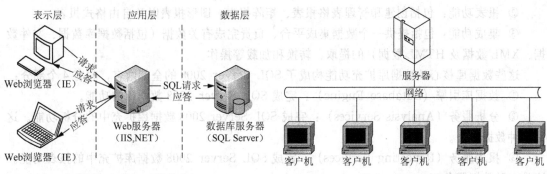

图 9.1　B/S 系统结构　　　　　　　　　图 9.2　C/S 系统结构

内存：要求内存最小为 512 MB，建议 2 GB 以上。企业版以上对硬件的要求相对较高，尤其是内存，最好在 2 GB 以上。

硬盘：SQL Server 2008 安装自身需要占用 1 GB 以上的硬盘空间，因此为确保系统运行具有较高的运行效率，建议配备足够的硬盘空间。

SQL Server 2008 作为服务器系统软件，在实际使用过程中还需考虑业务的负荷。若在并发访问用户较多的场合，适当提高服务器的硬件配置是提高系统性能的基础。

（3）软件环境

SQL Server 2008（32 位系列）要求运行在微软的 Windows 系列操作系统。其中，企业版要求操作系统为服务器环境的操作系统，如 Windows Server 2003、Windows Server 2008 等；标准版除了可以安装于服务器版的操作系统外，还可安装在 Windows 7、Windows XP、Windows Vista Ultimate/Enterprise/Business 等版本上；工作组版、开发版和精简版适用安装在 Windows XP、Windows Vista、Windows Server 2003/2008 等各种版本。若为 64 位的 SQL Server 2008，则要求更高些。

9.1.3　SQL Server 2008 功能及实现

1. SQL Server 2008 功能

SQL Server 2008 的功能表示如下：

（1）数据库核心功能

SQL Server 2008 是一个关系数据库管理系统，它提供关系数据库管理系统的所有功能及 SQL 操作的功能。它包括的内容如下：

① 数据定义：包括数据库定义、数据表定义、视图定义、索引定义等。

② 数据操纵：包括数据查询、数据增、删、改等。

③ 数据控制：包括安全性控制、完整性控制、事务处理及故障恢复等。

④ 数据交换：包括人机交互方式、自含方式、调用层接口方式及 Web 方式等。

⑤ 数据服务：包括与数据库核心功能有直接关系的操作性服务、信息服务以及工具性服务等。

数据操作工具 SQL 语言具有 SQL'92 的全部功能、SQL'99 的大部分功能及 SQL'03 的有关 Web 功能。

（2）数据库扩充功能

① 分析功能：包括提供数据仓库（Data Warehouse）、联机分析处理（Online Analytical Processing，OLAP）和数据挖掘（Data Mining）功能。

② 报表功能：包括创建和管理表格报表、矩阵报表、图形报表以及自由格式报表

③ 集成功能：包括提供一个数据集成平台，负责完成有关数据（包括数据库数据、文件数据、XML 数据及 HTML 数据）的提取、转换和加载等操作。

这些数据库核心及数据库扩充功能构成了 SQL Server 2008 的全部内容，它有 4 个部分：

① 数据库引擎（Database Engine）：完成 SQL Server 2008 数据库的功能。

② 分析服务（Analysis Services）：完成 SQL Server 2008 数据库扩充中的分析功能。这是一种数据服务。

③ 报表服务（Reporting Services）：完成 SQL Server 2008 数据库扩充中的报表功能。这是一种数据服务。

④ 集成服务（Integration Service）：完成 SQL Server 2008 数据库及其扩充中的集成功能。这是一种数据服务。

此外，SQL Server 2008 还有三种特色功能，它们是：

⑤ 全文搜索功能（Full-text Filter Daemon Launcher）；

⑥ 数据浏览器服务功能（SQL Server Browser）；

⑦ SQL Server 代理功能（SQL Server Agent）。

以上一共七种功能在 SQL Server 2008 中它们统称为"服务"，并有 7 个专门名词表示。

2．SQL Server 2008 的 7 个服务

在 SQL Server 2008 中的所有功能都以服务形式出现，亦即是说都称为"服务"，也可称为 SQL Server 服务。它一共有 7 个。图 9.3 展示了这些服务。

图 9.3　SQL Server 2008 提供的服务

（1）数据集成服务工具 SSIS（SQL Server Integration Services）

SQL Server Integration Services 是用于生成企业级数据集成和数据转换解决方案的平台。使用 Integration Services 可解决复杂的业务问题，具体表现为：复制或下载文件，发送电子邮件以响应事件，更新数据仓库，清除和挖掘数据，以及管理 SQL Server 对象和数据。这些包可以独立使用，也可以与其他包一起使用，以满足复杂的业务需求。Integration Services 还可以提取和转换来自多种数据源（如 XML 数据文件和关系数据源）的数据，然后将这些数据加载到一个或多个目标中。

Integration Services 包含一组丰富的内置任务和转换、用于构造包的工具以及用于运行和管理包的 Integration Services 服务。可以使用 Integration Services 图形工具来创建解决方案，

而无须编写代码；也可以对各种 Integration Services 对象模型进行编程，通过编程方式创建包，并编写自定义任务以及其他包对象的代码。

（2）全文搜索服务代理工具（SQL Full-text Filter Daemon Launcher）

该工具用于快速创建结构化和半结构化数据内容和属性的全文索引，以便对数据进行快速搜索。

（3）SQL Server

SQL Server 指的是 SQL Server 2008 的核心功能称数据库引擎（Database engine），每安装一个系统称为数据库引擎一个实例。

（4）数据分析服务工具 SSAS（SQL Server Analysis Services）

SQL Server Analysis Services 为商业智能应用程序提供联机分析处理（OLAP）和数据挖掘功能。使用多维数据，在内置计算支持的单个统一逻辑模型中，设计、创建和管理包含来自多个数据源数据的多维结构。Analysis Services 可使用数据仓库、数据集市支持历史数据分析和实时数据分析；Analysis Services 可以用于设计、创建和可视化处理那些通过使用各种行业标准数据挖掘算法，并根据其数据源构造出数据挖掘模型。

（5）数据报表服务工具 SSRS（SQL Server Reporting Services）

SQL Server Reporting Services 提供了各种可用的报表，并提供了扩展和自定义报表的编程功能。

（6）数据浏览器服务工具 SQL Server Browser

SQL Server Browser 以 Windows 服务的形式出现。SQL Server 浏览器侦听 SQL Server 资源的传入请求，并提供计算机上安装的 SQL Server 实例的相关信息。SQL Server 浏览器可用于执行下列操作：浏览可用服务器列表；连接到正确的服务器实例；连接到专用管理员连接端点。

SQL Server Browser 服务为数据库引擎和 SSAS 的每个实例提供实例名称和版本号。SQL Server Browser 随 SQL Server 一起安装，也可以在安装过程中进行配置，还可以使用 SQL Server 配置管理器进行配置。默认情况下，SQL Server Browser 服务会自动启动。

（7）SQL Server 代理：SQL Server Agent

在 SQL Server 中引入了作业与任务的功能。SQL Server 代理是一种能自动执行某种任务的服务，它能自动执行作业，在执行作业的同时监视 SQL Server 的工作情况，当出现异常时触发报警，并将警报传递给操作员。

9.1.4　SQL Server 2008 特点

SQL Server 2008 具有典型的关系数据库全部功能以及 ISO SQL 操作的功能。同时，它也有很多自身的特色，主要为如下几点：

1. 集成性

SQL Server 2008 具有高度的集成性，主要表现为：

（1）将传统数据库联机事务处理功能与现代数据库（即数据仓库等扩充数据库）联机分析处理功能集成于一起。

（2）以 SQL Server 2008 为核心将多种数据库集成于一起。它包括 Oracle、DB2、Access 等。

（3）以数据库数据为核心将多种数据集成于一起。它包括文本数据、Excel 数据、Word 数据、HTML 数据、XML 数据、图像数据及图形数据等。

（4）以 SQL Server 2008 为核心将多种语言集成于一起。它包括 VB、VC（VC++）、C#、VBScript、HTML 及 XML 等。

（5）以 SQL Server 2008 为核心将多种工具集成于一起。它包括 Excel、ODBC、ADO 等。

（6）以 SQL Server 2008 为核心将多种支撑软件、平台软件集成于一起。它包括 .NET、Web Service、SOA、云计算及大数据软件等。

（7）以 SQL Server 2008 为核心将 Windows 中多种函数、组件集成于一起。它包括可视化界面、对话框、窗体、事件、菜单及多种控件等。

总之，以 SQL Server 2008 为核心可以将微软及 Windows 中的大多数软件资源及其他软件资源集成于一起。它们组成了一个系统的大集成。

2. 数据服务

传统数据库中的数据服务功能缺乏，影响了用户使用的方便性。SQL Server 2008 具有强大的数据服务功能，这大大增强了数据库的使用方便性与效率，是其他 DBMS 所不能比拟的。

SQL Server 2008 的这一特色也是秉承了微软公司与 Windows 操作系统的一贯风格的结果。在数据服务中，SQL Server 2008 特别关注可视化操作与集成的操作平台。

3. 安全性

数据库是信息系统的核心内容，在信息高度共享的现代，随之出现的是信息的滥用与破坏。为保护信息，须设置多种措施，称信息安全。而其中数据库的安全是其重要方面之一。SQL Server 2008 中设置有多层数据防护体系，构成了一个完整的安全系统，它分成多个层次，从操作系统开始一直到数据对象，层层设防，其复杂程度使得本书不得不用整整一章内容来作介绍。这也是 SQL Server 2008 的一大特色。

4. 中、小型应用

SQL Server 2008 是微软公司的主打产品之一，它以 Windows 为操作系统，以微型计算机为平台并集成了微软的多种软件资源，组成了一个完备的体系，它具有规模适中，协调性能好，价格合理等优点，特别适用于中、小型应用。这又是它的一个特色。

9.2 SQL Server 2008 系统安装

SQL Server 2008 一般安装在数据库服务器中。在成功地完成 SQL Server 2008 的安装后，就可以说，服务器上就安装了一个 SQL Server 实例。本节以 SQL Server 2008 Enterprise 版本的安装为例介绍 SQL Server 2008 安装过程。

9.2.1 SQL Server 2008 Enterprise 版本安装软硬件环境

根据 SQL Server 2008 官方提供的资料，针对 SQL Server 2008 Enterprise（32）位版本对软硬件环境的要求进行说明，说明针对 32 位操作系统，如表 9.1 所示。

表 9.1 SQL Server 2008 Enterprise（32 位）的软硬件要求

项　　目	要　求　说　明
CPU	处理器类型：Pentium III兼容处理器或速度更快的处理器 处理器速度： 　最低：1.0 GHz 　建议：2.0 GHz 或更快

项　目	要　求　说　明
内存	最小：512 MB 建议：2 GB 或更大
硬盘	建议 2.2 GB 以上硬盘空间
显示器	分辨率 1024×768 像素以上
操作系统	Windows Server 2003 Service Pack 2 Windows Server 2008 Windows Server 2008 R2 可以安装到 64 位服务器的 Windows on Windows （WOW64）32 位子系统中
需要的框架	.NET Framework 3.5 SP1 SQL Server Native Client SQL Server 安装程序支持文件
需要的软件	Microsoft Windows Installer 4.5 或更高版本 Microsoft Internet Explorer 6 SP1 或更高版本
网络协议	Shared memory（客户端连接本机 SQL Server 实例时使用） Named Pipes TCP/IP VIA

9.2.2　SQL Server 2008 的安装

接着，即可安装和配置 SQL Server 2008。

1．安装 SQL Server 2008

安装前先确认 SQL Server 2008 的软硬件的配置要求，并卸载之前的任何旧版本。如果使用光盘进行安装，则将 SQL Server 安装光盘插入光驱，然后双击根目录下的 setup.exe 文件。也可从微软官方网站 http://www.microsoft.com/zh-cn/search/result.axpx?q=sql%20server%202008&form=DLC 上下载安装程序，单击其中的可执行安装文件即可。以下是在 Windows XP 平台上安装 SQL Server 2008 R2 的主要步骤。

Step1　执行 Microsoft SQL Server 2008 R2 安装程序，打开"SQL Server 安装中心"窗口，在窗口中选择"安装"选项，如图 9.4 所示。

Step2　在"安装"选项中，单击"全新安装或向现有安装添加功能"项，此时打开"安装程序支持规则"窗口，如图 9.5 所示。在准备过程中，安装程序首先要扫描本机的一些信息，用来确定在安装过程中不会出现异常。如果在扫描中发现了一些问题，则必须在修复这些问题之后才能重新运行安装程序进行安装。

Step3　单击"确定"按钮，打开"产品密匙"窗口，选取要安装的 SQL Server 2008 版本，并输入正确的产品密匙；单击"下一步"按钮，在显示页面中选中"我接受许可条款"复选框后，单击"下一步"按钮继续安装。

Step4　在显示的"安装程序支持文件"窗口中，单击"安装"按钮开始安装，如图 9.6 所示。如果操作系统中没有安装 .NET Framework 3.5 SP1，将会自动安装。

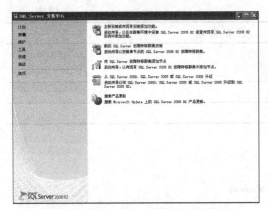

图 9.4　"SQL Server 安装中心"窗口　　　　　　图 9.5　"安装程序支持规则"窗口 1

Step5　重新打开"安装程序支持规则"窗口，如图 9.7 所示。这个步骤跟准备过程中的一样，都是扫描本机，防止在安装过程中出现异常。必备环境全部通过后，在该窗口中单击"下一步"按钮，打开"设置角色"窗口。

图 9.6　"安装程序支持文件"窗口　　　　　　图 9.7　"安装程序支持规则"窗口 2

Step6　在"设置角色"窗口中选择"SQL Server 功能安装"单选按钮，如图 9.8 所示；单击"下一步"按钮打开"功能选择"窗口，根据需要从"功能"区域中选择复选框来选择要安装的组件，这里为全选，左边的目录树多了几个项目："安装规则"后面多了一个"实例配置"，"磁盘空间要求"后面多了"服务器配置""数据库引擎配置""Analysis Services 配置"和"Reporting Services 配置"，如图 9.9 所示。

Step7　单击"下一步"按钮打开"安装规则"窗口，在这里系统再次扫描本机，再次打开"安装程序支持规则"窗口。单击"下一步"按钮打开"实例配置"窗口，如图 9.10 所示。如果没有安装过其他版本的 SQL Server，则选择默认实例，如果安装过，则手工指定实例。本例采用默认实例。如果已经安装了实例，实例会显示在"已安装的实例"列表中。

Step8　单击"下一步"按钮打开"磁盘空间要求"窗口，单击"下一步"按钮打开"服务器配置"窗口，如图 9.11 所示。单击"对所有 SQL Server 服务器使用相同的账户"按钮进行设置，这里选择 Windows 的 Administrator 管理员账户和密码，也可以选择 NT AUTHORITY\SYSTEM，用最高权限来运行服务。

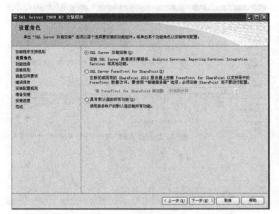

图 9.8 "设置角色"窗口

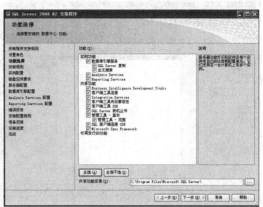

图 9.9 "功能选择"窗口

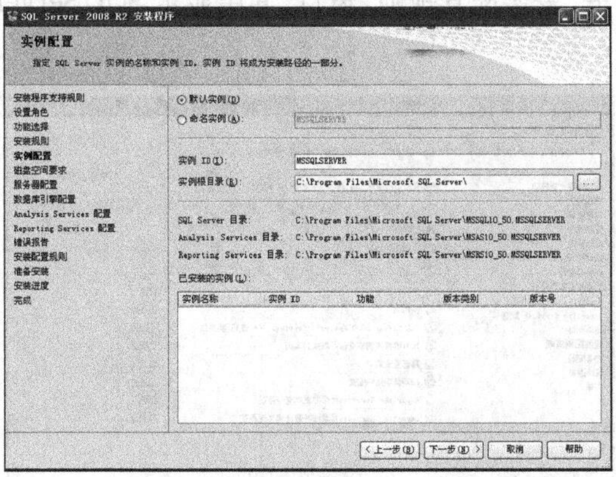

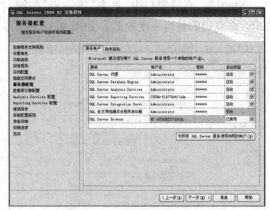

图 9.10 "实例配置"窗口

图 9.11 "服务器配置"窗口

　　SQL Server 2008 可以对不同服务指定不同账户，单击"对所有 SQL Server 服务使用相同账户"按钮，选择 Windows 的 Administrator 管理员账户和密码。建议在安装 SQL Server 之前把 Windows 的管理员密码设置好，安装完 SQL Server 之后不要修改管理员密码，否则可能导致 SQL Server 服务器无法启动。

　　Step9　单击"下一步"按钮打开"数据库引擎配置"窗口，在"账户设置"选项卡中指定身份验证模式、内置的 SQL Server 系统管理员账户和 SQL Server 管理员。如图 9.12 所示，这里选择混合模式，然后设置 sa 的密码，并单击"添加当前用户"按钮将当前用户指定为 SQL Server 系统管理员。

　　Step10　单击"下一步"按钮打开"Analysis Services 配置"窗口，单击并点"添加当前用户"按钮给当前用户赋予 Analysis Services 系统管理权限，如图 9.13 所示。

　　Step11　单击"下一步"按钮，打开"Reporting Services 配置"窗口，选择"安装本机模式默认配置"单选按钮，如图 9.14 所示。单击"下一步"按钮，打开"错误和使用情况报告"窗口。

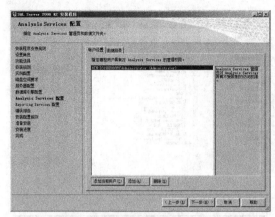

图 9.12　"数据库引擎配置"窗口　　　　　　　图 9.13　"Analysis Services 配置"窗口

Step12　在该窗口中,单击"下一步"按钮,打开"安装配置规则"窗口,其中显示 SQL Server 2008 对规则的最后一次检验,如图 9.15 所示。

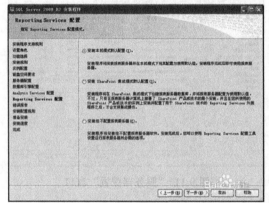

图 9.14　"Reporting Services 配置"窗口　　　　　图 9.15　"安装配置规则"窗口

Step13　单击"下一步"按钮,打开"准备安装"窗口,其中显示了整个 SQL Server 2008 安装进程对信息的收集与配置,如图 9.16 所示。如果用户确认信息无误,可以单击"下一步"按钮,开始在用户计算机上部署一个 SQL Server 2008 实例,即将 SQL Server 2008 的相关组件写入硬盘中。

Step14　单击"下一步"按钮进入"安装进度"窗口,SQL Server 2008 安装程序将开始部署 SQL Server 2008 实例,如图 9.17 所示。这个过程是自动的,不需要用户进行任何操作。安装结束后,该窗口会显示安装信息。单击"下一步"按钮,打开"完成"窗口。

2. 卸载 SQL Server 2008 R2

卸载前先停止所有 SQL Server 服务,然后卸载 SQL Server 组件。卸载通过"添加或删除程序"完成,步骤如下:

选择"开始"→"设置"→"控制面板"→"添加或删除程序"选项,在弹出的窗口中选择要卸载的 SQL Server 组件,然后单击"更改/删除"按钮,在弹出的对话框中按照提示信息要求逐步完成。接着,打开注册表,删除注册 HKEY_CURRENT_USER 及 HKEY_LOCAL_MACHINE 等目录的相关内容。当 SQL Server 组件删除不彻底的时候,需要借助一些小工具(如 srvinstw.exe 和 Total Uninstall 6)来完成 SQL Server 的彻底卸载。

图 9.16　"准备安装"窗口

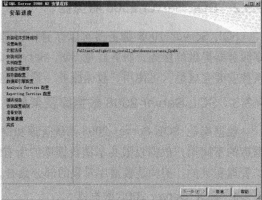
图 9.17　"安装进度"窗口

9.3　SQL Server 2008 系统结构

　　SQL Server 2008 是一个由六个层次所组成的系统结构，如图 9.18 所示。本节主要介绍这六个层次，它们是系统平台、服务器、数据库及架构、数据库对象、用户接口及用户，其中主要介绍后面五部分内容。

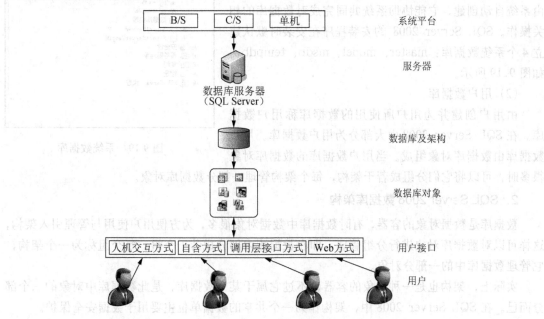

图 9.18　SQL Server 2008 系统层次结构

9.3.1　SQL Server 2008 平台

　　SQL Server 2008 是运行于网络环境下的数据库管理系统，它支持网络中不同计算机上的多个用户同时访问和管理数据库资源。其结构方式有 B/S、C/S 及单机三种，目前常用的同时具有三种方式并以 B/S 为主。

9.3.2 SQL Server 2008 服务器

SQL Server 2008 服务器可以存储和管理多个数据库，基于服务器的多个数据库用户可共享服务器提供的服务。服务器是 SQL Server 2008 数据库管理系统的基地。SQL Server 2008 系统安装完成后，可使用"数据服务"管理服务器。

9.3.3 SQL Server 2008 数据库及架构

数据库是 SQL Server 2008 系统管理和维护的核心，它存储应用所需的全部数据。同一数据库的不同用户依据权限共享该数据库的所有对象资源。用户通过对数据库的操作可以实现对其管理和维护。架构是数据库对象的部分集合，是对象的容器，它一般用于数据库安全保护。

1. SQL Server 2008 数据库

在 SQL Server 2008 中，数据库是存放数据及其相关对象的容器，它还能对相关对象进行管理。在设计应用程序时，必须先设计数据库。SQL Server 2008 能够支持多个数据库，每个数据库可以存储多种不同数据与程序。SQL Server 2008 中的数据库分为两种：系统数据库和用户数据库。

（1）系统数据库

系统数据库由系统创建和维护，它是提供系统所需数据的数据库。系统数据库在安装 SQL Server 2008 时由系统自动创建，它能协助系统共同完成对数据库的相关操作。SQL Server 2008 的安装程序在安装时默认建立 4 个系统数据库：master、model、msdb、tempdb，如图 9.19 所示。

（2）用户数据库

由用户创建并为用户所使用的数据库称用户数据库。在 SQL Server 2008 中大部分为用户数据库。用户数据库由数据库对象组成。当用户数据库的数据库对象很多时，可以将它们分组成若干架构，每个架构管理一部分数据库对象。

图 9.19　系统数据库

2. SQL Server 2008 数据库架构

数据库是数据对象的容器，有时数据库中数据对象很多，为方便用户使用与管理引入架构，这样可以对数据库对象进行分组管理，即在数据库内部分成若干个组，每个组称为一个架构，它管理数据库中的一部分对象。

实际上，架构也是一种对象的容器，不过它属于某个数据库，是此数据库中对象的一个部分而已。在 SQL Server 2008 中，架构作为一个共享的数据单位主要用于数据安全保护。

在默认情况下，系统的架构名是 dbo。如果是访问默认架构中的对象则可以忽略架构名，否则需要定义架构，它包括创建架构名、定义架构中的对象以及相应的架构应用安全策略等。例如：有 S-T 的架构，并将 Course（课程表）和相关存储过程放入该架构中。使用时可由两个部分名称所组成的对象名进行访问，这两个部分即架构名与数据库对象名的组合。如架构 S-T 中的课程表 Course 可表示为 S-T.Course，该表名是架构中唯一的标识符。

架构是 SQL Server 2008 中所特有的，在其他 BMS 中没有这个概念。

9.3.4　SQL Server 2008 数据库对象

在 SQL Server 2008 中，数据库对象是数据库的重要组成部分。那些具体存储数据或对数据进行操作的实体都被称为数据库对象。表 9.2 所示的是常用数据库对象一览表。如表、视图、索引、存储过程及触发器等。

表 9.2　SQL Server 2008 数据库常用对象一览表

对 象 名	说 明
表	表是数据库中最基本与常用的对象
索引	数据库中的索引可以使用户快速找到表中特定数据
视图	视图是从一个或多个表中导出的表（也称虚拟表）
默认值	默认值是指在表中创建列或插入列时，对没有指定具体值的列赋予事先设定好的值
规则	规则是数据库中数据约束的表示形式
存储过程	是一种存储在数据库中的 T-SQL 程序
触发器	触发器是一种特殊的 SQL 程序，用于主动完成某些完整性约束的处理
主键	表中一个或多个列的组合，可以唯一确定表中记录
外键	表中一个或多个列的组合，用于建立表间关联

9.3.5　SQL Server 2008 数据库接口

在 SQL Server 2008 中用户通过数据交换对数据库进行访问。它共有人机交互方式、自含方式、调用层接口方式及 Web 方式等四种方式。

SQL Server 2008 数据接口的特色是丰富与多样的人机交互界面。

9.3.6　SQL Server 2008 安全性与用户

用户是数据库的访问者。在 SQL Server 2008 中用户必须有标识，同时还须有访问权限，所有这些都须预先设置与访问检验，称用户管理。用户管理与数据安全有关，因此在用户的讨论中一般都与数据安全联合在一起，此时用户也称安全主体。

9.4　SQL Server 2008 的数据服务

9.4.1　SQL Server 2008 数据服务概念的再描述

数据服务是数据库中的一大重要内容，但数据服务的非规范性与灵活性使得在不同 DBMS 中有不同理解与不同内容。因此在前三篇中所介绍的数据服务一般性内容与 SQL Server 2008 中的"服务"内容有所不同，其区别主要是：

（1）前三篇中介绍的数据服务不包括 SQL 标准中的管理性功能，而 SQL Server 2008 中的服务概念包含了 SQL Server 2008 的所有功能。为区别起见，将前者称为"数据服务"，而将后者称为"服务"。

（2）实际上，"数据服务"的功能在 SQL Server 2008 中都有，只是并不称作数据服务而已。

在本章中既讨论 SQL Server 2008 中的"数据服务"，也讨论 SQL Server 2008 中的"服务"，因为"数据服务"是"服务"的一部分，因此本章以讨论 SQL Server 2008 中的"数据服务"为主。

9.4.2 存在于 SQL Server 2008 中的数据服务

存在于 SQL Server 2008 中的数据服务是一组在系统后台运行的应用程序。数据服务提供 SQL Server 2008 中的管理性服务。这种数据服务一共有五种形式，它们是：

1. 操作服务

SQL Server 2008 提供多种形式的操作服务。它包括函数、过程、组件及命令行等。

1）内置函数

SQL Server 2008 提供大量的内置函数，它是一种系统函数，由系统提供给用户使用。内置函数在 SQL Server 2008 中可认为是数据库的一部分。

2）系统过程

SQL Server 2008 提供大量的系统过程，它主要是系统存储过程及触发器等。

（1）系统存储过程

SQL Server 2008 中有近 300 个系统存储过程供用户使用，包括数据库管理、数据对象管理等多种功能。

系统存储过程在 SQL Server 2008 中也可认为是数据库的一部分。

（2）触发器

触发器是一种特殊的存储过程。SQL Server 2008 中也有部分系统触发器，一般由 SQL 完整性语句调用。

系统触发器在 SQL Server 2008 中也可认为是数据库的一部分。

3）组件

在 SQL Server 2008 中很多工具都可以分解成为组件使用，此外，Windows 与.NET Framework 所提供的大量组件也可供用户使用。

4）命令行

在 SQL Server 2008 中很多系统存储过程、组件以及工具都可以命令行形式出现。它为用户提供了又一种方便形式。

2. 工具服务

SQL Server 2008 提供如下一些常用工具：

（1）系统安装工具：即 SQL Server 2008 的安装程序，用于将 SQL Server 2008 系统安装于 SQL 服务器上。

（2）SQL Server 配置管理器（SQL Server Configuration Manager）：为 SQL Server 配置服务器协议、客户端协议、客户端别名和为配置服务器提供各种基本配置管理。

（3）SQL Server 事件探查器（SQL Server Profiler）：用于数据库运行中的事件查看与监视。

（4）数据库引擎优化顾问（Database Engine Turning Adviser）：用于提高数据库运行效率。

（5）DTS（Data Transformation Services）：数据转换服务工具。

（6）Detach DB：数据库分离工具。

（7）Attach DB：数据库附加工具。

（8）Data Restore：数据恢复工具。

（9）Data Backup：数据备份工具。

（10）SSAS（SQL Server Analysis Services）：数据分析服务工具。

（11）SSRS（SQL Server Reporting Services）：数据报表服务工具。

（12）SQL Full-text Filter Daemon Launcher：全文搜索服务代理工具。

（13）SQL Server Browser：数据浏览器服务工具，为 SQL 浏览器提供服务。

（14）SQL Server Agent：SQL Server 代理服务工具。

（15）SSIS（SQL Server Integration Services）：数据集成服务工具。

在这 15 个工具中，（1）是为整个系统服务的；（2）～（9）为核心功能服务的；（10）～（12）是为三个扩充功能服务的；（13）～（15）即为特色功能服务的。

3. 工具包服务

SQL Server 2008 提供如下的工具包（在这里称为平台工具）：

（1）SSMS（SQL Server Management Studio）：SQL Server 管理平台。

（2）BIDS（Business Intelligence Development Studio）：SQL Server 业务智能开发平台。

这两个平台工具都是为整个系统服务的。

4. 信息服务

SQL Server 2008 提供如下信息服务：

（1）信息服务数据库

SQL Server 2008 提供下面的信息服务数据库：

① Master 数据库：Master 数据库记录 SQL Server 系统的所有系统级信息，包括实例范围的元数据（例如登录账户）、端点、链接服务器和系统配置设置。此外，Master 数据库还记录所有其他数据库的存在、数据库文件的位置以及 SQL Server 的初始化信息。它是一种数据字典。

② Model 数据库：存储新建数据库模板。

③ Tempdb 数据库：存储临时数据的数据库。

④ Msdb 数据库：用作调度的数据库。

⑤ Resource 数据库：存储所有系统对象的数据库，它也是一种数据字典。

⑥ Adventure Works 数据库：一种示例数据库。

⑦ Northwind 数据库：又一种示例数据库。

⑧ Pubs 数据库：也是一种示例数据库。

（2）日志

SQL Server 2008 提供两种不同的日志，它们是：

① 事务日志：记录事务的日志。

② SQL Server 日志：记录 SQL 服务器工作的日志。

（3）系统帮助

SQL Server 2008 提供系统帮助——SQL 联机丛书，为用户使用 SQL Server 2008 提供帮助。

5. 第三方服务

第三方服务指的是除 SQL Server 2008 以外的服务。它包括微软其他产品所提供的服务。如 Windows 所提供的系统函数、Office 及 .NET Framework 所提供的组件、函数等，如 OLE DB、

ODBC、ADO 及 ADO.NET、ASP、ASP.NET 等。此外，还包括微软公司以外的第三方公司所开发的服务产品，如数据分析、数据挖掘产品、数据库运行监督产品等。

在上面这些服务中最重要的是下面两个：

(1) SQL Server Configuration Manager：SQL Server 配置管理。

(2) SQL Server 管理平台（SQL Server Management Studio, SSMS）：这是数据库及数据对象可视化操作的统一平台。

9.4.3　SQL Server 2008 的数据服务七层功能类型

SQL Server 2008 的数据服务功能可包括如下七层类型：

1. 系统安装服务

系统安装是最初级的数据服务，它包括相应的安装工具以及相关的信息服务（它们由三个示例数据库及五个系统数据库等组成）。

2. 服务器管理服务

这是系统中 SQL 服务器级的数据服务，它包括 SQL Server 的启动、停止、暂停及重新启动等管理性服务。此外，还包括创建服务器组、服务器连接管理及服务器网络配置等服务。它涉及的工具有：SQL Server 2008 配置管理器、SSMS（SQL Server Management Studio）、SQL Server Browser 及 SQL Server 等。

与之相匹配的是相关信息服务，包括服务器属性设置与查看以及 SQL Server 日志等。

3. 数据库服务

这是系统中数据库级的数据服务。它包括数据库的定义分离、附加与压缩等。它还包括查看数据库的管理信息等。除此之外，它还包括数据库备份与恢复、数据库数据转换等服务。

这些服务所使用的工具有 SSMS、DTS、Detach db、Attach db、Data Restore、Data Backup 等。

与它们有关的信息服务有事务日志、Master 数据库、Resource 数据库等数据字典及示例数据库等。

4. 数据对象服务

这是系统中数据对象级的数据服务。它包括数据对象操作中的工具及相关信息，如表创建、表操纵，以及安全性、完整性等工具，报表服务工具，全文搜索服务代理工具，它还包括大量的函数、过程操作性服务。其所使用的工具有 SSMS、SSRS、SQL Server Browser 以及大量的内置函数、系统存储过程等。

与它们有关的信息服务有事务性日志、Master 数据库、Resource 数据库等数据字典及示例数据库等。

5. 数据库运行、维护服务

这是系统中数据库运行、维护级的数据服务。常用的包括如下内容：

(1) 数据库运行时的事件查看，用于监督、跟踪、发现及处理运行中的事件。常用的工具是 SQL Server Profiler。

(2) 数据库引擎优化，用它可优化数据库，提高数据库运行效率。常用的工具是 Database Engine Turning Adviser。

与它们有关的信息服务有 Master 数据库、Resource 数据库等数据字典。

6. 用户使用服务

这是系统中用户级的数据服务，它为用户使用数据库提供帮助。其常用的工具是 SQL Server 联机丛书。

7. 数据库分析服务

这是系统中数据库扩展的数据服务。常用的是分析服务，所用工具是 SSAS、BIDS 等。

9.4.4　SQL Server 2008 常用工具之一——Server Management Studio

从本节开始介绍 SQL Server 2008 数据服务的常用工具，在安装 SQL Server 2008 的时候，系统已经自动安装了这些工具。本节介绍 SQL Server 2008 主要的平台工具 Server Management Studio。它是集成可视化管理环境，是 SQL Server 2008 中最重要的管理工具组件。它用于访问、配置和管理所有 SQL Server 组件。SQL Server Management Studio 组合了大量图形工具和丰富的脚本编辑器，大大方便了数据库管理员对 SQL Server 系统的各种访问。SQL Server Management Studio 将 SQL Server 的查询分析器和服务管理器的各种功能组合到一个单一环境中。此外，SQL Server Management Studio 还可以和 SQL Server 的所有组件协同工作，如用于管理分析服务、集成服务及报表服务等。

SQL Server Management Studio 不仅能够配置系统环境和管理 SQL Server，而且能够以层叠列表的形式来显示所有的 SQL Server 对象，所有 SQL Server 对象的建立与管理工作都可以通过它来完成。例如：管理 SQL Server 服务器；建立与管理数据库；建立与管理表、视图、存储过程、触发程序、角色、规则、默认值等数据库对象以及用户定义的数据类型；备份数据库和事务日志、恢复数据库；复制数据库；设置任务调度；设置报警；提供跨服务器的拖放控制操作；管理用户账户；建立 T–SQL 命令语句等。

通过"开始"菜单，选择"Microsoft SQL Server 2008 R2"程序组中的"SQL Server Management Studio"。在"服务器类型""服务器名称""身份验证"选项中分别输入或选择所需的选项（默认情况下不用选择，因为在安装时已经设置完毕），然后单击"连接"按钮即可登录到 SQL Server Management Studio，如图 9.20 所示。

SQL Server Management Studio 的工具组件包括：对象资源管理器、已注册的服务器、查询编辑器、解决方案资源管理器、模板资源管理器等，如图 9.21 所示。如果要显示某个工具，选择"查看"菜单中相应的工具名称即可。

图 9.20　连接到 SQL Server Management Studio
主界面

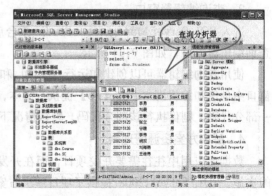

图 9.21　SQL Server Management Studio
操作界面

1. 对象资源管理器

对象资源管理器是 SQL Server Management Studio 的一个组件，可连接到数据库引擎实例、Analysis Services、Integration Services 和 Reporting Services 等。它提供了服务器中所有对象的视图，并具有可用于管理这些对象的用户界面。对象资源管理器的功能根据服务器的类型稍有不同，但一般都包括用于数据库的开发功能和用于所有服务器类型的管理功能。在对象资源管理器中，每一个服务器结点下面都包含五个分类：数据库、安全性、服务器对象、复制和管理。每一个分类下面还包含许多子分类和对象，如图 9.22 所示。右击某个具体的对象，则可以选择该对象相应的属性和操作命令。

2. 已注册的服务器

通过 SQL Server Management Studio "已注册的服务器" 组件注册服务器，保存经常访问的服务器连接信息。可在连接之前注册服务器，也可在从对象资源管理器中进行连接时注册服务器。注册服务器就是为 SQL Server 客户机/服务器系统确定数据库所在的机器，该机器作为服务器，可为客户端的各种请求提供服务。如图 9.23 所示为 "已注册的服务器" 窗口。

图 9.22 "对象资源管理器" 窗口

图 9.23 "已注册的服务器" 窗口

3. 查询编辑器窗口

进入 SQL Server Management Studio 平台后，单击工具栏上的 "新建查询" 按钮即可打开查询编辑器窗口，如图 9.24 所示。

使用查询编辑器可以创建和运行 T-SQL 和 sqlcmd 脚本。如图 9.25 所示，在查询编辑器窗口中创建和编辑脚本，按【F5】键执行脚本，或者单击工具栏中的 "执行" 按钮。如果选择一部分代码，则仅执行该部分代码。默认情况下执行查询编辑器中的全部代码。

4. 解决方案资源管理器

数据库应用中往往需要开发项目，而在开发中须有项目开发的解决方案。为协助解决方案的实施，SQL Server 2008 提供了项目解决方案中的相关数据资源，此部分功能称解决方案资源管理器。解决方案资源管理器是 SQL Server Management Studio 的一个组件，它管理若干个项目，而项目由多个项所组成，项的内容包括如文件夹、文件、引用及数据连接等。解决方案资源管理器用于在项目解决方案中查看和管理项以及执行项管理任务。通过该组件，可以使用 SQL Server Management Studio 编辑器对与某个项目关联的项作操作。

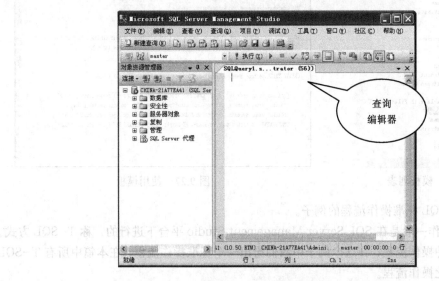

图 9.24 查询编辑器窗口

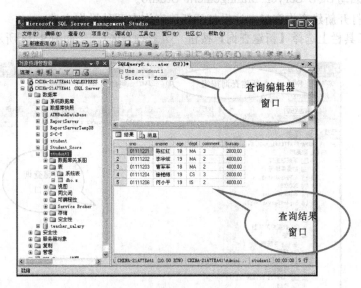

图 9.25 查询编辑器执行窗口

5. 模板资源管理器

开发人员主要的数据库操作包括：插入、选择、更新和删除等。当对某些操作的 SQL 脚本命令不熟悉时，可以使用模板资源管理器。模板资源管理器中提供了大量与 SQL Server 和分析服务相关的脚本模板。模板实际上就是保存在文件中的脚本片段，这些脚本片段可以作为编写查询的起点，在 SQL 查询视图中打开并且修改脚本片段，使之适合需要。例如，使用模板创建一个数据库表，首先找到并展开与表相关的模板文件夹，如图 9.26 所示。双击 Creat Table，即可根据需要把占位符换成自己的文本，执行命令即可生成自己想要的表，如图 9.27 所示。

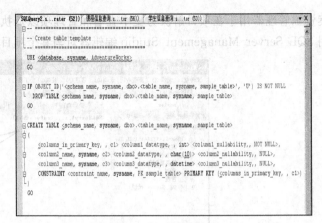

图 9.26　模板列表　　　　　　　　　　　　图 9.27　使用模板

例 9.1　T-SQL 标准操作流程的例子。

T-SQL 的操作一般是在 SQL Server Management Studio 平台下进行的，称 T-SQL 方式。这种方式可有多种操作流程，在这个例子中我们给出一个标准操作流程，在本篇中所有 T-SQL 方式的例子均用此操作流程。

Step1　启动 SQL Server Management Studio。

Step2　打开新建查询窗口。这里打开新建查询有两种操作方式：

（1）在工具栏上选择【新建查询】按钮"　新建查询(N)　"，如图 9.28 所示。

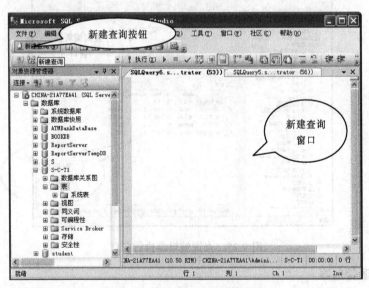

图 9.28　打开【新建查询】窗口

（2）打开【资源管理器】，在"对象资源管理器"中展开 "CHINA-21A77EA41"（选择实际服务器名）服务器的节点，选中需要新建查询的资源，如数据库或表等。点击右键，选择【新建查询】命令，如图 9.29 所示。

Step3　弹出【新建查询】窗口，在【新建查询】窗口中输入 T-SQL 语句（这里我们以创建 Student 表为例）：

```
USE [S-C-T]
CREATE TABLE Student
    (Sno    CHAR(9) ,
    Sname  CHAR(20) ,
    Ssex   CHAR(2),
    Sage   SMALLINT,
    Sdept  CHAR(20)
    Constraint PK_sno
    PRIMARY KEY(sno) /* 表级完整性约束条件*/
    );
GO
```

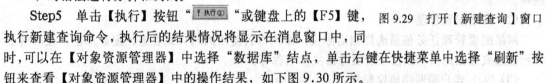

图 9.29　打开【新建查询】窗口

说明：如果采用方法(2)打开【新建查询】窗口，则在 T-SQL 语句中可以省略使用 USE 来指定操作的对象。

Step4　单击工具栏上的【分析】按钮"☑"和【调试】按钮"▶"，对语法进行分析和调试。

Step5　单击【执行】按钮" 执行(X) "或键盘上的【F5】键，执行新建查询命令，执行后的结果情况将显示在消息窗口中，同时，可以在【对象资源管理器】中选择"数据库"结点，单击右键在快捷菜单中选择"刷新"按钮来查看【对象资源管理器】中的操作结果，如下图 9.30 所示。

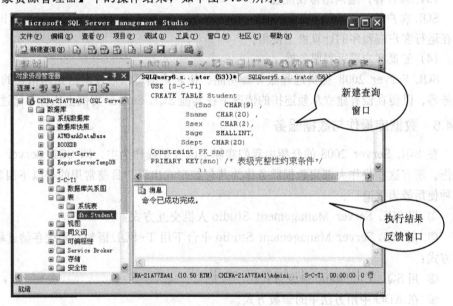

图 9.30　执行结果

9.4.5　SQL Server 2008 常用工具之二——SQL Server 配置管理器

SQL Server 配置管理器是一个管理控制单元，用于管理与 SQL Server 相关联的服务，配置 SQL Server 使用的网络协议，以及从 SQL Server 客户端计算机管理网络连接配置。

SQL Server 配置管理器通过"开始"→"所有程序"→"SQL Server 2008 R2"→"配置工具"→"SQL Server Configuration Manager"命令来启动，启动后的界面如图 9.31 所示。

图 9.31　SQL Server Configuration Manager 的界面

SQL Server 配置管理器配置管理功能具体如下：

（1）服务配置管理

SQL Server 配置管理器可以启动、停止、重新启动、继续或暂停服务，查看或更改服务属性等。

（2）网络配置管理

网络配置管理任务包括选择启动协议、修改协议使用的端口或管道、配置加密、在网络上显示或隐藏数据库引擎以及注册服务器主体名称等。

（3）SQL 客户端网络协议配置

SQL 客户端网络协议配置即 SQL Native Client 配置管理。SQL Native Client 中的设置将在运行客户端程序的计算机上使用。

（4）配置客户端远程服务器

SQL Server 2008 提供远程服务器功能，使客户端可以通过网络访问指定的 SQL Server 服务器，以便在没有建立单独连接的情况下在其他 SQL Server 实例上执行存储过程。

9.4.6　数据库操作与数据服务

在 SQL Server 2008 的介绍中我们实际上以介绍操作为主，即 SQL Server 2008 的 SQL 操作。所有这些操作大都用数据服务作为其包装形式出现，目前常用的有以下四种。（但以前两种使用最为普遍）。

① 用 SQL Server Management Studio 人机交互方式；

② 在 SQL Server Management Studio 平台下用 T-SQL 语句，系统存储过程、SQL 程序等方式；

③ 用 SQL Command 命令方式；

④ 在 ADO 中用方法中的参数方式。

复习提要

本章主要对 SQL Server 2008 作全局、概要的介绍，其内容包括：

1. 系统概况：介绍 SQL Server 2008 的发展、版本、平台、功能、组成与特色。

（1）功能：在平台基础上的数据库功能及扩充数据库功能；

（2）特色：集成性、服务、安全性及中小型应用。

2. 系统安装：用安装工具将 SQL Server 2008 安装于指定的 SQL 服务器上。

3. 系统结构：分六层，即平台层、服务器层、数据库（架构）层、数据对象层、数据接口层及用户层。

4. 数据服务：

（1）数据服务：4 个操作服务；15 个工具；2 个工具包；3 个信息服务及第三方服务。

（2）两个常用 SQL Server 2008 的工具包：SQL Server Management Studio 及 SQL Server Configuration Manager。

5. 本章重点内容：

（1）六层系统结构（常用为四层）。

（2）两个常用 SQL Server 2008 的工具包。

习题 9

一、选择题

1. SQL Server 2008 使用管理工具_____来启动、停止与监控服务、服务器端支持的网络协议，用户用于访问 SQL Server 的网络相关设置等工作。

  A. 数据库引擎优化顾问   B. SQL Server 配置管理器

  C. SQL Server profiler   D. SQL Server Management Studio

2. 下面不是 SQL Server 2008 中数据库对象的一项是_____。

  A. 存储过程   B. 表

  C. 视图   D. 服务器

3. 在 SQL Server 2008 的几个系统数据库中，_____为用户提供一套预定义的标准为模板。

  A. master   B. msdb

  C. model   D. tempdb

二、问答题

1. 简述 SQL Server 2008 的特点及功能。

2. SQL Server 2008 系统结构由哪几个部分组成？

3. SQL Server 2008 系统中主要包括哪些数据库对象？简述其作用。

4. SQL Server 2008 的数据服务功能有哪些？

5. SQL Server Management Studio 为数据库用户提供了哪些功能？

第 10 章 SQL Server 2008 服务器管理

一个数据库管理系统必须有一个赖以生存与活动的环境，它就是网络中的数据库服务器，简称服务器。在 SQL Server 2008 中也可称 SQL 服务器（SQL Server）或 SQL Server 2008 服务器。服务器在数据库中是极其重要的，它起到了数据库根据地或基地的作用。

SQL 服务器以**服务**（Service）的形式存在。一个服务器中可有多个实例，每个实例是一个数据库。其首要服务即提供数据库管理服务（即数据库引擎），此外还包括服务器代理、全文检索、报表服务和分析服务等七种 SQL Server 2008 服务。

服务器自身也是需要管理的，但它本身并不属数据库管理系统范畴，因此对它的管理由数据库管理系统中的数据服务完成。

SQL Server 2008 服务器的管理功能由下面几个部分：
- SQL Server 2008 服务器注册管理；
- SQL Server 2008 服务器连接管理；
- SQL Server 2008 服务器中服务暂停、关闭、恢复与启动管理；
- SQL Server 2008 服务器启动模式管理；
- SQL Server 2008 服务器属性配置管理；
- SQL Server 2008 服务器网络、网络协议及客户端远程服务器配置管理。

常用的有下面几个数据服务工具：
- SQLServer 管理平台：SQL Server Management Studio；
- SQL Server 配置管理器：SQL Server Configuration Manager；
- sp_configuret 系统存储过程。

本章主要介绍用 SQL Server 2008 中的数据服务工具完成对 SQL 服务器管理。

10.1 SQL Server 2008 服务器管理的内容

SQL Server 2008 服务器管理的内容有：

1. SQL Server 2008 服务器连接管理

服务器连接管理包括服务器的注册与连接管理。注册服务器就是为了 SQL Server 客户机/服务器系统确定一台数据库所在的机器，该机器作为服务器，可以为客户端的各种请求提供服务。而"连接"就是让它连接到由该机启动的 SQL Server 服务。

服务器只有在注册后才能被纳入 SQL Server Management Studio 的管理范围。首次启动 SQL Server Management Studio 时，将自动注册为 SQL Server 本地实例。如果需要在其他客户机上完成管理，就需要手工进行注册。可以使用 SQL Server Management Studio 完成注册服务器、连接到注册服务器、断开与已注册服务器的连接多种操作。

2. SQL Server 2008 服务器中服务暂停、关闭、恢复与启动管理

在完成注册与连接后，可对 SQL Server 2008 服务器中服务作启动暂停、关闭、恢复管理。它可以完成启动、停止、暂停和重新启动 SQL Server 服务。完成此类操作可用 SQL Server Management Studio 和 SQL Server 2008 配置管理器等多种工具。

3. 服务器启动模式管理

SQL Server 2008 中有多种服务，有些服务默认是自动启动的，如 SQL Server 等；有些服务默认是停止的，如 SQL Server Agent 等。服务均可设置为自动、手动与已禁用等三种模式。它们可用 SQL Server 配置管理器等工具设置。

4. SQL Server 2008 服务器属性配置管理

SQL Server 2008 服务器属性选项用于确定 SQL Server 2008 运行行为、资源利用状况。这种选项设置称服务器属性配置管理。服务器合理的配置可以加快服务器回应请求的速度、充分利用系统资源、提高工作效率。

在 SQL Server 2008 中，可以使用 SQL Server Management Studio 及 sp_configuret 系统存储过程等方式设置服务器属性配置选项。

5. SQL Server 2008 网络、网络协议及远程服务器配置管理。

在 SQL Server 2008 中，服务器是处于网络环境中的，因此需要做网络、网络协议及客户端远程服务器的配置。所使用的工具主要是 SQL Server 2008 配置管理器。

下面将对这五项内容分五节分别介绍。其所用工具以 SQL Server Management Studio 及 SQL Server 2008 配置管理器为主。

10.2 SQL Server 2008 服务器连接与注册

1. 注册服务器

注册服务器就是为 SQL Server 客户机/服务器系统确定一台数据库所在的计算机，并以该计算机为服务器，为客户端的各种请求提供服务。系统中运行的 SQL Server Management Studio 是客户机，可以通过在 SQL Server Management Studio 的"已注册的服务器组件"中注册服务器，保存访问的服务器的连接信息。以下是 SQL Server 2008 服务器注册步骤。

Step1 如已注册的服务器在 SQL Server Management Studio 中没有出现，则在"查看"菜单中单击"已注册的服务器"命令，打开"已注册的服务器"窗口。

Step2 展开"数据库引擎"结点，右击"本地服务器组"选项，在弹出的快捷菜单中选择"新建服务器注册"命令，如图 10.1 所示。

Step3 在"新建服务器注册"对话框的"服务器名称"下拉列表框中选择"CHINA-21A77EA41"（选择实际服务器名）选项，再在"身份验证"下拉列表框中选择"Windows 身份验证"选项，"已注册的服务器名称"文本框将用"服务器名称"下拉列表框中的名称自动填充，

在"已注册的服务器名称"文本框中输入"CHINA-21A77EA41\cfp2008"（可以随意设置），
如图 10.2 所示。单击"连接属性"标签，打开"连接属性"选项卡，如图 10.3 所示，可以设置
连接到的数据库、网络以及其他连接属性。

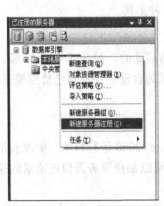

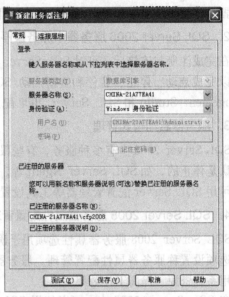

图 10.1 "已注册的服务器"窗口   图 10.2 "新建服务器注册"对话框

Step 4 在"连接到数据库"下拉列表框中选择当前用户将要连接到的数据库名称。其中，
"默认值"表示连接到 SQL Server 系统中默认使用的数据库；当选择"浏览服务器"选项时，
可以打开"查找服务器上的数据库"对话框，如图 10.4 所示，在该对话框中指定连接服务器时
默认数据库。

Step 5 设置完成后，单击"确定"按钮返回，单击"新建注册服务器"对话框中的"测试"
按钮可以验证连接是否成功。单击"确定"按钮返回，单击"保存"按钮完成服务器注册。

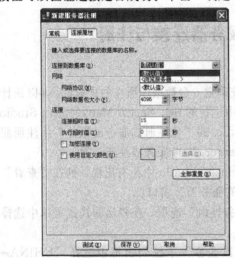

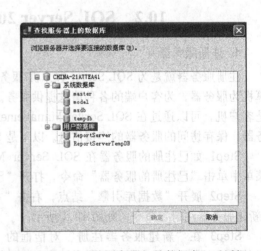

图 10.3 连接属性设置   图 10.4 "查找服务器上的数据库"对话框

2. 连接和断开注册服务器

注册完成后，用户就可以通过 SQL Server Management Studio 管理服务器。以启动 "CHINA-21A77EA41\cfp2008" 为例，具体操作为：

在"已注册的服务器"窗口中，右击服务器"CHINA-21A77EA41\cfp2008"，在弹出的快捷菜单中选择"服务控制"→"启动"命令即完成注册服务器的连接操作，如图 10.5 所示。同样，通过选择"服务控制"子菜单中的命令可以实现注册服务器的停止（断开）、暂停和重新启动。

图 10.5　启动"已注册服务器"

10.3　SQL Server 2008 服务器中服务的启动、停止、暂停与重新启动

下面分别介绍用 SQL Server 2008 配置管理器及 SQL Server Management Studio 完成 SQL Server 服务的启动、停止、暂停和重新启动。

1. 使用 SQL Server 配置管理器

选择"开始"→"所有程序"→"Microsoft SQL Server 2008 R2"→"配置工具"→"SQL Server 配置管理器"命令，打开 SQL Server 配置管理器，如图 10.6 所示。在右侧的窗格中可以看到本地所有的 SQL Server 服务。右击服务名称，在弹出的快捷菜单中选择"启动""停止""暂停"或"重新启动"命令，可以完成相应 SQL Server 服务的启动、停止、暂停或重新启动，如图 10.7 所示。

图 10.6　"SQL Server 配置管理器"窗口

2. 使用 SQL Server Management Studio

启动 SQL Server Management Studio，连接到 SQL Server 2008 服务器，在"对象资源

管理器"窗口中右击服务器名,在弹出的快捷菜单中选择"启动""停止""暂停"或"重新启动"命令即可,如图 10.8 所示。

图 10.7   "服务管理"窗口   图 10.8   "SQL Server 属性"窗口

10.4   SQL Server 2008 服务器启动模式管理

SQL Server 2008 服务器启动模式可用 SQL Server 配置管理器设置。在 SQL Server 配置管理器中选择需设置的服务,如 CHINA-21ATTEA41,右击,选择"属性"命令,打开"SQL Server 属性"对话框,选择"服务"选项卡,可以完成启动模式的设置,如图 10.9 所示。

图 10.9   "对象资源管理器"窗口

10.5   SQL Server 2008 服务器属性配置

SQL Server 2008 服务器属性配置一般用 SQL Server Management Studio。

Step 1   选择"开始"→"所有程序"→"Microsoft SQL Server 2008 R2"→"SQL Server Management Studio"命令,打开 SQL Server Management Studio,打开"连接到服务器"对话框,如图 10.10 所示。

图 10.10　"连接到服务器"对话框

Step 2　"服务器类型"选择"数据库引擎"，"服务器名称"输入本地计算机名称"CHINA-21A77EA41"，"身份验证"选择"Windows 身份验证"方式。如果选择 SQL Server 验证方式，还需输入登录名和密码。

Step 3　选择完成后，单击"连接"按钮；连接服务器成功后，右击"对象资源管理器"中的服务器名称，在弹出的快捷菜单中选择"属性"命令，打开服务器属性窗口，如图 10.11 所示。可以选择常规、内存、连接、安全性、服务器权限及数据库设置等选项进行设置。这些内容如下：

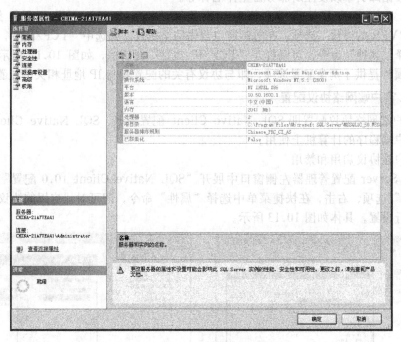

图 10.11　"服务器属性"窗口

"常规" 属性页列出了当前服务器的产品名称、操作系统名称、平台名称、版本号、使用的语言、当前服务器的最大内存数量、当前服务器的处理器数量、当前 SQL Server 安装的根目录、服务器使用的排序规则以及是否已经群集化等。

"内存" 属性页中，"使用地址空间扩充 AWE 分配内存"复选框表示在当前服务器上使用

AWE 技术分配超大物理内存。通过"最大服务器内存（MB）"和"最小服务器内存（MB）"设置服务器可以使用的内存范围。"最大工作线程数"选项用于设置 SQL Server 进程工作的线程数，该值为 0 时，表示系统动态分配线程。

"连接"属性页中，数值框用于设置当前服务器允许的最大并发连接数。并发连接数是同时访问的客户端数量。当该选项设置为 0 时，表示不对并发连接数进行限制。SQL Server 允许最大 32 767 个用户连接，这也是这个参数的最大值。

"安全性"属性页中，可以设置与服务器身份认证模式、登录审核等安全性相关选项。通过设置登录审核功能，可以将用户的登录结果记录在错误日志中。

"权限"属性页中，可以设置和查看当前 SQL Server 实例中登录名或角色的权限信息。

"数据库设置"属性页中，可以查看或修改所选数据库的选项，包括如默认索引、数据库的备份的保持天数、恢复间隔（分钟）以及日志、配置值与运行值等参数。

10.6 SQL Server 2008 服务器网络、网络协议及客户端远程服务器配置管理

1. 网络配置管理

网络配置管理任务包括选择启动协议、修改协议使用的端口或管道、配置加密、在网络上显示或隐藏数据库引擎以及注册服务器主体名称等。

在 SQL Server 配置管理器左侧窗口中展开 "SQL Server 网络配置" 结点，选中 "MSSQLSERVER 的协议"选项，在右侧窗口双击网络协议。如选中 "TCP/IP"，右击，在快捷菜单中选择"属性"命令，可以打开 "TCP/IP 属性" 对话框，如图 10.12 所示。该对话框为 TCP/IP 属性提供了两类配置选项，即与协议有关的配置和与 IP 地址相关的配置选项。

2. SQL 客户端网络协议配置

SQL 客户端网络协议配置即 SQL Native Client 配置管理。SQL Native Client 中的设置将在运行客户端程序的计算机上使用。

（1）客户端协议启用和禁用

在 SQL Server 配置管理器左侧窗口中展开 "SQL Native Client 10.0 配置" 结点，选中 "客户端协议"选项，右击，在快捷菜单中选择"属性"命令，即可对"启用的协议"和"禁用的协议"进行设置，具体如图 10.13 所示。

图 10.12 设置 "TCP/IP 属性"

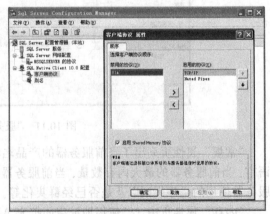

图 10.13 设置 "客户端协议属性"

（2）创建别名

别名是可用于进行连接的设备名称。别名封装了连接字符串所必需的元素，并使用户按所选择的名称显示这些元素。在 SQL Server 配置管理器左侧窗口中展开 "SQL Native Client 10.0 配置" 结点，选中 "别名" 选项，右击，在快捷菜单中选择 "新建别名" 命令，打开图 10.14 "别名-新建" 对话框，即可对别名进行设置。其中 "别名" 是指用于引用此连接的设备名称，"服务器" 是指与别名所关联的 SQL Server 实例的名称。

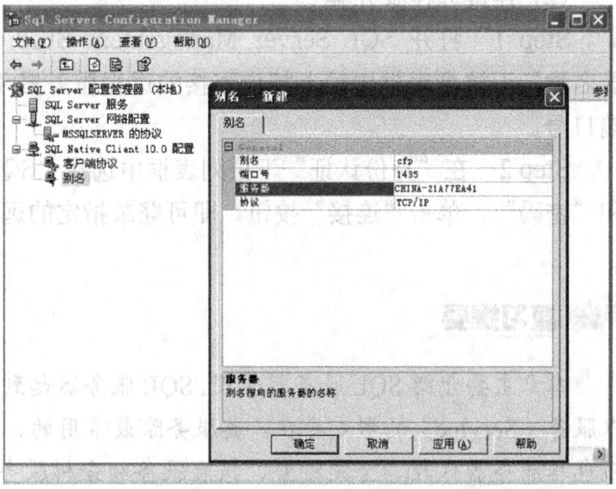

3．配置客户端远程服务器

图 10.14　"别名-新建" 对话框

SQL Server 2008 提供远程服务器功能，使客户端可以通过网络访问指定的 SQL Server 服务器，以便在没有建立单独连接的情况下在其他 SQL Server 实例上执行操作。

通常，配置客户端（远程）服务器包括启用远程连接和连接远程服务器两个过程。

（1）启用远程连接

启动 SQL Server Management Studio，右击对象资源管理器中的数据库服务器，在弹出的快捷菜单中选择 "属性" 命令，选择 "连接" 选项，选中右侧 "连接" 选项中的 "允许远程连接到此服务器" 复选框，如图 10.15 所示。也可使用 sp_configure 存储过程实现以上设置。

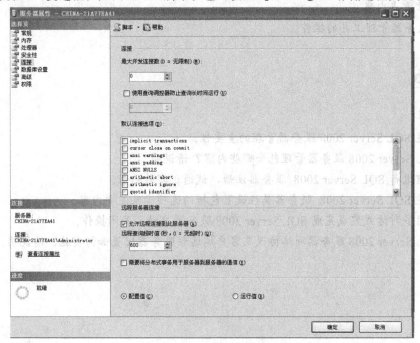

图 10.15　设置 "连接" 选项

（2）连接远程服务器

Step 1 打开 SQL Server Management Studio，在"连接到服务器"对话框中的"服务器名称"下拉列表框中输入相应连接的远程服务器 IP 地址及 SQL Server 服务器用于侦听的端口号。

Step 2 在"身份认证"下拉列表框中选择"SQL Server 身份认证"选项，输入"登录名"和"密码"，单击"连接"按钮，即可登录指定的远程数据库服务器。

复习提要

本章主要介绍 SQL 服务器管理。SQL 服务器起到了数据库根据地或基地的作用。SQL Server 以服务（Service）的形式存在，其服务除最常用的、最核心的 SQL Server 数据库服务器服务，还包括服务器代理、全文检索、报表服务和分析服务等服务。此外，还可以通过日志查看服务器的运行情况等。

1. SQL 服务器的管理功能由下面几个部分：
- SQL 服务器注册连接管理；
- SQL 服务器服务暂停、关闭、恢复与启动管理；
- SQL 服务器属性配置管理；
- SQL 服务器网络、网络协议及客户端远程服务器配置管理。

2. 在管理中所使用到的数据服务工具主要有：
- SQLServer 管理平台：SQL Server Management Studio；
- SQL Server 配置管理器：SQL Server Configuration Manager。

3. 本章重点内容
SQL 服务器管理工具的操作。

习题 10

问答题

1. 试述 SQL Server 2008 服务器管理的重要性。

2. SQL Server 2008 服务器管理包含哪些内容？请说明。

3. 如何进行 SQL Server 2008 服务器注册，试通过实验验证。

4. 简述 SQL Server 2008 服务器属性设置包括的选项卡及主要内容。

5. 试用多种方式完成完成 SQL Server 2008 服务器启动、关闭操作。

6. SQL Server 2008 服务器网络协议及客户端远程服务器配置如何实施？请说明。

第11章 SQL Server 2008 数据库管理

数据库是存放数据库对象的容器，是数据库应用的一个基本共享单位。SQL Server 2008 能够支持多个数据库。

本章介绍 SQL Server 2008 对用户数据库的管理，包括数据库的创建、查看、删除、使用、分离与附加、备份与恢复数据库功能。这些功能中的一部分在 SQL Server 2008 中是以数据服务形式出现的。

在本章中，数据库管理的操作方法有两种，一种是用 SQL Server Management Studio 中的人机交互方式，另一种则是用 SQL Server Management Studio 平台下的 T-SQL 语句。下面可分别简写为：SQL Server Management Studio 与 T-SQL 方式。

11.1 创建数据库

创建数据库就是确立一个命名的数据库。它包括数据库名称、文件名称、数据文件大小、增长方式等。在一个 SQL Server 实例中，最多可以创建 32 767 个数据库。

1. 使用 SQL Server Management Studio 创建数据库

例 11.1 创建一个数据库 S-C-T。

Step1 选择"开始"→"所有程序"→"Microsoft SQL Server 2008 R2"→"SQL Server Management Studio"命令，即可启动 SQL Server Management Studio，出现"连接到服务器"对话框，如图 11.1 所示。

图 11.1 "连接到服务器"对话框

Step2 在"连接到服务器"对话框中，选择"服务器类型"为"数据库引擎"，"服务器名称"为"CHINA-21A77EA41"（根据实际服务器名称设置），"身份验证"为"Windows身份验证"，单击"连接"按钮，即连接到指定的服务器，如图 11.2 所示。

Step3 在"对象资源管理器"窗口中，右击"数据库"选项，在弹出的快捷菜单中选择"新建数据库"命令，如图 11.3 所示。

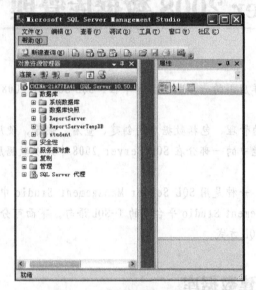
图 11.2 连接到数据库服务器

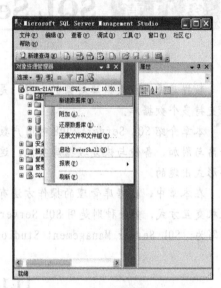
图 11.3 新建数据库

Step4 进入"新建数据库"对话框，如图 11.4 所示，通过"常规""选项"和"文件组"这三个选项卡来设置新创建的数据库。

(1) "常规"选项卡

用于设置新建数据库的名称及所有者。在"数据库名称"文本框中输入新建数据库的名称"S-C-T"，数据库名称设置完成后，系统自动在"数据库文件"列表中产生一个主数据文件（名称为 S-C-T.mdf，初始大小为 3 MB）和一个日志文件（名称为 S-C-T_log.ldf，初始大小为 1 MB），同时显示文件组、自动增长和路径等默认设置。用户可以根据需要自行修改这些默认的设置，也可以单击"添加"按钮添加数据文件。在这里将主数据文件和日志文件的存放路径改为"E:\S-C-T"文件夹，其他保持默认值。

单击"常规"选项页中"所有者"文本框后的浏览按钮，在弹出的列表框中选择数据库的所有者。数据库所有者是对数据库具有完全操作权限的用户，这里选择"默认值"选项，表示数据库的所有者为用户登录 Windows 操作系统使用的管理员账号，如 Administrator。

(2) "选项"选项卡
用于设置数据库的排序规则及恢复模式等选项。这里均采用默认设置。

(3) "文件组"选项卡
用于显示文件组的统计信息。这里均采用默认设置。

注意：SQL Server 2008 数据库的数据文件分逻辑名称和物理名称。逻辑名称是在 SQL 语句中引用文件时所使用的名称，物理名称用于操作系统管理。

Step 5 设置完成后单击"确定"按钮，数据库 S-C-T 创建完成。此时在 E:\S-C-T 文件夹中添加了 S-C-T.mdf 和 S-C-T_log.ldf 两个文件。在 SQL Server Management Studio 的"对象资源管理器"窗口中可以看到刚刚新建的数据库 S-C-T，如图 11.5 所示。

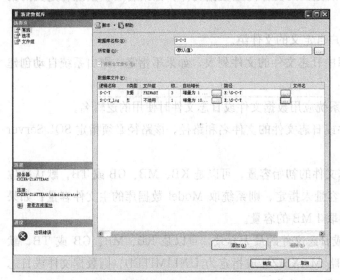

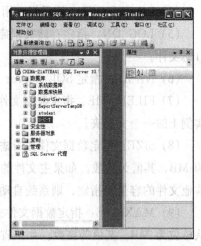

图 11.4　"常规"选项卡　　　　　　　　　图 11.5　新建的数据库 "S-C-T"

2. T-SQL 中语句 CREATE DATABASE 创建数据库

CREATE DATABASE 语句的语法形式如下：

```
CREATE  DATABASE 数据库名
[ON
    [PRIMARY]
    <数据文件描述符 1>
    [,<数据文件描述符 n>]
    [,FILEGROUP  文件组名 1
    <数据文件描述符>]
    [,FILEGROUP  文件组名 n
    <数据文件描述符>]
]
[LOG  ON
    <日志文件描述符 1>
    [,<日志文件描述符 n>]
]
```

其中，<数据文件描述符>和<日志文件描述符>为以下属性的组合：

```
(NAME=逻辑文件名,
FILENAME='物理文件名'
[,SIZE=文件初始容量]
[,MAXSIZE={文件最大容量|UNLIMITED}]
[,FILEGROWTH=文件增长幅度])
```

各参数的含义如下：

（1）数据库名，在服务器中必须唯一，并且符合标识符命名规则。

(2) ON：用于定义数据库的数据文件。

(3) PRIMARY：用于指定其后所定义的文件为主数据文件，如果省略，系统将定义的第一个文件作为主数据文件。

(4) FILEGROUP：用于指定用户自定义的文件组。

(5) LOG ON：指定存储数据库中日志文件的文件列表，如果不指定，则由系统自动创建日志文件。

(6) NAME：指定 SQL Server 系统应用数据文件或日志文件时使用的逻辑名。

(7) FILENAME：指定数据文件或日志文件的文件名和路径，该路径必须指定 SQL Server 实例上的一个文件夹。

(8) SIZE：指定数据文件或日志文件的初始容量，可以是 KB、MB、GB 或 TB，默认单位为 MB，其值为整数。如果主文件的容量未指定，则系统取 Model 数据库的主文件容量；如果其他文件的容量未指定，则系统自动取 1 MB 的容量。

(9) MAXSIZE：指定数据文件或日志文件的最大容量，可以是 KB、MB、GB 或 TB，默认单位为 MB，其值为整数。如果省略 MAXSIZE 或指定为 UNLIMITED，则数据文件或日志文件的容量可以不断增加，直到整个磁盘满为止。

(10) FILEGROWTH：指定数据文件或日志文件的增长幅度，可以是 KB、MB、GB 或 TB 或百分比（%），默认是 MB。0 表示不增长，文件的 FILEGROWTH 设置不能超过 MAXSIZE，如果没有指定 MAXSIZE，则默认值为 10%。

例 11.2　创建数据库 Test1，指定数据库的数据文件位于 E:\Test，初始容量为 5 MB，最大容量为 10 MB，文件增量为 10%。

步骤：

Step1　启动 SQL Server Management Studio。

Step2　在"对象资源管理器"中展开"CHINA-21A77EA41"服务器结点。

Step3　单击工具栏上的 "新建查询"按钮，在"新建查询"窗口中输入如下命令：

```
CREATE  DATABASE  Test1
ON
  (NAME=TestDb2,
  FILENAME='E:\Test\
  Test1.mdf',
  SIZE=5,
  MAXSIZE=10,
  FILEGROWTH=10%)
```

Step4　单击工具栏中的"！执行"按钮（或按【F5】键），在"对象资源管理器"中选择"数据库"结点，右击，在快捷菜单中选择"刷新"命令，即可以看到刚刚新建的数据库 Test1，如图 11.6 所示的。

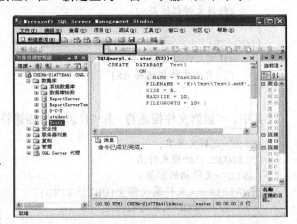

图 11.6　用 CREATE　DATABASE 命令创建数据库

11.2　查看数据库

用户可以查看已创建数据库中的参数。这是一种数据服务。

1. 使用 SQL Server Management Studio 查看数据库

例 11.3　查看数据库 S-C-T 的信息。

Step1　打开 SQL Server Management Studio，在"对象资源管理器"中展开服务器下的"数据库"结点，选中要查看的数据库，如 S-C-T 数据库。

Step2　右击目标数据库，在弹出的快捷菜单中选择"属性"命令，如图 11.7 所示，会出现图 11.8 所示的窗口。

Step3　在该对话框的"常规"选项卡中，可看到该数据库的基本信息。

Step4　单击"确定"按钮，关闭窗口。

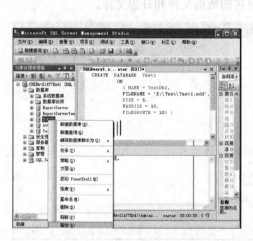

图 11.7　选择"属性"命令

图 11.8　"数据库属性"对话框

2. 使用 T-SQL 中的系统存储过程查看数据库信息

查看数据库信息的 T-SQL 中的系统存储过程的语法如下：

```
[EXEC]  sp_helpdb  [[ @dbname=] 'name']
```

其中，[@dbname=] 'name'用于指定要查看其信息的数据库名称，省略时，则显示 SQL Server 服务器所有数据库的信息。

例 11.4　查看 student 数据库的信息。

Step1　启动 SQL Server Management Studio。

Step2　选择"新建查询"按钮。

Step3　在"新建查询"窗口中输入以下命令：

```
EXEC sp_helpdb  S-C-T
```

Step4　单击工具栏中的"！执行"按钮或按键盘上的【F5】键，即可以看到 S-C-T 的详细信息。

11.3 删除数据库

当数据库不再被使用或数据库损坏无法正常运行时，用户可删除数据库。数据库删除后，与之相关联的文件及存储在系统数据库中的所有信息都会从服务器上的磁盘中被删除。

1. 使用 SQL Server Management Studio 删除 Student 数据库

例 11.5 使用 SQL Server Management Studio 删除 S-C-T 数据库。

Step1 启动 SQL Server Management Studio。

Step2 在"对象资源管理器"窗口中展开"CHINA-21A77EA41"服务器结点。

Step3 展开"数据库"结点。

Step4 右击 S-C-T 数据库，在弹出的快捷菜单中选择"删除"命令，如图 11.9 所示。

Step5 出现如图 11.10 所示的"删除对象"窗口，单击"确定"按钮即删除 S-C-T 数据库。在删除数据库的同时，SQL Server 会自动删除对应的数据文件和日志文件。

图 11.9 删除数据库

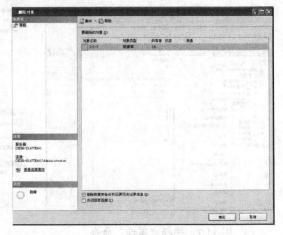

图 11.10 "删除对象"窗口

2. 使用 T-SQL 中 DROP DATABASE 语句删除数据库

DROP DATABASE 语句的语法如下：

```
DROP DATABASE  数据库名 1[,数据库名 n]
```

例 11.6 删除数据库 S-C-T

```
DROP  DATABASE  S-C-T
```

11.4 使用数据库

任何数据库在使用前必须用"使用数据库"语句打开。此后即可对该数据库进行操作。在 SQL Server 2008 中，"使用数据库"命令可用 T-SQL 中的 SQL 语句表示，其语法如下：

```
USE<数据库名>
```

*11.5　分离与附加数据库

数据库应用中经常需将应用项目工作于不同的服务器上。这种数据库的移动应用涉及 SQL Server 分离数据库和附加数据库这两个互逆操作。其中分离操作能从系统中分离数据库的数据和事务日志文件，然后通过附加操作将它们附加到同一或其他 SQL Server 实例中。这两个操作在 SQL Server 2008 中均为数据服务。

1. 分离数据库

分离数据库就是将某个数据库从 SQL Server 数据库列表中删除，使其不再被 SQL Server 管理和使用，但该数据库的文件（.MDF）和对应的日志文件（.LDF）完好无损。分离成功后，就可以把该数据库文件（.MDF）和对应的日志文件（.LDF）复制到其他磁盘中作为备份保存。

（1）使用 SQL Server Management Studio 分离数据库

Step1　启动 SQL Server Management Studio 并连接到数据库服务器，在"对象资源管理器"窗口中展开服务器结点。在"数据库"对象下找到需要分离的数据库名称，这里以 student 数据库为例。右击 student 数据库，在弹出的快捷菜单中选择"属性"命令，打开图 11.11 所示的数据库属性窗口。

Step2　在数据库属性窗口左侧选择"选项"选项，然后右边区域的"其他选项"列表中找到"状态"栏，单击"限制访问"文本框，在其下拉列表中选择"SINGLE_USER"。

Step3　在图 11.17 中单击"确定"按钮后将出现一个消息框，通知我们此操作将关闭所有与这个数据库的连接，是否继续这个操作。

Step4　单击"是"按钮，数据库名称后面将增加显示"单个用户"。右击该数据库名称，在快捷菜单中选择"任务"→"分离"命令，如图 11.12 所示。

图 11.11　数据库属性窗口　　　　　　　图 11.12　打开分离数据库窗口

Step5　出现图 11.13 所示的"分离数据库"窗口，其中列出了要分离的数据库名。选中"更新统计信息"复选框。若"消息"列中没有显示存在活动连接，则"状态"列显示为"就绪"，否则显示"未就绪"，此时必须选中"删除连接"列的复选框。

Step6　分离数据库参数设置完成后，单击"分离数据库"窗口中的"确定"按钮，就完成了所选数据库的分离操作。这时在"对象资源管理器"的数据库对象列表中就看不到刚才被分离的数据库名称 student 了,如图 11.14 所示。

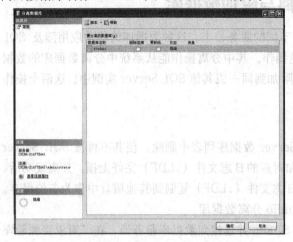 

图 11.13 "分离数据库"窗口   图 11.14　student 数据库被分离后的
　　　　　　　　　　　　　　　　　　　　　　"对象资源管理器"窗口

（2）使用 T-SQL 中的系统存储过程分离数据库

T-SQL 中用系统存储过程分离数据库方法格式为:

```
sp_detach_db 数据库名
```

例 11.7　使用 T-SQL 中的系统存储过程分离 Student 数据库。

```
sp_detach_db 'Student'
```

2. 附加数据库

附加数据库就是将一个备份磁盘中的数据库文件（.MDF）和对应的日志文件（.LDF）复制到需要的 SQL Server 数据库服务器中,由该服务器来管理和使用这个数据库。

（1）使用 SQL Server Management Studio 附加数据库

Step1　将需要附加的数据库文件和日志文件复制到某个已经创建好的文件夹中。在这里将需要附加的数据库文件和日志文件复制到安装 SQL Server 时所生成的目录 DATA 中。

Step2　在"对象资源管理器"窗口中展开服务器结点,右击"数据库"对象,在快捷菜单中选择"附加"命令,如图 11.15 所示。

Step3　打开"附加数据库"窗口,单击页面中部的"添加"按钮,打开定位数据库文件的窗口,在此窗口中定位刚才复制到 SQL Server 的 DATA 文件夹中的数据库文件目录,选择要附加的数据库文件（.MDF）,如图 11.16 所示。

Step4　单击"确定"按钮,就完成了附加数据库文件的设置工作。"附加数据库"窗口中列出了需要附加数据库的信息,如图 11.17 所示。如果需要修改附加后的数据库名称,则修改"附加为"文本框中的数据库名称。这里均采用默认值,因此,单击"确定"按钮,完成数据库的附加任务。

图 11.15　选择"附加"命令

图 11.16　定位到附加数据库文件

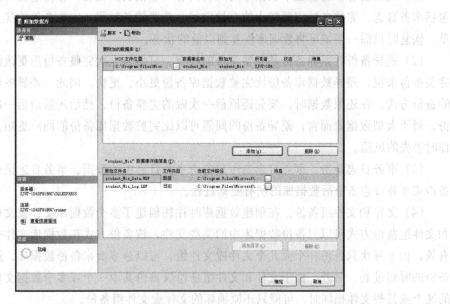

图 11.17　"附加数据库"详细信息窗口

完成以上操作后，即可在 SQL Server Management Studio 的"对象资源管理器"窗口中看到刚刚附加的数据库 student。

（2）T–SQL 中的系统存储过程附加数据库

T–SQL 中的系统存储过程附加数据库方法格式为：

```
EXEC sp_attach_db[@dbname=]'数据库名'[@filename1=]'文件名_n'[,…16]
```

参数说明如下：

① [@dbname=]'数据库名'：要附加到该服务器的数据库名。该名必须是唯一的。

② [@filename1=]'文件名_n'：数据库文件的物理名，包括路径。

例 11.8   附加 d:\sqldata 目录下的 "test2" 数据库。

```
EXEC sp_attach_db test2, 'd:\sqldata\test2.mdf'
```

11.6   数据库备份与恢复

SQL Server 2008 系统提供了内置的数据保护机制，可通过数据库备份和恢复以防止数据库破坏。数据库备份与恢复的操作均为数据服务。

11.6.1   备份数据库

"备份"是数据的副本，用于在系统发生故障后还原和恢复数据。

1. 备份类型

SQL Server 2008 提供了四种备份方式：完整备份、差异备份、事务日志备份、文件和文件组备份。

（1）完整备份：备份整个数据库的所有内容（包括表、视图、存储过程和触发器等），还包括事务日志。完整备份需要较大的存储空间并花费较长时间。完整备份的优点是操作比较简单，恢复时只需一步就可将数据库恢复到以前的状态。

（2）差异备份：差异备份是完整备份的补充，只备份上次完整备份后更改的数据。相对于完整备份来说，差异数据库备份比完整数据库备份更小、更快。因此，差异备份通常作为常用的备份方式。在还原数据时，要先还原前一次做的完整备份，然后还原最后一次所做的差异备份。对于大型数据库而言，差异备份的间隔可以比完整数据库备份的间隔更短。这将会降低操作时丢失的风险。

（3）事务日志备份：事务日志备份只备份事务日志中的数据。事务日志记录了上一次完整备份或事务日志备份后数据库的所有变动过程。

（4）文件和文件组备份。在创建数据库时往往创建了多个数据库文件或文件组。使用文件和文件组备份方式可以只备份数据库中的某些文件，该备份方式在数据库文件非常庞大时十分有效，由于每次只备份一个或几个文件或文件组，可以分多次来备份数据库，避免大型数据库备份的时间过长。另外，由于文件和文件组备份仅备份其中一个或多个数据文件，当数据库里的某个或某些文件损坏时，可能只还原损坏的文件或文件组备份。

2. 备份设备

备份设备是用于存储数据库事务日志或文件和文件组备份的存储介质，它可以是硬盘、磁带或管道等。

（1）使用 SQL Server Management Studio 创建备份设备

Step1   启动 SQL Server Management Studio，连接到 SQL Server 数据库引擎，在"对象资源管理器"窗口中展开"服务器对象"结点，右击"备份设备"选项，在弹出的快捷菜单中选择"新建备份设备"命令，如图 11.18 所示。

Step2   打开图 11.19 所示的备份设备窗口，在"设备名称"文本框中输入设备名称，若要定位目标位置，打开文件浏览器窗口，选择文件及完整路径即可。

图 11.18　选择"新建备份设备"命令　　　　　图 11.19　备份设备窗口

Step3　设置好后单击"确定"按钮，完成备份的创建。

（2）使用 T-SQ 中的系统存储过程创建备份设备

使用 T-SQL 中的系统存储过程创建备份设备方法格式为：

```
sp_addumpdevice[@devtype=] 'device_type',
[@logicalname=]'logical_name',
[@physicalname=]'physical_name'
[,{[@cntrltype=]controller_type|[@devstatus=]'device_status'}
]
```

参数说明如下：

①　[@devtype=]'device_type'：该参数指是备份设备的类型。device_type 的数据类型为 varchar（20），无默认值，可以是 disk、tape 和 pipe。其中，disk 指硬盘文件作为备份设备，tape 用于指 Windows 支持的任何磁带设备，pipe 是指使用命名管道备份设备。

②　[@logicalname=]'logical_name'：该参数指在 BACKUP 和 RESTORE 语句中使用的备份设备的逻辑名称。logical_name 的数据类型为 sysname，无默认值，且不能为 NULL。

③　[@physicalname=]'physical_name'：该参数指备份设备的物理名称。物理名称必须遵从操作系统文件名规则或者网络设备的通用命名约定，并且必须包含完整路径。physical_name 的数据类型为 nvarchar（260），无默认值，且不能为 NULL。

④　[@cntrltype=]'controller_type'：如果 cntrltype 的值是 2，则表示是磁盘；如果 cntrltype 值是 5，则表示是磁带。

⑤　[@devstatus=]'device_status'：devicestatus 如果是 noskip，表示读 ANSI 磁带头；如果是 skip，表示跳过 ANSI 磁带头。

例 11.9　使用 T-SQL 的存储过程 sp_addumpdevice 创建磁盘备份设备的名称为 E:\backup\student_bak，逻辑备份设备名为 db_student_bakdevice。

```
EXEC sp_addumpdevice
'disk','db_student_bakdevice','E:\backup\student_bak'
```

（3）查看备份设备

在 SQL Server 2008 系统中查看服务器上每个设备的有关信息，可以使用系统存储过程 sp_helpdevice，其语法形式如下：

```
sp_helpdevice['name']
```

其中 name 是指查看的设备名，如空缺指查看服务器上所有设备名，如图 11.20 所示。

3. 备份数据库

1) 使用 SQL Server Management Studio 备份数据库

Step1 选择"开始"→"所有程序"→"Microsoft SQL Server 2008"→"SQL Server Management Studio"命令，打开"对象资源管理器"窗口中的"数据库"对象，选中 student 数据库并右击，选择"任务"→"备份"命令，如图 11.21 所示。

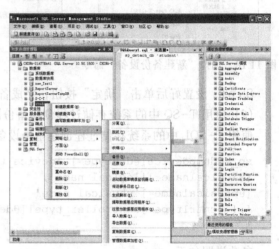

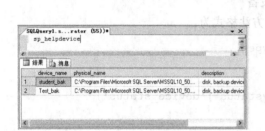

图 11.20　备份设备信息　　　　　　　图 11.21　"备份数据库"窗口

Step2 在打开的"备份数据库-student"窗口中，从"源"选项组的"数据库"下拉列表框中选择 student 数据库，在"备份类型"下拉列表框中选择"完整"选项（"备份类型"选项的内容与数据库属性中"恢复模式"的设置有关系）；在"目标"选项组中设置备份的目标文件存储位置，如果不需要修改，保持默认设置即可，如图 11.22 所示。

Step3 从左侧"选择页"列表中打开"选项"选项卡。

Step4 在"选项"选项卡中，选中"覆盖所有现有备份集"单选按钮（初始化新的设备或覆盖现在的设备），选中"完成后验证备份"复选框（用来完成实际数据与备份副本的核对，并确保它们在备份完成后一致），设置结果如图 11.23 所示。

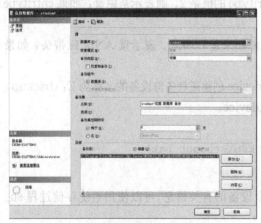

图 11.22　"备份数据库-student"窗口　　　　　图 11.23　配置备份选项

Step5　单击"确定"按钮完成配置（操作成功后会弹出提示对话框）。

Step6　备份完成后在相应的目录中可以看到创建的备份文件（student.bak），如图 11.24 所示。

图 11.24　备份文件

2）使用 T–SQL 语句备份数据库

（1）创建完整备份

使用 BACKUP 语句对数据库进行完整备份的语法如下：

```
BACKUP DATABASE database_name
TO <backup_device>
[WITH
[,] NAME=backup_set_name]
[[,] DESCRIPTION='TEXT']
[[,] {INIT|NOINIT}]
]
```

参数说明：

① database_name：指定要备份的数据库。

② backup_device：为备份的目标设备，采用"备份设备类型=设备名"的形式。

③ WITH 子句：指定备份选项，这里仅给出两个。

④ NAME=backup_set_name：指定备份的名称。

⑤ DESCRIPTION='TEXT'：给出备份的描述。

⑥ INIT|NOINIT：INIT 表示新备份的数据覆盖当前备份设备上的每一项内容，即原来在此设备上的数据都不存在了；NOINIT 表示新备份的数据添加到备份设备上已有的内容后面。

例 11.10　使用 T–SQL 语句对 student 数据库做完整备份，备份设备为以前创建好的 student_bak 本地磁盘设备，并且此次备份覆盖以前所有的备份。

此例中 SQL 语句如下：

```
BACKUP DATABASE student
TO DISK='student_bak'
WITH INIT,
NAME='student full backup',
DESCRIPTION='student  wanzheng beifen'
```

（2）创建差异备份

使用 BACKUP 语句对数据库进行差异备份的语法如下：

```
BACKUP DATABASE database_name
TO <backup_device>
[WITH DIFFERENTIAL
```

```
[,] NAME=backup_set_name]
[[,] DESCRIPTION='TEXT']
[[,] {INIT|NOINIT}]
]
```

参数说明：

① DIFFERENTIAL：指明了本次备份是差异备份。

② 其他选项与完整备份类似，在此不再重复。

例 11.11 使用 T-SQL 语句对 student 数据库做一次差异备份，备份设备为以前创建好的 student_bak 本地磁盘设备，并将此次备份追加到以前所有备份的后面。

此例 SQL 语句如下：

```
BACKUP DATABASE student
TO DISK='student_bakf'
WITH DIFFERENTIAL,
NOINIT,
NAME='student differient backup'
```

（3）创建事务日志备份

使用 BACKUP LOG 语句对数据库进行事务日志备份的语法如下：

```
BACKUP LOG database_name
TO <backup_device>
[WITH
[,] NAME=backup_set_name]
[[,] DESCRIPTION='TEXT']
[[,] {INIT|NOINIT}]
]
```

例 11.12 使用 T-SQL 语句对 student 数据库做一次事务日志备份，备份设备为以前创建好的 student_bak 本地磁盘设备，并将此次备份追加到以前所有备份的后面。

此例 SQL 语句如下：

```
BACKUP LOG student
TO DISK='student_bak'
WITH NOINIT,
NAME='student transactional backup'
```

11.6.2 恢复数据库

数据库恢复是指将数据库从当前非正常状态恢复到某一正确状态的功能。

1. 恢复模式

SQL Server 2008 数据库恢复模式分为三种，它们是：完整恢复模式、大容量日志恢复模式及简单恢复模式，常用的是完整恢复模式，它为默认恢复模式。它会完整记录操作数据库的每一个步骤。使用完整恢复模式可以将整个数据库恢复到一个特定的时间点，这个时间点可以是最近一次可用的备份、一个特定的日期和时间或标记的事务。

2. 数据库的恢复

1）使用 SQL Server Management Studio 恢复备份数据库

Step1 选择要还原的数据库 student，右击，选择"任务"→"还原"→"数据库"命令，如图 11.25 所示。

Step2 在出现的"还原数据库–student"窗口中选择"源设备",然后单击后面的 按钮,如图 11.26 所示。在弹出的"指定备份"对话框中,单击"添加"按钮。

图 11.25　还原数据库

图 11.26　"还原数据库–student"窗口

Step3 打开"指定备份"对话框,在窗口中单击"添加"按钮,如图 11.27 所示。打开"定位备份文件"窗口,在该窗口中的"文件类型"下拉列表框中选择"所有文件"选项,并在"所有文件"树中找到并选中设备文件 student.bak,如图 11.28 所示。

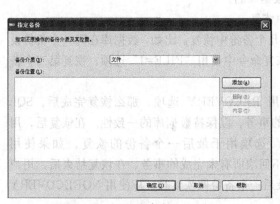

图 11.27　"指定备份"对话框

图 11.28　定位设备文件

Step4 单击"确定"按钮,回到"指定备份"对话框。单击"确定"按钮回到"还原数据库–student"窗口。

Step5 在"还原数据库–student"窗口中的"选择用于还原的备份集"列表中选中刚才添加的备份文件,如图 11.29 所示。

Step6 在"还原数据库–student"窗口的"选项"属性页中,选中"覆盖现有数据库"复选框,如图 11.30 所示。

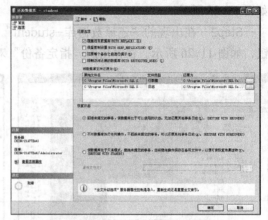

图 11.29　选择备份文件	图 11.30　选中"覆盖现有数据库"

Step7　单击"确定"按钮，完成对数据库的还原操作。

2）使用 T−SQL 语句恢复数据库

（1）恢复完整备份

使用 RESTORE 语句恢复完整备份的语法格式如下：

```
RESTORE DATABASE database_name
[FROM <backup_device>]
[WITH
FILE=file_number]
[[,]{NORECOVERY|RECOVERY}]
[[,]REPLACE]
```

参数说明：

① database_name：指明所要恢复的目标数据库名。

② backup_device：指明从哪个备份设备中恢复。

③ FILE=file_number：指出从设备上的第几个备份中恢复。比如，数据库在同一个备份设备上做了两次备份：恢复第一个备份时应该在恢复命令中使用"FILE=1"选项；恢复第二个备份时应该在恢复命令中使用"FILE=2"选项。

④ NORECOVERY|RECOVERY：如果使用 RECOVERY 选项，那么恢复完成后，SQL Server 2008 将回滚被恢复的数据中所有未完成的事务，以保持数据库的一致性。在恢复后，用户就可以访问数据库了。所以，RECOVERY 选项用于最后一个备份的恢复。如果使用 NORECOVERY 选项，那么 SQL Server 2008 不回滚所有未完成的事务，在恢复结束后，用户不能访问数据库。所以，当不是对所要恢复的最后一个备份做恢复时，应使用 NORECOVERY 选项。

⑤ REPLACE：指明 SQL Server 创建一个新的数据库，并将备份恢复到这个新数据库。如果服务器上已经存在一个同名的数据库，则原来的数据库被删除。

例 11.13　使用 T−SQL 语句对 student 数据库做一次完整备份的恢复，使用的完整备份在备份设备 student_bak 中的第 1 个备份文件中。其语句如下：

```
RESTORE DATABASE student
FROM student_bak
WITH FILE=1,
```

NORECOVERY

（2）恢复事务日志备份

还原事务日志备份也可以和还原差异备份一样，只要知道它在备份文件或备份设备里是第几个文件集即可。在还原事务日志之前，必须首先还原完整数据库备份，当需要应用多个事务日志时，为除了最近一个事务日志外的所有事务日志指定 NORECOVERY 选项。

例 11.14　使用 T-SQL 语句对 student 数据库做一次事务日志备份的恢复，使用的事务日志备份在备份设备 student_bak 中的第 3 个备份文件中。其语句如下：

```
RESTORE LOG student
FROM student_bak
WITH FILE=3,
RECOVERY
```

（3）恢复差异备份

还原差异备份的语法与还原完整备份的语法是一样的，只是在还原差异备份时，必须先还原完整备份再还原差异备份，因此还原差异备份必须要分为两步完成。

例 11.15　使用 T-SQL 语句对 student 数据库做一次差异备份的恢复，使用的差异备份在备份设备 student_bak 中的第 2 个备份文件中。其语句如下：

```
RESTORE DATABASE student
FROM student_bak
WITH FILE=2,
NORECOVERY
```

复习提要

本章介绍 SQL Server 2008 对数据库的管理。

1. 数据库管理的内容

创建数据库；删除数据库；查看数据库（数据服务形式）；分离/附加数据库（数据服务形式）；备份与恢复数据库（数据服务形式）。

2. 操作方式

使用 SQL Server Management Studio 工具；使用 T-SQL 语句。

3. 本章重点内容

SQL Server 2008 数据库管理的操作。

习题 11

一、选择题

1. 分离数据库是将数据库从 SQL Server 2008 实例中_____，但保持组成该数据库及其中的_____、数据文件和事务日志文件完好无损。

　　A. 删除　对象　　　B. 删除　文件　　　C. 移动　对象　　　D. 移动　文件

2. 备份设备是用来存储数据库事务日志等备份的_____。

    A. 存储介质   B. 通用硬盘   C. 存储纸带   D. 外围设备

3. 能将数据库恢复到某个时间点的备份类型是_____。

    A. 完整数据库备份 B. 差异备份   C. 事务日志备份 D. 文件组备份

二、问答题

1. 在 SQL Server 2008 安装过程中，northwind 会被默认安装，请问该数据库可以改名吗？哪些数据库可以被改名？可以删除吗？请总结 SQL Server 2008 当中可以被删除和不可以被删除的数据库。

2. 数据库的备份和还原类型分别有哪些？并简要描述。

三、应用题

1. 在本地磁盘 D 中创建一个"学生–课程"数据库（名称为 student），只有一个数据文件和一个日志文件，文件名称分别为 stu 和 stu_log，物理名称为 stu_data.mdf 和 stu_log.ldf，初始大小都为 3 MB，增长方式分别为 10% 和 1 MB，数据文件最大为 500 MB，日志文件大小不受限制。

2. 使用 SQL Server Management Studio 工具查看数据库 student 的基本信息；使用 T-SQL 查看 student 中所有文件组合文件信息

3. 创建一个"学生"备份设备，对 student 数据库进行备份，然后修改 student（增、删数据库中的表等），将备份的数据库还原。

4. Benet 公司的网络中有一台 SQL Server 2008 的数据库服务器，其中 Sales 数据库中存放着产品销售相关的信息。Sales 数据库由一个数据文件 Sales_Data.mdf 和一个事务日志文件 Sales_Log.ldf 组成，这两个文件都存放在一个单独的硬盘上。最近硬件监控软件报告这块存放 Sales 数据文件的磁盘介质性能不稳定，为了避免数据丢失给公司带来损失，现在决定用一块新的硬盘替换这块有问题的硬盘，请简要地叙述实现步骤和过程。

第12章 SQL Server 2008 数据库对象管理

在 SQL Server 2008 中，数据库对象是数据库的组成部分，本章主要介绍 SQL Server 2008 中数据库对象管理，内容包括表、索引、视图、触发器及存储过程等（其中存储过程在下章中介绍），而重点介绍它们的操作。其操作方式使用 Server Management Studio 人机交互方式以及 T-SQL 方式。下面分别简写为：SQL Server Management Studio 与 T-SQL 方式。

本章中以 S-C-T 数据库为例讲解 SQL Server2008 中数据库对象管理操作。"S-C-T" 数据库包含如下 4 个表，它们的描述如表 12.1～表 12.4 所示。

- 学生表：Student (Sno, Sname, Ssex, Sage, Sdept)
- 课程表：Course (Cno, Cname, Cpno, Ccredit, Tno)
- 成绩表：SC (Sno, Cno, Grade)
- 教师表：Teacher (Tno, Tname)

表 12.1 学生基本信息表结构：student

列 名	数据类型及长度	空 否	说 明
Sno（主键）	Char(9)	Not Null	学号
Sname	Char(20)	Null	姓名
Ssex	Char(2)	Null	性别
Sage	Smallint	Null	年龄
Sdept	Char(20)	Null	系别

表 12.2 课程基础信息表：Course

列 名	数据类型及长度	空 否	说 明
Cno（主键）	Char(4)	Not Null	课程号
Cname	Char(40)	Null	课程名
Cpno	Char(4)	Null	先行课
Ccredit	Smallint	Null	学分
Tno	Char(9)	Null	教师编号

表 12.3　选课信息表：SC

列　名	数据类型及长度	空　否	说　明
Sno（主键）	Char(9)	Not Null	课程号
Cno（主键）	Char(4)	Not Null	学号
Grade	Smallint	Null	成绩

表 12.4　教师表：Teacher

列　名	数据类型及长度	空　否	说　明
Tno（主键）	Char(9)	Not Null	教师编号
Tname	Char(20)	Null	教师名

12.1　SQL Server 2008 表定义及数据完整性

SQL Server 2008 表定义包括创建表、修改表及删除表，还包括表中数据完整性设置以及表的索引创建与删除。

12.1.1　创建表

数据库中包含一个或多个表。表由行和列所构成，行称为记录，是组织数据的单位；列称为字段，每一列表示记录的一个属性。创建表就是定义表结构及约束，即确定表名、所含的字段名、字段的数据类型、长度及空值信息，此外还包括数据完整性约束等。

1. 使用 SQL Server Management Studio 创建表

以在"S–C–T"数据库上创建 Student 表、Course 表、Teacher 表及 SC 表为例。

Step1　启动 SQL Server Management Studio 连接到 SQL Server 2008 数据库实例。

Step2　展开 SQL Server 实例，依次展开"数据库"→"S–C–T"→"表"结点，右击，从弹出的快捷菜单中选择"新建表"命令，如图 12.1 所示，打开表设计器。

Step3　在表设计器中，可以定义各列的名称、数据类型、长度、是否允许为空等属性，如图 12.2 所示。

图 12.1　打开表设计器

图 12.2　用表设计器设置属性

Step4 当完成新建表的各个列的属性设置后，单击工具栏上的"保存"按钮，弹出"选择名称"对话框，输入新建表名 Student，如图 12.3 所示。SQL Server 数据库引擎会依据用户的设置完成 Student 表的创建。

Step5 依据以上步骤分别创建 Course 表、Teacher 表、SC 表，创建后单击"对象资源管理器"窗口中的刷新按钮，可以在"对象资源管理器"窗口看到创建的四张表，如图 12.4 所示。

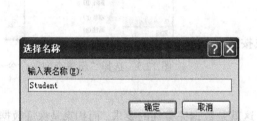

图 12.3　"选择名称"对话框

图 12.4　创建完成

2. 使用 T-SQL 语句创建表

```
CREATE TABLE [database_name.[schema_name].|schema_name.] table_name
 ({<column_definition>}
  [<table_constraint>][,...n])
  [ON{filegroup|"default"}]
[;]
<column_definition> ::=
 column_name<data_type>[NULL|NOT NULL]
  [[CONSTRAINT constraint_name]DEFAULT|constant_expression]
```

参数说明：

- database_name：创建表的数据库的名称，必须指定现有数据库的名称。如果未指定，则 database_name 默认为当前数据库。
- table_name：新表的名称。表名必须遵循标识符命名规则。
- column_name：表中列的名称。列名必须遵循标识符命名规则并且在表中是唯一的。
- ON{filegroup │ "default"}：指定存储表的文件组。如果指定了"default"，或者根本未指定 ON，则表存储在默认文件组中。
- default（默认值）：指定列的默认值。
- CONSTRAINT：约束条件。

例 12.1 在 S-C-T 数据库中创建 Student 表。

Step1 启动 SQL Server Management Studio。

Step2 打开资源管理器，展开"数据库"结点，右击"S-C-T"，选择"新建查询"命令，如图 12.5 所示。

Step3 在"新建查询"窗口中输入如下 T-SQL 程序。

```
USE S-C-T
CREATE TABLE Student
    (Sno    CHAR(9),
    Sname   CHAR(20),
    Ssex    CHAR(2),
    Sage    SMALLINT,
    Sdept   CHAR(20)
    Constraint PK_sno
    PRIMARY KEY(sno)          /*表级完整性约束条件*/
    );
GO
```

Step4 单击工具栏上的"执行"按钮 或按键盘上的【F5】键，即可完成表 Student 的创建。

图 12.5 选择"新建查询"命令

12.1.2 完整性与约束

数据库表中的数据应能满足现实规则的要求，这就是数据完整性的要求。而约束是保证数据库中的数据完整性的方法。在 SQL Server 2008 中有 5 种约束类型：PRIMARY KEY 约束；FOREIGN KEY 约束；UNIQUE 约束；CHECK 约束；DEFAULT 约束。

在 SQL Server 2008 中，约束作为数据表定义的一部分，在 CREATE TABLE 语句中定义。这种定义有两种形式：

* 列级完整性约束：定义于创建表列定义之后。
* 表级完整性约束：定义于创建表之后。

也可以独立于数据表的结构而单独定义。此时可通过添加约束语句 ADD 实现，此语句一般都紧邻表定义语句之后，它的语法如下：

```
ALTER TABLE "表名"
ADD <约束表达式>
```

1. PRIMARY KEY 约束

用 T-SQL 中语句创建 PRIMARY KEY 约束语法如下：

```
[CONSTRAINT constraint_name] PRIMARY KEY [CLUSTERED|NONCLUSTERED]
(column_name [,...n])
```

参数说明：

* Constraint_name：约束的名字。
* CLUSTERED | NONCLUSTERED：表示所创建的 UNIQUE 约束是聚集索引，默认为 CLUSTERED，即聚集索引。

例 12.2 创建 Student 表并设置 Sno 主键。

```
CREATE TABLE Student
```

```
 (Sno    CHAR(9)   PRIMARY KEY,          /*列级完整性约束条件*/
  Sname   CHAR(20)
  Ssex    CHAR(2),
  Sage    SMALLINT,
  Sdept   CHAR(20));
```

也可如例 12.1 所示在表级加上完整性约束。

2. FOREIGN KEY 约束

可用 T-SQL 中语句创建 FOREIGN KEY 约束语法如下：

```
[CONSTRAINTconstraint_name][FOREIGN KEY]
REFERENCES referenced_table_name(column_name)[([,...n])]
```

参数说明如下：

- referenced_table_name 是 FOREIGN KEY 约束引用的表的名称。
- column_name 是 FOREIGN KEY 约束所引用的表中的某列。

例 12.3　建立一个 SC 表，指定 Sno 和 Cno 为主键，Sno 为外键，与 Student 表中的 Sno 列关联，Cno 为外键，与 Course 表中的 Cno 列关联。

```
CREATE TABLE  SC
     (Sno   CHAR(9),
      Cno   CHAR(4),
      Grade   SMALLINT,
      Constraint PK_Sno_Cno     PRIMARY KEY (Sno,Cno),
      /* 主键由两个属性构成，必须作为表级完整性进行定义*/
      Constraint FK_Sno    FOREIGN KEY (Sno) REFERENCES Student(Sno),
      /* 表级完整性约束条件，Sno 是外键，引用表是 Student */
      Constraint FK_Cno  FOREIGN KEY (Cno) REFERENCES Course(Cno)
      /* 表级完整性约束条件，Cno 是外键，引用表是 Course*/
      );
```

3. NULL | NOT NULL 约束

用 T-SQL 中语句创建 NULL | NOT NULL 约束语法如下：

```
[CONSTRAINT constraint_name] NULL | NOT NULL.
```

此语句是一种列级完整性约束。

例 12.4　创建 Student 表并设备 Sno 为非空。

```
CREATE TABLE Student
(Sno CHAR(9)PRIMARY KEY, NOT NULL
 Sname CHAR(20),
 Ssex CHAR(2),
 Sage SMALLINT,
 Sdept CHAR(2));
```

4. UNIQUE 约束

用 T-SQL 中语句创建 UNIQUE 约束语法如下：

```
[CONSTRAINT constraint_name] UNIQUE [CLUSTERED|NONCLUSTERED]
```

其中，CLUSTERED|NONCLUSTERED 表示所创建的 UNIQUE 约束是否为聚集索引，默认为 NONCLUSTERED。

例 12.5 创建 Student 表并设置 Sno 主键，Sname 取唯一值。

```
CREATE TABLE Student
        (Sno   CHAR(9) PRIMARY KEY,      /*列级完整性约束条件*/
         Sname  CHAR(20) UNIQUE,          /*Sname 取唯一值*/
         Ssex   CHAR(2),
         Sage   SMALLINT,
         Sdept  CHAR(20));
```

5. CHECK 约束

可用 T-SQL 中语句创建 CHECK 约束如下：

```
[CONSTRAINT constraint_name] CHECK (check_expression)
```

其中，check_expression 为约束范围表达式。

例 12.6 将 SC 表中 Grade 值设置在 0~100 之间。

```
ALTER  TABLE  SC,
ADD constraint Ck_Grade,
CONSTRAINT CK_ Grade CHECK(Grade BETWEEN 0 AND 100)
```

6. DEFAULT 约束

用 T-SQL 中语句创建 DEFAULT 约束语法如下：

```
[CONSTRAINT constraint_name] DEFAULT constraint_expression [with VALUES]
```

其中 constraint _expression 为默认值表达式。

例 12.7 将表 Student 的 Sage 默认值设置为'19'。

```
ALTER TABLE Student
ADD DEFAULT '19' FOR Sage
```

7. 删除约束

用 T-SQL 中语句删除约束语法如下：

```
DROP{[CONSTRAINT] constraint_name|COLUMN column_name}
```

例 12.8 将表 Course 的 ix_Cname 约束删除。

```
ALTER tABLE Course DROP ix_Cname
```

12.1.3 创建与删除索引

在创建表后一般可用 T-SQL 中语句创建索引，其语法结构如下：

```
CREATE [UNIQUE] [CLUSTERED|NONCLUSTERED]
INDEX 索引名 ON  表名(列名 [ASC|DESC])
```

参数说明：

- UNIQUE 唯一索引；
- CLUSTERED 聚集索引；

- NONCLUSTERED 非聚集索引；
- ASC|DESC 排序方式，默认为升序（ASC）。

在创建索引后也可删除索引，其 T-SQL 中语句语法结构如下：

```
DROP INDEX 索引名
```

12.1.4　修改表

1. 使用 SQL Server Management Studio 修改表

Step1　在资源管理器中，选中需要修改的表，右击，弹出快捷菜单，如图 12.6 所示。

Step2　选择"设计"命令，打开图 12.7 右侧所示的表设计窗口。在表设计窗口中可以进行的修改操作有：更改表名；增加字段、删除字段；修改已有字段的属性（字段名、数据类型、长度、是否为空值）。

图 12.6　快捷菜单

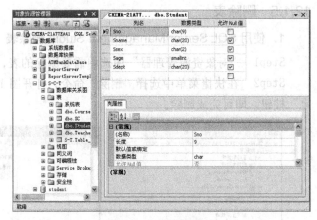

图 12.7　表设计窗口

2. T-SQL 中语句修改表

T-SQL 中对数据表进行修改的语句是 ALTER TABLE，基本语法是：

```
ALTER TABLE table_name
    {[ALTER COLUMN column_name                       /*修改已有字段的属性/
        new_data_type[(precision,[,scale])]
        [NULL|NOT NULL]
    ]}
    |ADD{[<colume_definition>]}][,...n]              /*增加新字段*/
    |DROP{[CONSTRAINT]constraint_name|COLUMN column}[,...n]
                                                     /*删除字段*/
```

参数说明：

- table_name：用于指定要修改的表名。
- ALTER COLUMN：用于指定要变更或者修改数据类型的列。
- column_name：用于指定要更改、添加或删除的列的名称。
- new_data_type：用于指定新的数据类型名。

- precision：用于指定新的数据类型的精度。
- scale：用于指定新的数据类型的小数位数。
- NULL|NOT NULL：用于指定该列是否可以接受空值。
- ADD{[<column definition>]}：用于从表中增加新列。
- DROP {[CONSTRAINT] constraint_name | COLUMN column_name}：用于从表中删除指定约束或列名。

例 12.9　在表 Student 中增加新字段 Cname，nvarchar（字符）型，最大长度20。

```
ALTER TABLE Student
ADD Cname nvarchar(20)
```

例 12.10　删除表 Course 中的字段 Cpno。

```
ALTER TABLE Course
DROP COLUMN Cpno
```

12.1.5　删除表

1. 使用 SQL Server Management Studio 删除表

Step1　"对象资源管理器"中选中需要删除的表，右击，弹出快捷菜单，如图 12.8 所示。

Step2　在快捷菜单中选择"删除"命令，打开图 12.9 所示的"删除对象"窗口，点击"确定"按钮，即可完成删除。

图 12.8　选择"删除"命令

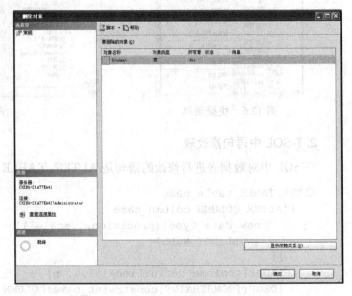

图 12.9　删除表

2. T-SQL 中语句删除表

T-SQL 中对表进行删除的语句是 DROP TABLE，该语句的语法格式为：

```
DROP TABLE table_name
```

其中 table_name 是被删除的表名。

例 12.11 删除表 Teacher，使用的 T-SQL 语句为：

```
DROP TABLE Teacher
```

12.2 SQL Server 2008 中的数据查询操作

1．用 Server Management Studio 执行查询语句

Step1 选择"开始"→"所有程序"→Microsoft SQL Server 2008→SQL Server Management Studio 命令，打开 SQL Server 管理平台，依次展开"对象资源管理器"中的"数据库"→"S-C-T"→"表"结点，可以看到图 12.10 所示的表，其中包含 Course、SC、Student、Teacher 表。

Step2 选中"Student"表，右击，执行图 12.11 所示的操作，将显示查询编辑器窗口。

图 12.10 资源管理器

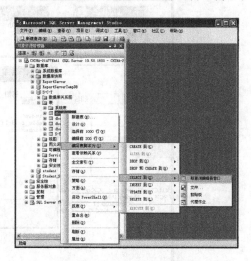

图 12.11 打开查询编辑器

Step3 查询编辑器窗口可以新建查询、连接数据库、执行 SQL 语句，结果可以以网格或文本格式显示，如图 12.12 所示。若单击"执行"按钮，窗体中以网格形式显示 Student 表中的数据。

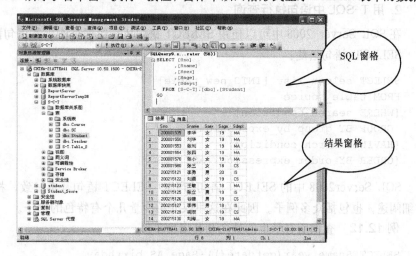

图 12.12 查询编辑器窗口

Step4 在 SQL 窗格右击，在弹出的快捷菜单中选择"在编辑中设计查询修改"命令，将显示图 12.13 所示的"查询设计器"窗口。它有 3 个窗格，依次为关系窗格、网格窗格及 SQL 窗格。在关系窗格所出现的图表示了表间的连接，它在 SQL 窗格中可用 INNER JOIN 连接，其语法形式为：

```
FROM <table> INNER JOIN <table>
[ON(join_condition)]
```

Step5 通过查询设计器可以用图形化的方式设计查询，可以通过鼠标右键添加和删除表，进而在查询设计器中设计查询。单击查询设计器中的"确定"按钮，可以将 SELECT 语句结果插入到 SQL Server 2008 的查询编辑器主窗口中，并可在其中显示。

图 12.13 "查询设计器"窗口

2. 用 T-SQL 中语句执行查询

在 SQL Server 2008 中可以使用 SELECT 语句执行数据查询。其语句语法如下：

SELECT 语句语法：

```
SELECT select_list [INTO new_table]
FROM table_source
[WHERE search_condition]
[GROUP BY group_by_expression]
[HAVING search_condition]
[ORDER BY order_expression [ASC|DESC]]
```

SQL Server2008 中的 SELECT 语句与 ISO SELECT 语句基本一致，相关内容已在第 3 篇详细阐述，也包括众多例子。因此在这里仅介绍少量几个有特色的例子。

例 12.12 查询所有学生的姓名及其出生年份。

```
SELECT Sname,year(getdate())-Sage AS birthday
FROM Student
```

说明：该语句中使用了计算列表达式。Getdate()函数和 year()函数，前者用于获取系统当前日期，后者用于获取指定日期的年份。

例 12.13　查询 SC 表中成绩为空的学生学号。

```
SELECT Sname
FROM SC
WHERE Grade IS NULL
```

例 12.14　查询 Student 表中所有男生或者年龄大于 19 岁的学生姓名和年龄。

```
SELECT Sname,Sage
FROM Student
WHERE Ssex='男' OR Sage>19
```

例 12.15　查询所有不姓王的学生姓名和学号。

```
SELECT Sno,Sname,Ssex
FROM Student
WHERE Sname NOT LIKE '王%'
```

例 12.16　查询选修了课程号为 C021 的学生学号及其成绩，并按分数降序输出结果。

```
SELECT Sno,Grade
FROM SC
WHERE Cno='C021'
ORDER BY Grade DESC
```

例 12.17　查询修读课程号为 C011 的所有学生姓名。

```
SELECT Sname
FROM  Student
WHERE  Sno IN
        (SELECT  Sno
         FROM  SC
         WHERE  Cno = 'C011')
```

例 12.18　找出每个学生超过他选修课程平均成绩的课程号。

```
SELECT Sno,Cno
FROM SC x
WHERE Grade>=
        (SELECT AVG (Grade)
         FROM SC y
         WHERE y.Sno=x.Sno)
```

其中 x 是表 SC 的别名，又称为元组变量，可以用来表示 SC 的一个元组。内层查询是求一个学生所有选修课程平均成绩，至于是哪个学生的平均成绩要看参数 x.Sno 的值，而该值是与父查询相关的，因此这类查询称为相关子查询。

在 SELECT 语句中可插入聚合函数，SQL Server 2008 中主要提供以下几类聚合函数：

- 计数：COUNT([DISTINCT|ALL] expression|*);

- 计算总和：SUM([DISTINCT|ALL] expression)；
- 计算平均值：AVG([DISTINCT|ALL] expression)；
- 求最大值：MAX([DISTINCT|ALL] expression)；
- 求最小值：MIN([DISTINCT|ALL] expression)。

例 12.19 查询选修了课程的学生人数。

```
SELECT COUNT (DISTINCT Sno)
FROM SC
```

在查询中可插入计算功能。

例 12.20 计算计算机系（CS 系）学生选修 C001 号课程的平均成绩。

```
SELECT AVG(Grade)
FROM SC
WHERE Cno='C001' AND Sno IN
        (SELECT Sno
         FROM Student
         WHERE Sdept='CS')
```

查询中有分类功能：

例 12.21 给出计算机系下一年度学生的年龄。

```
SELECT  Sname, Sage+1
FROM    Student
WHERE   Sdept = 'CS'
```

例 12.22 查询每门课程的选课平均成绩及选课人数。

```
SELECT Cno,AVG(Grade) AS 平均成绩,COUNT(Sno) AS 选课人数
FROM SC
GROUP BY Cno
```

例 12.23 查询选修了 3 门以上课程的学生学号。

```
SELECT Sno
FROM SC
GROUP BY Sno
HAVING COUNT(*)>3
```

前面所介绍的操作通常是在 SQL Server Management Studio 平台下用 SQL 语句完成查询。

例 12.24 在 SQL Server Management Studio 平台下操作完成 SQL 查询语句：

```
SELECT *
FROM Student
```

Step1 启动 SQL Server Management Studio。单击"新建查询"按钮，或者右击将要查询的数据库对象，在弹出的快捷菜单中选择"新建查询"命令，如图 12.14 所示。

Step2 打开"查询编辑器"窗口，如图 12.15 所示，在右侧的空白处输入 SELECT 查询命令。

Step3 单击"执行"按钮即可完成查询。查询结果显示在右下角的窗口中，如图 12.16 所示。

图 12.14　选择"新建查询"命令

图 12.15　"查询编辑器"窗口

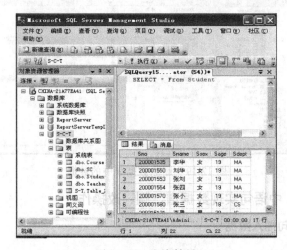

图 12.16　查询结果

12.3　SQL Server 2008 数据增、删、改操作

12.3.1　使用 SQL Server Management Studio 实现数据增、删、改操作

1. 添加数据

Step1　在"对象资源管理器"中选中需要添加记录的表（如 Student 表），右击，在弹出的快捷菜单中选择"编辑前 200 行"命令，如图 12.17 所示，系统打开表编辑器，并返回前 200 行记录。

Step2　插入数据时，将光标定位在空白行某个字段的编辑框中，输入数据，单击其他某行，即可提交新数据，如图 12.18 所示。单击工具栏上的"保存"按钮可保存输入数据。

2. 删除和修改数据记录

删除和修改也可以通过表编辑器完成。修改时选中需要修改的属性直接修改即可；删除记录行时，选中需要删除的数据行，右击，在弹出的快捷菜单中选择"删除"即可，如图 12.19 所示。

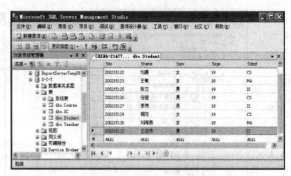

图 12.17　选择"编辑前 200 行"命令　　　　　图 12.18　在表中添加数据

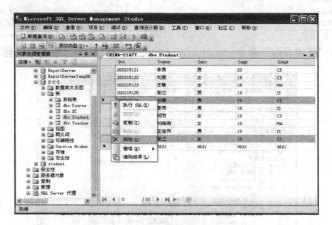

图 12.19　删除数据表中的数据

12.3.2　使用 T-SQL 中语句实现数据增、删、改操作

1. 用 INSERT 语句插入数据

```
INSERT [INTO] table_or_view_name [(column_list)]
{
    {VALUES(({DEFAULT|NULL|}[,...n])[,...n])
    |derived_table
    |DEFAULT VALUES
    }
}
```

参数说明：

- table_or view_name：表或视图名。
- (column_list)：要在其中插入数据的一列或多列的列表。必须用括号将其括起来，并且用逗号进行分隔。
- VALUES：引入要插入的数据值的列表。对于 column_list（如果已指定）或表中的每个列，都必须有一个数据值，并且必须用圆括号将值列表括起来。
- DEFAULT：强制数据库引擎加载为列定义的默认值。如果某列并不存在默认值，并且该列允许 NULL，则插入 NULL 值。
- derived_table：任何有效的 SELECT 语句，它返回将加载到表中的数据行。

- DEFAULT VALUES：强制新行包含为每个列定义的默认值。

例 12.25　在 Student 表中插入一条新的学生信息。

```
INSERT INTO Student
VALUES (('200215132','王浩伟','男',19,'IS')
```

注意：向表中插入数据时，数值数据可以直接插入，但是字符数据和日期数据要用半角单引号引起来，否则就会提示系统错误。

当 VALUES 子句中数据值个数和顺序与表中定义完全一致时(column_list)可以省略。

例 12.26　在 Student 表中插入一条新的学生信息：学号为 200215132，姓名为王浩伟，性别为男，年龄为 19，系别为 IS。

```
INSERT INTO Student (Sno,Sname,Sdept)
VALUES ('200215132','王浩伟','IS')
```

SQL Server 将新插入记录的 Ssex 和 Sage 列上自动赋空值。

使用 INSERT [INTO]…derived_table 语句可以一次插入多行数据。derived_table 可以是任何有效的 SELECT 语句。

例 12.27　将学生基本信息（学号，姓名，性别）插入到学生名册表 stu1 中。

```
INSERT INTO stu1
SELECT Sno,Sname,Ssex FROM Student
```

使用 INSERT…INTO 形式插入多行数据时，需要注意下面两点：

- 要插入的数据表必须已经存在。
- 要插入数据的表结构必须和 SELECT 语句的结果集兼容，也就是说，两者的列的数量和顺序必须相同、列的数据类型必须兼容等。

2．用 UPDATE 语句修改数据

可以使用 UPDATE 语句修改表中已经存在的数据，该语句既可以一次更新一行数据，也可以一次更新多行数据。

```
UPDATE [TOP(n)[PERCENT]] table_or_view_name
  SET {column_name={expression|DEFAULT|NULL}
  |@variable=column{+=|-=|*=|/=|%=|&=|∧=||=}|expression
}
  [WHERE <search_condition>]
```

参数说明：

- TOP (n) [PERCENT]：指定将要更新的行数或行百分比。
- table_or view_name：表或视图名称。
- SET：指定要更新的列或变量名称的列表。
- WHERE：指定条件用于限定所更新的行。
- <search_condition>：为要更新的行指定需满足的条件。

例 12.28　将学生表 Student 中"胡双"所属的学院由"IS"改为"MA"。

```
UPDATE Student SET Sdept='MA'
WHERE student.Name='胡双'
```

例 12.29　将学生表所有学生的年龄增加 1 岁。

```
UPDATE Student SET Sage=Sage+1
```

更新数据时，每个列既可以被直接赋值，也可以通过计算得到新值。

例 12.30　将所有计算机系学生的选修课成绩置 0 分。

```
UPDATE SC
SET Grade=0
WHERE'CS'=(SELECT Sdept
           FROM Student
           WHERE Student.Sno=SC.Sno)
```

3. 用 DELETE 语句删除数据

使用 DELETE 语句可删除表中数据，其基本语法形式如下：

```
DELETE [FROM] table_name
[WHERE search_condition]
```

例 12.31　删除 student 表中姓名为"李林"的数据记录。

```
DELETE FROM student
WHERE Sname='李林'
```

例 12.32　删除所有学生的选课记录。

```
DELETE FROM SC 或者 DELETE SC
```

12.4　SQL Server 2008 的视图

1. 创建视图

1) 使用 SQL Server Management Studio 的对象资源管理器创建视图

Step1　按照图 12.20 所示的方式打开新建视图窗口。

Step2　在新建视图中选中需要添加的表，单击"添加表"对话框中的"添加"按钮添加表，如图 12.21 所示。关闭"添加表"对话框。

图 12.20　打开"新建视图"窗口

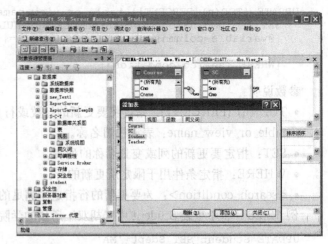

图 12.21　添加表

Step3　在关系窗口中将相关字段拖动到需连接的字段上建立表间的联系。通过表列名前的复选框选择设置视图需输出的字段，在条件窗格设置过滤的查询条件，如图 12.22 所示。

Step4　单击"执行"按钮，可以查看运行结果，如图 12.23 所示。

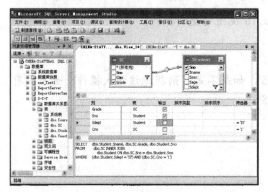

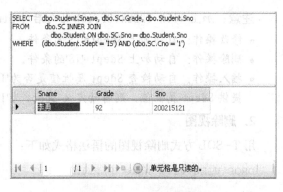

图 12.22　条件设置　　　　　　　　　图 12.23　视图查询结果

Step5　单击工具栏上的"保存"按钮，在弹出的"选择名称"对话框的"输入视图名称"文本框中输入"Stu_IS_C1"，完成视图的创建，并可以看到创建好的视图，如图 12.24 所示。

2）使用 T_SQL 中语句创建视图

利用 CREATE VIEW 语句可以创建视图，该语句的基本语法如下：

```
CREATE VIEW[schema_name.] view_name[(column
[,...n])]
AS SELECT_statement
[WITH CHECK OPTION]
```

图 12.24　视图创建完成

注意：用于创建视图的 SELECT 语句有以下的限制：

（1）定义视图的用户必须对所参照的表或视图有查询权限，即可执行 SELECT 语句。

（2）不能使用 ORDER BY 子句。

（3）不能使用 INTO 子句。

（4）不能在临时表或表变量上创建视图。

例 12.33　创建计算机系学生基本信息视图 Stu_CS 用于查看学生学号、姓名、年龄、性别信息，并修改其字段名。

```
CREATE  VIEW  Stu_CS(CS_Sno,CS_Sname,CS_Sage,CS_Ssex)
AS
SELECT Sno,Sname,Sage,Ssex
FROM Student
WHERE Sdept='CS'
```

例 12.34　创建信息系男学生基本信息视图 Stu_IS，包括学生的学号、姓名及年龄，并要求进行修改和插入操作时仍保证该视图只有信息系的学生。

```
CREATE  VIEW  Stu_IS(IS_Sno,IS_Sname,IS_Sage)
AS
```

```
SELECT Sno,Sname,Sage
FROM Student
WHERE Sdept='IS'
WITH CHECK OPTION
```

注意： 加上 WITH CHECK OPTION 语句后对 Stu_IS 视图的更新操作：

- 修改操作：自动加上 Sdept='IS'的条件。
- 删除操作：自动加上 Sdept='IS'的条件。
- 插入操作：自动检查 Sdept 属性值是否为'IS'，如果不是，则拒绝该插入操作；如果没有提供 Sdept 属性值，则自动定义 Sdept 为'IS'。

2. 删除视图

用 T-SQL 方式删除视图的语法格式如下：

```
DROP VIEW view_name [,...n]
```

例 12.35 删除 Stu_IS。

```
DROP VIEW Stu_IS
```

3. 利用视图查询数据

利用视图查询数据方式与用表查询一样，以 T-SQL 方式为例说明如下：

例 12.36 查询信息系学生学号为 S27070101 的学生名。

```
SELECT  IS Sname
FROM STU_IS
WHERE IS Sno='S27070101'
```

*12.5 SQL Server 2008 的触发器

触发器是一种特殊类型的存储过程，它在执行某些特定的 T-SQL 语句或操作时可以自动激活执行。SQL Server 2008 触发器的触发事件包括对表进行 Insert、Update 或 Delete 操作时，以及数据库及表发生 CREATE、ALTER 和 DROP 操作时会自动激活执行。

12.5.1 触发器类型

1) DML 触发器

DML 触发器是当数据库发生 INSERT、UPDATE、DELECT 操作时所产生的事件。

DML 触发器又分为两种：

- **After 触发器**：这类触发器是在记录已经改变完之后（after），才会被激活执行。它主要用于记录变更后的处理或检查。
- **Instead Of 触发器**：这类触发器一般是用来取代原本要进行的操作，在记录变更之前发生的，它并不去执行原来 SQL 语句中的操作（Insert、Update、Delete），而去执行触发器本身所定义的操作。

2) DDL 触发器

DDL 触发器是在响应数据定义事件时执行的存储过程。DDL 触发器激发存储过程以响应事件。它所响应的是多种 CREATE、ALTER 和 DROP 等数据定义语句。

一般来说，在以下几种情况下可以使用 DDL 触发器：

（1）防止数据库架构进行某些修改。

（2）防止数据库或数据表被误操作删除。

（3）用于记录数据库架构中的更改事件。

12.5.2 创建触发器

1. 创建 DML 触发器

（1）创建 AFTER 触发器

语法如下：

```
CREATE TRIGGER [schema_name.] trigger_name
ON{table|view}
{FOR|AFTER}
{[[INSERT][,]][UPDATE]>[,]<[DELETE]}
AS
<T-SQL statements>
```

参数说明：

- trigger_name 是触发器名。
- table | view 是在其上执行触发器的表或视图，称为触发器表或触发器视图。
- AFTER 指定触发器只有在触发 SQL 语句中指定的所有操作都已成功执行后才激发。所有的引用级联操作和约束检查也必须成功完成后，才能执行此触发器。
- T-SQL statements 是 T-SQL 程序。

例 12.37 创建一个触发器，在学生表（Student 表）中插入一条记录后，发出"你已经成功添加了一个学生信息"的提示信息。

创建触发器的步骤

Step1 启动 SQL Server Management Studio。

Step2 在"对象资源管理器"中展开"数据库"树形目录，定位到"S-C-T"数据库，在其下的"表"树形目录中找到 dbo.Student，选中其下的"触发器"选项并右击，在弹出的快捷菜单中选择"新建触发器"命令，如图 12.25 所示。

Step3 右击，选择"新建查询"命令，弹出"新建查询"窗口，在编辑区中修改代码，如图 12.26 所示。

图 12.25 打开"新建出发器"窗口

图 12.26 修改触发器代码

即将从 CREATE 开始到 GO 结束的代码改为以下代码：

```
CREATE TRIGGER dbo.Student_insert
    ON Student
    AFTER INSERT
AS
BEGIN
    print '你已经成功添加了一个学生信息！'
END
GO
```

Step4 单击工具栏中的"分析"按钮 ，检查语法，如果下面的"结果"窗口中出现"命令已成功完成"。

Step5 单击"执行"按钮，生成触发器。单击"刷新"按钮 ，展开"触发器"结点，可以看到刚才建立的 Student_insert 触发器，如图 12.27 所示。

（2）创建 INSTEAD OF 触发器

INSTEAD OF 触发器与 AFTER 触发器的工作流程是不一样的。AFTER 触发器是在 SQL Server 服务器接到执行 SQL 语句请求之后，先建立临时的 Inserted 表和 Deleted 表，然后实际更改数据，最后才激活触发器。而 INSTEAD OF 触发器是在 SQL Server 服务器接到执行 SQL 语句请求后，先建立临时的 Inserted 表和 Deleted 表，然后触发 INSTEAD OF 触发器。

图 12.27　触发器 Student_insert 创建完成

创建 INSTEAD OF 触发器的语法如下：

```
CREATE TRIGGER [schema_name.]trigger_name
ON{table|view}
{INSTEAD OF}
{[[INSERT][,][UPDATE]>[,]<[DELETE]]}
[WITH APPEND]
AS
<T-SQL statements>
```

参数 INSTEAD OF 它表示了指定执行触发器而不是执行触发 SQL 语句，从而替代触发语句的操作。

分析上述语法可以发现，创建 INSTEAD OF 触发器与创建 AFTER 触发器的语法几乎一样，只是简单地把 AFTER 改为 INSTEAD OF。

例 12.38 修改 Student（学生）表中的数据时，利用触发器跳过修改数据的 SQL 语句（防止数据被修改），并向客户端显示一条消息。

```
CREATE TRIGGER teacher_update
  ON Student
  INSTEAD OF UPDATE
AS
BEGIN
  RAISERROR ('警告：你无修改教师表数据的权限！',16,10)
```

```
END
GO
```

2. 创建 DDL 触发器

创建 DDL 触发器的语法如下：

```
CREATE TRIGGER trigger_name
ON{ALL SERVER|DATABASE}
[WITH ENCRYPTION]
FOR{event_type|event_group}[,...n]
AS{sql_statement[;]}
```

参数说明：

- trigger_name：触发器名。
- DATABASE：将 DDL 触发器的作用域应用于当前数据库。
- ALL SERVER：将 DDL 触发器的作用域应用于当前服务器。
- WITH ENCRYPTION：对 CREATE TRIGGER 语句的文本进行加密。
- event_type：执行之后将导致激发 DDL 触发器的 T-SQL 程序事件的名称。
- event_group：预定义的 T-SQL 语言事件分组的名称。
- sql_statement：指定触发器所执行的 T-SQL 程序。

例 12.39　建立用于保护 S-C-T 数据库中的数据表不被删除的触发器。

具体操作步骤如下：

Step1　启动 SQL Server Management Studio。

Step2　在"对象资源管理器"中展开"数据库"，定位到 S-C-T 数据库。

Step3　单击"新建查询"按钮，然后在弹出的"查询编辑器"中的编辑区中输入以下的代码：

```
CREATE TRIGGER disable_droptable
    ON DATABASE
    FOR DROP_TABLE
AS
BEGIN
    RAISERROR ('对不起，不能删除 CJGL 数据库中的数据表',16,10)
    ROLLBACK
END
GO
```

Step4　单击"执行"按钮，生成触发器。如图 12.28 所示，在"对象资源管理器"中可以看到刚刚创建的触发器 disable_droptable。

接着，可以 SQL Server Management Studio 测试该 DDL 触发器的功能，具体操作步骤如下：

Step1　启动 SQL Server Management Studio。

Step2　在"对象资源管理器"展开"数据库"，定位到 S-C-T 数据库。

Step3　单击"新建查询"按钮，然后，在弹出的"查询编辑器"的编辑区中输入以下的代码：

```
DROP TABLE Student
```

Step4　单击"执行"按钮，运行结果如图 12.29 所示，它表示了表 Student 的数据不能删除。

图 12.28　创建完成数据库触发器

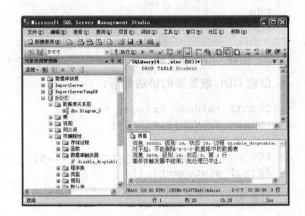

图 12.29　删除表 Student

12.5.3　管理触发器

1. 查看 DML 触发器

查看 DML 触发器有两种方式:

(1) 通过 SQL Server Management Studio 查看。

在"对象资源管理器"中选中某一触发器,双击即可查看该触发器的信息。

(2) 利用 T—SQL 中系统存储过程来查看。

① 系统存储过程 sp_help 可以了解如触发器名称、类型、创建时间等基本信息,其语法格式如下:

```
sp_help '触发器名'
```

例如:

```
sp_help 'Student_insert'
```

② sp_helptext

sp_helptext 可以查看触发器的文本信息,其语法格式为:

```
sp_helptext '触发器名'
```

例如:

```
sp_helptext ' Student _insert'
```

2. 启用和禁用触发器

(1) 禁用 DML 触发器

使用 T—SQL 的 Alter Table 语句可禁用 DML 触发器,语法如下:

```
Disable trigger 〈触发器名|ALL〉
```

此语句一般紧邻 ALTER TABLE 语句之后。语句中如果要禁用所有触发器,则用 ALL 来代替触发器名。

(2) 启用 DML 触发器

相反,在禁用 DML 触发器后可重新启用 DML 触发器,它使用 T—SQL 语句,其语法如下:

```
Enable trigger <触发器名|ALL>
```

此语句一般放在紧邻 ALTER TABLE 语句之后。语句中如果要启用所有触发器，用 ALL 来代替触发器名。

3. 删除触发器

触发器可以删除。可用 SQL ServerManagement Studio 和 T-SQL 语句进行删除。

（1）使用 SQL Server Management Studio 删除触发器

依次展开"数据库"→"S-C-T"→"表"→"Student"→"触发器"结点。右击需要修改的触发器，在弹出的快捷菜单中选择"删除"命令，如图 12.30 所示。在弹出的"删除"窗口中单击"确定"按钮即可完成删除操作。

图 12.30　删除触发器

（2）使用 T-SQL 中语句删除触发器

使用 T-SQL 中语句删除触发器时，该触发器所关联的表和数据不会受到任何影响，其语法形式如下：

```
DROP  TRIGGER {schema_name.触发器名}[,...][;]
```

例 12.40　删除名为 Student_update_mess 的触发器。

```
USE  S-C-T
DROP  TRIGGER Student_update_mess
```

复习提要

本章主要介绍 SQL Server 2008 中数据库对象管理。

1. 本章数据库对象管理内容包括：表管理；索引管理；视图管理；触发器管理。

2. 数据库对象管理操作方式

● 使用 SQL Server Management Studio 平台工具的人机交互方式；

● 使用 SQL Server Management Studio 平台工具下 T-SQL 方式。

3. 本章重点内容

SQL Server 2008 数据库对象管理的操作。

习题 12

一、选择题

1. 对视图的描述错误的是_____。

　A. 是一张虚拟的表

　B. 在存储视图时存储的是视图的定义

C. 在存储视图时存储的是视图中的数据

D. 可以像查询表一样来查询视图

2. 在 T-SQL 中，若要修改某张表的结构，应该使用的修改关键字是_____。

    A. ALTER   B. UPDATE

    C. UPDAET   D. ALLTER

3. 要查询 book 表中所有书名中以"计算机"开头的书籍的价格，可用_____语句。

    A. SELECT price FROM book WHERE book_name='计算机*';

    B. SELECT price FROM book WHERE book_name LIKE '计算机*';

    C. SELECT price FROM book WHERE book_name='计算机%';

    D. SELECT price FROM book WHERE book_name LIKE '计算机%'.

4. 为数据表创建索引的目的是_____。

    A. 提高查询的检索性能   B. 创建唯一索引

    C. 创建主键   D. 归类

5. 在 T-SQL 语法中，用来插入数据的命令是_____，用于更新的命令是_____。

    A. INSERT UPDATE   B. UPDATE INSERT

    C. DELETE UPDATE   D. CREATE INSERT INTO

6. 在 SQL SERVER 服务器上，存储过程是一组预先定义并_____的 T-SQL 语句。

    A. 保存   B. 编译   C. 解释   D. 编写

7. SQL Server 2008 中使用 UPDATE 语句更新表中的数据，以下说法正确的是_____。

    A. 表中的数据行可以全部被更新

    B. 每次只能更新一行数据

    C. 若无数据项被更新，将提示错误信息

    D. 更新数据时，不能带有 WHERE 条件子句

8. SQL Server 2008 中有 students(学生)表，包含字段：SID(学号)，SName(姓名)，Grade(成绩)。现查找学生中成绩最高的前 5 名学员。下列 SQL 语句正确的是_____。

    A. SELECT TOP 5 FROM students ORDER BY Grade DESC

    B. SELECT TOP 5 FROM students ORDER BY Grade

    C. SELECT TOP 5 * FROM students ORDER BY Grade ASC

    D. SELECT TOP 5 * FROM students ORDER BY Grade DESC

9. 下面_____不是聚合函数。

    A. COUNT   B. MAX   C. AVG   D. DATEADD

10. Northwind 数据库中有一张 Customers 表用于存放公司的客户信息，现在数据库管理员想通过使用一条 SQL 语句列出所有客户所在的城市，而且列出的条目中没有重复项，那么他可以在

```
SELECT City FROM Customers
```

语句中使用_____关键词。

    A. TOP   B. DISTINCT   C. DESC   D. ASC

11. 公司网络采用单域结构进行管理，域中有一台数据库服务器，为存储公司数据，建立了名为 information 的数据库。管理员用以下语句建立了一个新表。

```
CREATE TABLE emp_info
(emp_ID int PRIMARY KEY,
emp_Name varchar(50) UNIQUE,
emp_Address varchar(50) UNIQUE
)
```

系统在该表上自动创建_____索引。

　　A. 复合　　　B. 唯一　　　C. 聚集　　　D. 非聚集

二、应用题

1. 利用 T-SQL 语句完成 S-C-T 数据库及相应表的创建。

2. 在上题定义的 S-C-T 数据库基础上，用 T-SQL 语句解决以下问题：

（1）把 course 表中课程号为 03 的课程的学分修改为 2。

（2）在 student 表中查询年龄大于 18 的学生的所有信息，并按学号降序排列。

（3）为 student 表创建一个名称为 my_trig 的触发器，当用户成功删除该表中的一条或多条记录时，触发器自动删除 SC 表中与之有关的记录。（注：在创建触发器之前要判断是否有同名的触发器存在，若存在则删除）。

第13章　SQL Server 2008 数据交换及 T-SQL 语言

SQL Server 2008 数据交换方式一共有四种，分别是人机交互方式、自含式方式、调用层接口方式及 Web 方式。自含式方式中包括 T-SQL 语言，下面分四节分别介绍。

13.1　SQL Server 2008 人机交互方式

SQL Server 2008 中的人机交互方式出现于其几乎所有操作中，它们都是以服务形式出现。其表示形式一般有两种，分别是可视化图形界面形式及命令行形式。其中常用的是可视化图形界面形式，此种形式是微软公司产品及 SQL Server 2008 的特色。

（1）在数据库管理中都有人机交互方式，其使用的工具为 SQL Server Management Studio（可视化图形界面形式）及命令行。

（2）在数据服务中一般都以人机交互方式的形式出现，如可视化图形界面形式：Business Intelligence Development Studio、SQL Server Profiler、SQL Server Configuration Manager、Database Engine Tuning Advisor 等。此外，还包括命令行形式等。

13.2　SQL Server 2008 自含式方式及自含式语言——T-SQL

SQL Server 2008 自含式方式主要表现在自含式语言 Transact-SQL 中，它可简称 T-SQL。T-SQL 将 SQL 与程序设计语言中的主要成分结合于一起并通过游标建立无缝接口，构成一个跨越数据处理与程序设计的完整的语言。它包括如下内容：核心 SQL 操作；程序设计基本内容；数据交换操作；存储过程（包括触发器）；函数等。

T-SQL 程序是一种后台程序，它与数据库一起都位于同一 SQL 服务器内，其主要用于函数、存储过程（包括触发器）的编写，也可直接编写服务器端后台程序，并在服务器内生成目标代码与执行。下面讨论 T-SQL 的详细内容。

13.2.1　T-SQL 数据类型、变量及表达式

1. 数据类型

T-SQL 常用的数据类型如表 13.1 所示。

表 13.1　T-SQL 中的基本数据类型

序　号	分　类	数　据　类　型
1	二进制数据	Binary，Varbinary，Image
2	字符数据类型	Char，Varchar，Text
3	Unicode 数据类型	Nchar，Nvarchar，Ntext
4	日期和时间数据类型	Datetime，Smalldatetime
5	数值数据类型	整数型数字的数据类型是 bit，Tinyint，Int，Smallint，bigint 小数型数字的数据类型是 Float，Real，Decimal，Numeric
6	货币数据	Money，Smallmoney
7	特殊数据类型	Timestamp，Uniqueidentifier，Cursor，table，sql_variant，XML（新增）
8	用户自定义数据类型	Sysname

2. 变量

T-SQL 允许使用局部变量和全局变量，局部变量用 DECLARE 语句说明，而全局变量由系统预先定义和维护。

(1) 局部变量

局部变量在程序中通常用于存储从表中查询到的数据或当作程序执行过程中暂存变量。局部变量必须用@开头，而且必须先用 DECLARE 语句说明后才可使用，其语法如下：

```
DECLARE
{@local_variable [AS] data_type}
  [,...n]
```

参数说明：

- @local_variable：局部变量名。
- data_type：局部变量的数据类型。

例如：

```
DECLARE @name varchar(8)
DECLARE @seat  int
```

(2) 局部变量的赋值

局部变量的赋值有两种方法：

```
SET  @变量名=值（普通赋值）
SELECT  @变量名=值[,...]（查询赋值）
```

使用 SELECT 语句赋值时，若返回多个值，将获得所返回的最后一个值。若省略"="及其后的表达式，可以将局部变量的值显示出来。

例如：

```
SET @name='张三'
```

又如：

```
SELECT @name=sname FROM student WHERE sno='001'
```

（3）全局变量

全局变量是由系统预先定义，它们不用说明就可直接使用。全局变量的特征是有两个@作前缀，即@@。全局变量主要用于记录 SQL Server 2008 的运行状态和有关信息。SQL Server 2008 中的全局变量说明如表 13.2 所示。

表 13.2　全局变量说明

变　　量	说　　明
@@error	上一条 SQL 语句报告的错误号
@@rowcount	上一条 SQL 语句处理的行数
@@identity	最后插入的标识值
@@fetch_status	上一条游标 Fetch 语句的状态
@@nestlevel	当前存储过程或触发器的嵌套级别
@@servername	本地服务器的名称
@@spid	当前用户进程的会话 ID
@@cpu_busy	SQL Server 自上次启动后的工作时间

3. 运算符

T-SQL 中的运算符有算术运算符、比较运算符、逻辑运算符、字符串运算符等四种。

（1）算术运算符：共有五种，即加（+）、减（-）、乘（*）、除（/）及取模（%）。

（2）比较运算符：共有八种，即等于（=）、大于（>）、小于（<）、大于等于（>=）、小于等于（<=）、不等于（!=或<>）、不大于（!>）及不小于（!<）。

（3）逻辑运算符：共有三种，即逻辑与（AND）、逻辑或（OR）及逻辑非（NOT）。

（4）字符串运算符：共一种，字符串连接运算+。

4. 表达式

表达式由常量、变量、属性名或函数通过运算符构成。常用的表达式类型如下：①数值型表达式，如 x+2*y+6；②字符型表达式，如'中国首都-'+'北京'；③日期型表达式，如#2002-07-01#-#1997-07-01#；④逻辑关系表达式，如"工资>=1 200 AND 工资<1 800"。

5. 注释符

在 T-SQL 中可使用两类注释符：

① ANSI 标准的注释符"--"用于单行注释；

② 与 C 语言相同的程序注释符号，即"/*……*/"。

6. 批处理

批处理是 T-SQL 语句行的逻辑单元，它一次性地发送到 SQL Server 执行。

SQL Server 2008 将批处理语句编译成一个可执行单元，此单元称为执行计划。一个批处理内的所有语句要么放在一起通过解释，要么没有一句能够执行。

在批处理程序中通过 GO 语句分隔。此外，SQL Server 2008 还规定：对定义数据库、表以及存储过程和视图等语句，必须在语句末尾添加 GO 批处理标志。

在批处理前必须用 USE<数据库名>语句指明该批处理所用的数据库并打开。

例 13.1　注释、批处理语句。

```
--第一个批处理完成打开数据库的操作
USE S-C-T
```

```
GO
/*GO 是批处理结束标志*/
--第二个批处理查询 t_student 表中的数据
SELECT * FROM t_student
GO
--第三个批处理查询姓王的女同学的姓名
SELECT SNAME from t_student WHERE sname LIKE'王%' AND  ssex='女'
GO
```

13.2.2　T–SQL 中的 SQL 语句操作

T–SQL 包括核心 SQL 语句操作的以下部分：

1．数据定义：定义和管理数据库及各种数据库对象，包括数据库、表、架构、视图、触发器、存储过程、用户自定义的数据类型等。对它们可做创建、删除、修改等操作。

2．数据操纵：数据库对象中的操作，即数据的增加、删除、修改、查询等数据操纵功能。

3．数据控制：数据安全管理包括权限管理等操作，此外还包括完整性约束等操作。

4．事务：事务是一种数据控制，它在 T–SQL 编程中特别重要，因此下面作特别介绍。

事务是一个用户定义的完整的工作单元,在 T–SQL 程序中一个事务内的所有语句被作为整体执行，要么全部执行，要么全部不执行。

在 SQL Server 2008 中一共有三种不同的事务模式：

（1）显式事务

显式事务是指由用户定义的事务语句，这类事务又称做用户定义事务。它包括：

① BEGIN TRANSACTION：标识一个事务的开始，即启动事务。其语法如下：

```
BEGIN TRAN [SACTION] [transaction_name|@tran_name_variable]
```

② COMMIT TRANSACTION：标识一个事务的结束，事务内所修改的数据被永久保存到数据库中。其语法如下：

```
COMMIT [TRAN [SACTION] [transaction_name|@tran_name_variable]]
```

③ ROLLBACK TRANSACTION：标识一个事务的结束，说明事务执行中遇到错误，事务内所修改的数据被回滚到事务执行前的状态，事务占用的资源将被释放。其语法如下：

```
ROLLBACK [TRAN|TRANSACTION]
[transaction_name|@tran_name_variable|savepoint_name|@savepoint_variable]
```

参数说明：
- BEGIN TRANSACTION 可以缩写为 BGEIN TRAN。
- COMMIT TRANSACTION 可以缩写为 COMMITT。
- ROLLBACK TRANSACTION 可以缩写为 ROLLBACK。
- transaction_name 指定事务的名称，@tran_name_variable 用变量来指定事务名称。
- savepoint_name 为保存点名称，当条件回滚只影响事务的一部分时可使用。
- @savepoint_variable 指用户定义的、包含有效保存点名称的变量。

（2）隐式事务

在隐式事务中，在当前事务提交或回滚后，SQL Server 2008 自动开始下一个事务。所以，隐式事务不需要使用 BEGIN TRANSACTION 语句启动，而只需要使用 ROLLBACK

TRANSACTION、COMMIT TRANSACTION 等语句提交或回滚事务。执行 SET IMPLICIT_TRANSACTIONS ON 语句可使 SQL Server 进入隐式事务模式。

在隐式事务模式下,当执行下面语句时可使 SQL Server 2008 重新启动一个事务:CREATE 语句;DROP 语句;SELECT 语句;DELETE 语句;INSERT 语句;UPDATE 语句;OPEN 语句;FETCH 语句;REVOKE 语句;ALTER TABLE 语句。

需要关闭隐式事务模式时,可使用 SET IMPLICIT_TRANSACTIONS OFF 语句。

例 13.2 插入表信息。

```
SET  IMPLICIT_TRANSACTIONS  ON
USE  S-C-T
GO
UPDATE Student SET Sage= Sage+1
COMMIT  TRANSACTION
SET IMPLICIT_TRANSACTIONS OFF
GO
```

(3) 自动事务

在自动事务中,事务是以一个 SQL 语句为单位自动执行。当一个 SQL 语句开始执行时即自动启动一个事务,在它成功执行后,即自动提交,而当执行过程中产生错误时则自动回滚。

自动事务模式是 SQL Server 2008 的默认事务管理模式。当与 SQL Server 建立连接后,直接进入自动事务模式,直到使用 BEGIN TRANSACTION 语句开始一个显式事务,或者打开 IMPLICIT_TRANSACTIONS 连接选项进入隐式事务模式为止。而当显式事务被提交或 IMPLICIT_TRANSACTIONS 被关闭后,SQL Server 又进入自动事务管理模式。

13.2.3 T-SQL 中的流程控制语句

流程控制语句是指那些用于控制 T-SQL 程序执行的语句,如表 13.3 所示。

表 13.3 主要流程控制语句

语　句	功　能　说　明
BEGIN…END	定义语句块
IF…ELSE	条件语句
CASE	选择执行语句
GOTO	无条件跳转语句
WHILE	循环语句
BREAK	退出循环语句
CONTINUE	重新开始循环语句
RETURN	返回语句
WAITFOR	延迟语句

1. BEGIN…END 语句

BEGIN…END 语句能够将多个 T-SQL 语句组合成一个语句块,并将它们视为一个单元处理。其语法形式为:

```
    BEGIN
       <T-SQL 语句或语句块>
```

```
END
```

2. IF…ELSE 语句

IF…ELSE 语法格式：

```
IF<条件表达式>
        <T-SQL语句或语句块1>
ELSE
        <T-SQL语句或语句块2>
```

3. CASE 语句

CASE 语句允许按列显示可选值，用于计算多个条件并为每个条件返回单个值，通常用于将含有多重嵌套的 IF…ELSE 语句替换为可读性更强的代码。

CASE 语句有两种形式：

（1）简单格式形式

```
CASE<input 表达式>
WHEN<when 表达式> THEN<result 表达式>
[...n]
[ELSE<else result 表达式>]
```

其含义是当<input 表达式>=<when 表达式>取值为真时执行<result 表达式>，否则执行<else result 表达式>，如无 else 字句则返回 NULL。

（2）搜索格式形式

```
CASE<WHEN 表达式> THEN<result 表达式>
[...n]
[ELSE<else result 表达式>]
```

其含义是当<WHEN 表达式>为真时执行<result 表达式>，为假时执行<else result 表达式>，如无 else 子句则返回 NULL。

4. GOTO 语句

GOTO 语句是 SQL 程序中的无条件跳转语句。

5. WHILE…CONTINUE…BREAK 语句

WHILE…CONTINUE…BREAK 语句用于设置重复执行 SQL 语句或语句块的条件。只要指定的条件为真，就重复执行语句。其中，CONTINUE 语句可以使程序跳过 CONTINUE 语句后面的语句，回到 WHILE 循环的第一行命令。BREAK 语句则使程序完全跳出循环,结束 WHILE 语句的执行。

该语句格式如下：

```
WHILE<布尔表达式>
BEGIN
    <SQL 语句或程序块>
    [BREAK]
    [CONTINUE]
    [SQL 语句或程序块]
END
```

6. RETURN 语句

RETURN 语句用于无条件地终止一个查询、存储过程或者批处理，此时位于 RETURN 语句之后的程序将不会被执行并返回至原调用处。

RETURN 语句的语法形式为：

```
RETURN [integer_expression]
```

其中，参数 integer_expression 为返回的整型值。存储过程可以给调用过程或应用程序返回整型值。

7. WAITFOR 语句

WAITFOR 语句用于暂时停止执行 SQL 语句、语句块或者存储过程等，直到所设置的时间已过或者已到才继续执行。WAITFOR 语句的语法形式为：

```
WAITFOR {DELAY'time'|TIME'time'}
```

其中，DELAY 用于指定时间间隔，TIME 用于指定某一时刻，其数据类型为 datetime，格式为'hh:mm:ss'。

例如：① 等待 30 分钟后才执行 select 语句

```
WAITFOR DELAY '00:30:00'
SELECT * FROM student
```

② 等到 11 点时才执行 SELECT 语句。

```
WAITFOR TIME '11:00'
SELECT * FROM student
```

此外，还有一条用于屏幕输出的语句：

8. PRINT 语句

在程序运行过程中或程序调试时，经常需要显示一些中间结果。PRINT 语句用于向屏幕输出信息，其语法格式为：

```
PRINT msg_str|@local_variable|string_expr
```

参数说明：
- msg_str：字符串或 Unicode 字符串常量。
- @local_variable：任何有效的字符数据类型的局部变量。@local_variable 的数据类型必须为 char 或 varchar，或者必须能够隐式转换为这些数据类型。
- string_expr：输出的字符串的表达式。

13.2.4 T-SQL 中的数据交换操作

在 T-SQL 中的数据交换操作主要是游标操作与诊断操作，主要用于数据库数据与程序数据间的交互。

1. 游标

T-SQL 中的游标共有五条语句，它们是：

（1）声明一个游标

DECLARE 语句用于声明一个游标。DECLARE 语法格式如下：

```
DECLARE Cursor_name CURSOR[LOCAL|GLOBAL]
[FORWARD_ONLY|SCROLL]
[READ_ONLY]
FOR SELECT_statement
[FOR UPDATE [OF column_name [,...n]]][;]
```

- Cursor_name：是所定义游标名。
- LOCAL：指明游标是局部的，它只能在它所声明的过程中使用。
- GLOBAL：游标对于整个连接全局可见。
- FORWARD_ONLY：指定游标只能向前滚动。
- READ_ONLY：只读。
- SCROLL：指定游标读取数据集数据时，可根据需求，向任何方向或位置移动。
- SELECT_statement：是定义游标结果集的 SELECT 语句。
- FOR UPDATE [OF column_name [,...n]]：定义游标中可更新的列。

（2）打开游标

打开游标用 OPEN 语句，其语法格式如下：

```
OPEN {{[GLOBAL] Cursor_name}|Cursor_variable_name}
```

参数说明：

- GLOBAL：指定 Cursor_name 是全局游标。
- Cursor_name：已声明的游标名称。如果全局游标和局部游标都使用 Cursor_name 作为其名称，那么如果指定了 GLOBAL，则 Cursor_name 指的是全局游标；否则是局部游标。
- Cursor_variable_name：游标变量名，该变量引用一个游标。

（3）读取游标

读取游标用 FETCH 语句，其语法格式如下：

```
FETCH [
[NEXT|PRIOR|FIRST|LAST|ABSOLUTE{n|@nvar}|RELATIVE{n|@nvar}]
FROM]
{{[GLOBAL]Cursor_name}|@Cursor_variable_name}
[INTO @variable_name [,...n]]
```

参数说明：

- NEXT：紧跟当前行返回结果行，并且当前行递增为返回行。如果 FETCH NEXT 为对游标的第一次提取操作，则返回结果集中的第一行。NEXT 为默认的游标提取选项。
- PRIOR：返回紧邻当前行前面的结果行。
- FIRST：返回游标中的第一行并将其作为当前行。
- LAST：返回游标中的最后一行并将其作为当前行。
- ABSOLUTE {n|@nvar}：绝对行定位。
- RELATIVE {n|@nvar}：相对行定位。
- GLOBAL：指定 Cursor_name 是指全局游标。
- Cursor_name：要从中进行提取的打开的游标的名。
- INTO @variable_name[,...n]：允许将提取操作的列数据放到局部变量中。

（4）关闭游标

关闭游标用 CLOSE 语句，其语法格式如下：

```
CLOSE {{[GLOBAL] Cursor_name}|Cursor_variable_name}
```

（5）删除游标

删除游标用 DEALLOCATE 语句，释放游标的存储空间。其语法格式如下：

```
DEALLOCATE {{[GLOBAL] Cursor_name}|@Cursor_variable_name}
```

2. 诊断

T-SQL 提供四个诊断变量，它们都是全局变量，其中最常用的是 fetch-status，可用它获得诊断结果。当它为 0 时，表示 FETCH 执行成功，为-1 或-2 表示不成功。

应用游标与诊断的配合使用可以有效地建立应用与数据库间的数据接口。

例 13.3 用游标取出 Student 表中年龄小于 19 岁的学生信息。

```
USE  S-C-T                                    --打开数据库
GO
DECLARE c_name CURSOR FOR
SELECT Sname FROM Student WHERE Sage<=19       --声明游标
OPEN c_name                                   --打开游标
FETCH NEXT FROM c_name
WHILE @@FETCH_STATUS=0
  BEGIN
    FETCH NEXT FROM c_name INTO@name          --取数据
    PRINT@name
  END                                         --打印显示结果
CLOSE c_name                                  --关闭游标
DEALLOCATE c_name                             --释放游标
GO
```

13.2.5   T-SQL 中的存储过程

存储过程是 SQL Server 2008 中的一个数据对象，是一个为了完成特定功能所编写的 T-SQL 程序。在 SQL Server 2008 中常用存储过程分为两类，它们分别是：

- 用户定义的存储过程：用户定义的 T-SQL 存储过程中包含一个 T-SQL 程序，可以接收和返回用户提供的参数。
- 系统存储过程：由系统提供的存储过程，可以作为命令执行各种操作。系统存储过程定义在系统数据库 master 中，其前缀是 sp_，例如常用的显示系统信息的 sp_help 存储过程。

这里主要介绍用户定义的存储过程，包括存储过程的创建、使用和删除。其所使用的方法有两种，它们是 SQL Server Management Studio 下的人机交互与 T-SQL 方式。

1. 使用 T-SQL 语句

1）使用 CREATE PROCEDURE 语句创建存储过程

```
CREATE PROC[EDURE] procedure_name
[{@parameter  data_type}[=default]
  [OUT|OUTPUT][READONLY][,...n]]
AS {<SQL_statement>[;][...n]}[;]
```

参数说明：

- procedure_name：存储过程的名称。
- @parameter：存储过程中的参数。
- data_type：数据类型。
- Default：默认值。
- OUTPUT：指示该参数是输出参数。
- READONLY：指示该参数是只读的。
- SQL_statement:包含在过程中的 T–SQL 程序。

例 13.4　编写存储过程从 S–C–T 数据库中查询学生学号、姓名、课程名、成绩。

```
USE S-C-T
GO
CREATE  PROCEDURE  stu_cj
AS
SELECT  student.Sno,student.Sname,course.Cname,SC.grade
FROM  student,SC,course
WHERE student.Sno=SC.Sno AND SC.Cno=course.Cno
GO
```

在存储过程中可以使用 Return 语句向调用程序返回一个整数（称为返回代码），指示存储过程的执行状态。

例 13.5　带 RETURN 语句的存储过程。

```
USE S-C-T
GO
CREATE  PROCEDURE pr_count2
  (@sdept VARCHAR(8)='',
@num INT OUTPUT)
AS
IF @sdept=''
BEGIN
PRINT '请输入系名！'
RETURN 1
END
SELECT @num=COUNT(*)
FROM student
WHERE sdept=@sdept
IF @num=0
BEGIN
PRINT '系名错误！'
RETURN 2
END
RETURN 0
GO
```

　　一个存储过程可以带一个或多个参数，输入参数是指由调用程序向存储过程传递的参数，它们在创建存储过程语句中被定义，在执行存储过程中给出相应的参数值。

例 13.6　编写带参数的存储过程，根据给出的学号、课程名查询该学生的成绩。

```
USE S-C-T
GO
CREATE  PROCEDURE pr_grade
```

```
  (@sno CHAR(9),
   @cname CHAR(8),
   @grade INT OUTPUT)
AS
SELECT @grade=grade
FROM SC,course
WHERE SC.Cno=course.Cno AND SC.Sno=@sno AND course.Cname=@cname
GO
```

2）存储过程的调用

存储过程的调用执行可以用 EXEC 命令，其语法形式为：

```
EXEC|EXECUTE
{[@return_status=]
{module_name|@module_name_var}
[[@parameter=] {value|@variable [OUTPUT]|[DEFAULT]}]
[,...n]
[WITH RECOMPILE]}
```

参数说明：

- @return_statuts：可选的整型变量，存储模块的返回状态。这个变量在用于 Execute 语句前，必须在批处理、存储过程或函数中声明过。
- module_name：所调用的过程（模块）名。
- @module_name_var：过程（模块）名变量。
- @parameter：参数名。
- value：参数值。
- @variable：用来存储参数或返回参数的变量。
- OUTPUT：指定模块或命令字符串返回一个参数。该模块或命令字符串中的匹配参数也必须已使用 OUTPUT 创建。使用游标变量作为参数时使用该关键字。
- DEFAULT：根据模块的定义，提供参数的默认值。
- WITH RECOMPILE：每次执行此存储过程时，都要重新编译。

注意：execute 除了可以执行存储过程，还可以执行 SQL 语句。例如：

```
DECLARE  @tab_name varchar(20)
SET @tab_name='student'
EXECUTE('SELECT * FROM '+@tab_name)
```

例 13.7　例 13.4 中存储过程的调用执行可以用：

```
Exec stu_cj
```

在执行存储过程的语句中，有两种方式传递参数值，分别是按参数位置传递参数值和按参数名传递参数值。如例 13.6 可以采用如下两种方式传递参数：

① 按参数位置传递参数值：

```
DECLARE @score INT
EXEC pr_grade '200515002','操作系统',@score OUTPUT
SELECT @score
```

② 使用参数名传递参数值：

```
DECLARE @score INT
EXEC pr_grade @sno='200515002',@cname='操作系统',@grade=@score OUTPUT
SELECT @score
```

说明：

- 使用参数名传递参数值，当存储过程含有多个输入参数时，对数值可以按任意顺序给出，对于允许空值和具有默认值的输入参数可以不给参数值。
- 按参数位置传递参数值，也可以忽略允许为空值和有默认值的参数，但不能因此破坏输入参数的指定顺序。必要时使用关键字 DEFAULT 作为参数值的占位。

3）使用 DROP PROCEDURE 语句删除存储过程

使用 DROP PROCEDURE 语句可以删除一个或多个存储过程，具体语句形式如下：

```
DROP {PROC|PROCEDURE}{[schema_name.]procedure}[,...n]
```

例 13.8　删除存储过程 Pr_student，其语句如下：

```
DROP PROC Pr_student
```

2. 使用 SQL Server Management Studio

1）存储过程的创建

Step1　打开 SQL Server Management Studio，在"对象资源管理器"中展开"数据库"结点，选择"S-C-T"数据库，选择"可编程性"→"存储过程"结点，如图 13.1 所示。右击该结点，在弹出的快捷菜单中选择"新建存储过程"命令，系统将打开代码编辑器，系统按照存储过程的格式显示编码模板，如图 13.2 所示。

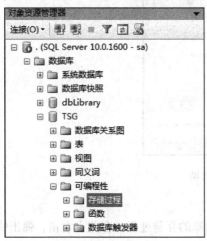

图 13.1　存储过程创建结点

图 13.2　新建存储编码模板

Step2　在代码编辑器中，用户根据需要更改存储过程名称，添加修改参数及存储过程的代码段，完成存储过程的编写之后，单击窗体上的"执行"按钮，在出现"命令已成功完成"提示后，即完成创建。

2）存储过程的调用

Step1　展开"存储过程"结点，选中需要执行的存储过程，这里以 pr_count2 为例，右击，选择"执行存储过程"命令，如图 13.3 所示。

Step2　输入相应参数值，如图 13.4 所示；单击"确定"按钮即执行，结果如图 13.5 所示。

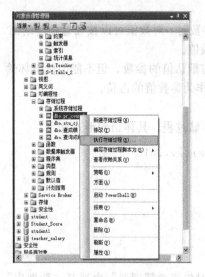
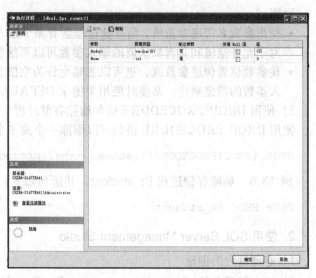

图 13.3　执行存储过程　　　　　　　　　图 13.4　输入存储过程参数

图 13.5　pr_count2 执行结果

3）删除存储过程

Step1　在"对象资源管理器"窗口中，找到需要删除的存储过程，在其上右击，弹出快捷菜单，如图 13.3 所示。

Step2　在快捷菜单中选择"删除"命令，弹出确认删除窗口，单击"确定"按钮即删除。

*13.2.6　T-SQL 中的函数

SQL Server 2008 提供了丰富的系统内置函数，如聚合函数、日期和时间函数、数学函数、字符串函数等。除了使用系统函数外，用户还可以创建自定义函数，在 SQL Server 2008 中，可使用 T-SQL 方式中 CREATE　FUNCTION 语句来创建自定义函数。根据函数返回值形式的不同，可以创建三类自定义函数，分别是标量值自定义函数、内联表值自定义函数和多语句表值自定义函数。

1. 标量值自定义函数

标量值自定义函数返回一个确定类型的标量值。其语法结构如下：

```
CREATE FUNCTION function_name
([{@parameter_name scalar_parameter_data_type[=default]}][,...n]])
RETURNS scalar_return_data_type
 [AS]
BEGIN
  function_body
  RETURN scalar_expression
END
```

参数说明：

- function_name：自定义函数名。
- @parameter_name：输入参数名。
- scalar_parameter_data_type：输入参数的数据类型。
- RETURNS scalar_return_data_type：该子句定义了函数返回值的数据类型。
- BEGIN…END：该语句块内定义了函数体（function_body），以及包含 RETURN 语句，用于返回值。

2．内联表值自定义函数

内联表值自定义函数是以表的形式返回结果，即返回的是一个表。内联表值自定义函数没有由 BEGIN…END 语句块包含的函数体，而是直接使用 RETURN 子句，其中包含的 SELECT 语句将数据从数据库中选出来形成一个表。该函数的语法如下：

```
CREATE FUNCTION function_name
([{@parameter_name scalar_ parameter_data_type[=default]}][,...n]])
RETURN TABLE
 [AS]
RETURN (select_statement)
```

3．多语句表值自定义函数

多语句表值自定义函数可以看作标量值和内联表值自定义函数的结合体。该类函数的返回值是一个表，但它和标量值自定义函数一样，有一个用 BEGIN…END 语句块包含起来的函数体，返回的表中的数据是由函数体中的语句插入的。由此可见，它可以进行多次查询，对数据进行多次筛选与合并，弥补了内联表值自定义函数的不足。

13.2.7　T-SQL 编程

T-SQL 是由上述六部分组成，它既能对数据库作操作也能进行程序设计，同时通过游标（及诊断）对两者数据进行交互，还能调用存储过程与函数。它们组成了一个完整的计算机语言体系，并且能在数据库应用中发挥重要作用。

T-SQL 语言主要应用于服务器后台编程和存储过程、触发器与函数的编程中。下面对这四方面应用作介绍。

1．存储过程的编程

例 13.9　编制一个存储过程，该存储过程根据 S-C-T 数据库输入系别，输出该系所有学生的平均分情况。

```
USE S-C-T
```

```
GO
CREATE PROCEDURE printscore @dept varchar(10)
/*printscore 是存储过程名,@dept 为输入参数,是需要查询的系名*/
AS
    /*AS 表示存储过程体的开始*/
BEGIN TRANSACTION
DECLARE @s_name varchar(20),@s_no varchar(10),@grade int
 /*声明存储过程中将用到的局部变量*/
PRINT '-------- Student Grade Report --------' -- 打印提示内容
DECLARE my_cursor CURSOR READ_ONLY
/*声明游标,read_only 表示游标为只读*/
FOR
SELECT student.Sno,student.Sname,avg(CS.grade)
 FROM student,SC
WHERE student.Sdept=@dept AND student.Sno=CS.Sno
GROUP BY SC.Sno,student.Sname
OPEN my_cursor
FETCH next FROM my_cursor INTO @s_no,@s_name,@grade
WHILE(@@fetch_status =0)          -- @@fetch_status=0 表示取值成功
  BEGIN
  /*打印学生学号、姓名及成绩*/
    PRINT ' 学号: ' + @s_no
    PRINT ' 姓名: ' + @s_name
    PRINT ' 成绩等级: '
    IF @ grade < 60 AND @ grade>=0
     PRINT '不及格.'
    IF @ grade > 90
     PRINT '优秀!'
    IF @ grade <= 90 AND @ grade>=60
     PRINT '通过.'
    FETCH next FROM my_cursor INTO @s_no,@s_name,@grade
END
/*关闭游标*/
  CLOSE my_cursor
  /*释放游标*/
  DEALLOCATE my_cursor
COMMIT TRANSACTION
GO
```

2. 触发器编程

例 13.10　为 SC 表编写触发器 SC_insert，实现当 SC 中插入数据时检查 Grade 字段，若大于 0 小于 100，则允许插入，反之则不允许插入。

```
USE S-C-T
GO
CREATE TIGGER SC_insert
  ON  SC
   AFTER INSERT
AS
BEGIN
   DECLARE @score INT
   SELECT @score=Grade FROM inserted
   IF(@score>100 or @score<0)
     BEGIN
      PRINT '成绩超出范围!'
```

```
        Rollback
        END
END
```

说明：inserted 为插入数据时的系统临时表。

3. 函数的编程

例 13.11　定义一个函数，能查询到成绩大于@stuscroe 的学生名单。

```
USE S-C-T
GO
 CREATE FUNCTION student list(@stuscroe  numeric(5,1))
     RETURN @scoreinfomation TABLE
     (sno CHAR(5),
     sn CHAR(20),
      cno CHAR(4),
     student list  numeric(5,1))
AS
BEGIN
  INSERT @scoreinfomation
     (SELECTstudent.Sno,student.Sname,SC.Cno,SC.Grade
     FROM student,SC
     WHERE student.Sno = SC.Sno AND SC.Grade>@ stuscroe)
RETURN
END
GO
```

4. 服务器后台编程

服务器后台编程须用 sqlcmd 命令执行。其格式如下：

sqlcmd<服务器名><用户名><密码><数据库名><脚本文件路径>

sqlcmd 命令执行是在 Windows 界面上操作的，其步骤如下：

(1) 打开 Windows，进入 Windows 窗口。

(2) 单击"开始"按钮依次指向"所有程序"→"附件"→"记事本"并单击；

(3) 复制 T–SQL 代码并将其粘贴到记事本中；

(4) 在 C 驱动器中将文件保存为：myScript.sql（可定义）；

以上四个步骤是文档编辑，接下来的步骤是文档（即命令）执行。

(5) 依次单击"开始"，"运行"。

(6) 输入 sqlcmd.exe，打开命令提示符窗口，输入命令。

(7) 按【Enter】键执行命令，即运行脚本文件。

(8) 将输出结果保存至文本文件中。

例 13.12　在 S–C–T 数据库中对学号为 20140032 的学生修读课程表 SC 中插入多行数据，若修读课程数超过 5 门则录入无效，否则录入成功。在此例中须引入事务。

(1) 单击"开始"按钮，依次指向"所有文件"→"附件"→"记事本"并单击；

(2) 复制下列 T–SQL 代码并将其粘贴到记事本中。

```
USE S-C-T
GO
BEGIN TRANSACTION
INSERT SC(sno,cno,grade) VALUE('20140032','C0303',98)
INSERT SC(sno,cno,grade) VALUE('20140032','C0317',85)
```

```
INSERT SC(sno,cno,grade) VALUE('20140032','C0313',72)
DECLARE  @gnum int
 SET @gnum =SELECT count(*) FROM SC  WHERE sno='20140032'
 IF  @gnum>5
  BEGIN
    PRINT'录入无效'
    ROLLBACK TRANSACTION
  END
 ELSE
  BEGIN
    PRINT'录入成功'
    COMMIT TRANSACTION
  END
GO
```

（3）在 C 驱动器中将文件保存为：myScript.sql。

（4）运行脚本文件：

① 打开命令提示符窗口；

② 在窗口中输入 sqlcmd 命令；

③ 按【Enter】键，此时录入结果将显示在屏幕上。

（5）将输出保存到文本文件中：

① 打开命令提示符窗口；

② 在窗口中输入 myScript.sql 命令；

③ 按【Enter】键，此时输出发送到 EmpAdds.txt 文件中。

13.3　SQL Server 2008 调用层接口方式——ADO

13.3.1　ADO 介绍

1. ADO 的面向对象方法

ADO（ActiveX Data Objects，ActiveX 数据对象）是在 ODBC 之上由微软公司开发的调用层接口工具。它是在网络环境下两个不同结点（服务器与客户机）间的数据接口工具。

ADO 采用面向对象方法及组件技术，为用户使用调用层接口提供了更为简单、方便与有效的方法。目前，它已取代 ODBC 及 SQL/CLI 成为最常用的调用层接口工具之一。

我们知道，不管是 SQL/CLI 还是 ODBC 或 JDBC，它们都是由 40～60 个不同函数或过程组成，在它们操作处理时必须有大量数据参与其中，它们烦琐、复杂，使用不便。为解决此问题，微软公司引入了面向对象的方法，将复杂问题作简单化处理。其思想的核心内容是：

（1）调用层接口虽然处理过程复杂，数据很多，接口也很多，但总体来说可以数据为核心将其分为四类数据，它们是：与连接 Connection（即客户端与服务器端的连接与断开）有关的数据、与命令 Command（即 SQL 命令的发送与执行）有关的数据、与记录集 RecordSet（即命令执行后所得结果集的处理）有关的数据以及与错误 Errors（即所有这些事情处理中所产生错误的处理）有关的数据，此外还包括围绕这些数据的一些操作组成了四类事情，可称为四个类（有时也可称对象）。它们构成了图 13.6 所示的面向对象结构图。

（2）每个对象由两部分内容组成，它们是类中的数据（或称参数）以及基于这些数据的操作。在面向对象

图 13.6　ADO 接口示意图

方法中它们分别称为属性与方法。

按照此种思想，可以将调用层接口归结成为四个类以及类中的若干属性与方法。下面对其中三个主要类逐一进行介绍（在 ADO 中类可称为对象，而对象则可称为实例）。

2．Connection 对象

Connection 对象用于建立或断开客户端应用程序与服务器端数据库间连接。它常用的有三个属性及四个方法，它们分别是：

（1）属性 1：ConnectionString 属性。该属性给出了连接中的主要参数，它包括：

- Driver：指出驱动程序类别。如 Oracle、SQL Server 2008 及 DB2 等。
- Server：指出数据库所在服务器的 IP 地址。
- UID：给出应用程序所对应的用户名。
- Database：给出数据库名。
- PWD：给出用户使用数据库的口令。

它们都包含于一个长字符串内，因此称连接串。

（2）属性 2：DefaultDatabase。该属性指出了 Connecion 中的默认数据库名。由于在应用中数据库名经常是固定的，因此可用此属性以简化表示。

（3）属性 3：State，该属性给出了 Connection 的连接状态。即连接或断开。

（4）方法 1：Open，打开连接。

（5）方法 2：Close，关闭连接。

（6）方法 3： Execute，执行打开后的 SQL 语句、存储过程等。

（7）方法 4：Cancel，中止当前数据库操作的执行。

此外，在 Connection 对象中还可有与事务有关属性 Transaction DDL 以及相关的方法：BeginTrans、CommitTrans 及 RollbackTrans 等。

3．Command 对象

Command 对象用于 SQL 查询语句的发送与执行，它还可用于对调用存储过程的发送与执行。它常用的有四个属性及两个方法：

（1）属性 1：CommandText。该属性给出了 Command 对象的命令形式。如 SQL 查询语句、存储过程调用语句、表名等，它以文本形式表示，因此称命令文本。这是 Command 对象的主要属性。

（2）属性 2：Command Type。该属性给出了的命令文本类型，如 SQL 语句、存储过程、表名等。

（3）属性 3：ActiveConnection。该属性指出当前 Command 所属的 Connection 对象。

（4）属性 4：State。该属性给出了当前的运行状态，包括打开或关闭两种状态。

（5）方法 1：Execute。该属性发送及执行命令。

（6）方法 2：Cancel。该属性取消 Execute 的调用。

4．RecordSet 对象

RecordSet 对象用于对记录集合的处理，它的来源是在 Command 对象执行后所得到的数据集合（如查询命令结果），它也可以来源于数据库中的表。对这些记录集需作进一步的处理，包括将其分解成为逐个数据（称标量数据）供应用程序使用，也包括对它的直接处理，如下所示：

(1) 属性 1：AbsolutePosition，指出游标当前所在记录集中的绝对位置。

(2) 属性 2：Bof，指出游标当前是否指向记录集中的首记录。

(3) 属性 3：Eof，指出游标当前是否指向记录集中的末记录。

(4) 属性 4：ActivePosition，指出当前 RecordSet 所属的 Connection 对象。

(5) 属性 5：Source，返回生成记录集的命令字符串，它可以为 SQL 查询、存储过程名及表名等。

(6) 属性 6：Filter，给出记录集的过滤条件。

(7) 属性 7：Sort，设置排序字段

(8) 方法 1：Open，打开一个记录集。

(9) 方法 2：Close，关闭一个记录集。

(10) 方法 3：Move，移动游标至记录集中指定位置。

(11) 方法 4：MoveFirst，移动游标至记录集中首记录。

(12) 方法 5：MoveLast，移动游标至记录集中末记录。

(13) 方法 6：MoveNext，移动游标至下一个记录。

(14) 方法 7：MovePrevious，移动游标至上一个记录。

(15) 方法 8：AddNew，在记录集中增加一个记录。

(16) 方法 9：Delete，删除当前游标所指定的记录。

(17) 方法 10：GetRows，从记录集中读取一组记录。

(18) 方法 11：Update，保存当前记录的更改。

(19) 方法 12：Find，在记录集中找到满足条件的记录。

5. ADO 的操作步骤

ADO 的操作主要是三个对象的使用，在使用前首先需要创建对象中的实例，接着，按一定次序与步骤使用三个对象。一般来讲，可分为下面几个步骤：

(1) 首先，创建对象中的实例及相应环境。

(2) 其次，通过 Connection 对象建立连接。

(3) 接着，用 Command 对象发送与执行命令。

(4) 随后，（与应用程序结合）用 RecordSet 对象作数据分发。

(5) 最后，用 Connection 对象断开连接。

这五个步骤可用图 13.7 表示。

Create — Connection — Command — RecordSet — Connection

图 13.7　ADO 操作步骤示意图

13.3.2　利用 ADO 对象编程

前面介绍的 ADO 对象方法在操作时是以函数形式表示，并有一定的语法结构，在本节中我们对其常用的 9 个函数作介绍：

1. Create

(1) CreateInstance

用于创建对象中的实例，它用 uuid 创建。这个 uuid 是全球唯一标示符，它的含义是通用唯一识别码(Universally Unique Identifier)。同时可通过 com 组件调用创建对象的方法。如调

用 Createlnstance 创建 Connection 对象如下：

```
m.pConnection.Createlnstance(uuidof(Connection))
```

2. Connection 对象

（2）Open：语法形式为：

```
connection.Open connectionstring, userID, password, options
```

或：

```
conn.Open connectionstring, userID, password, options
```

参数：

connectionstring 可选。用于建立到数据源的连接的信息。

userID 可选。一个字符串值，包含建立连接时要使用的用户名称。

passwozrd 可选。一个字符串值，包含建立连接时要使用的密码。

options 可选。一个 ConnectOptionEnum 值，确定应在建立连接之后（同步）还是应在建立连接之前（异步）返回本方法。

（3）Execute：语法形式为：

```
connection.Executecommandtext, ra, option
```

或：

```
conn.Executecommandtext, ra, option
```

参数：

commandtext 必需。要执行的 SQL 语句、表名、存储过程、URL 等。

ra 可选。受查询影响的记录数目。

options 可选。设置提供者应当如何设置计算 commandtext 参数。可以是一个或多个 CommandTypeEnum 或 ExecuteOptionEnum 值。默认是 adCmdUnspecified。

（4）Close：语法形式为：

```
connection.Close
```

或：

```
conn.Close
```

或：

```
object.Close
```

3. Command 对象

（5）Execute：语法形式为：

```
command.Executera,parameters,options
```

参数：

ra 可选。返回受查询影响的记录的数目。对于以行返回的查询，请使用 Recordset 对象的 RecordCount 属性来计算该对象中的记录数量。

parameters 可选。用 SQL 语句传递的参数值。用于更改、更新或向 Parameters 集合插入新的参数值。

options 可选。指示提供者应如何计算 Command 对象的 CommandText 属性。可以是一个或者多个 CommandTypeEnum 或 ExecuteOptionEnum 值。默认是 adCmdUnspecified。

4. RecordSet 对象

(6) Open：语法形式为：

```
recordset.Open Source, ActiveConnection, CursorType, LockType, Options
```

参数：

Source 可选，变体型，计算 Command 对象的变量名、SQL 语句、表名、存储过程调用或持久 Recordset 文件名。

ActiveConnection 可选。变体型，计算有效 Connection 对象变量名；或字符串，包含 ConnectionString 参数。

CursorType 可选，CursorTypeEnum 值，确定提供者打开 Recordset 时应该使用的游标类型。可为下列常量之一（参阅 CursorType 属性可获得这些设置的定义）。

(7) Move：语法形式为：

```
recordset.Move NumRecords, Start
```

参数：

NumRecords 长整型，指定当前记录位置移动的记录数。

Start 可选，字符串或变体型，指定从哪儿开始移动。可为下值之一：AdBookmarkCurrent
(0) 默认。从当前记录开始；

AdBookmarkFirst（1）从首记录开始；

AdBookmarkLast（2）从尾记录开始

(8) Find：语法形式为：

```
Find (criteria, SkipRows, searchDirection, start)
```

参数：

criteria 字符串，包含指定用于搜索的列名、比较操作符和值的语句。

SkipRows 可选，长整型值，默认值为零，指定当前行或 start 书签的位移以开始搜索。

searchDirection 可选的 SearchDirectionEnum 值，指定搜索应从当前行还是下一个有效行开始。其值可为 adSearchForward（1）或 adSearchBackward（-1）。搜索是在记录集的开始还是末尾结束由 searchDirection 值决定。

start 可选，变体型书签，用作搜索的开始位置。

(9) Close：语法形式为：

```
recordset.Close
```

或：

```
rs.Close
```

目前客户端的应用程序可用 C、C++等编写，也可用 VBScript 或 JavaScript 等编写。其编写步骤一般可分为下面三步：

第一步：创建应用程序；

第二步：ADO 相关的代码设计（包括定义相关变量和函数）；

第三步：功能代码设计。

下面通过实例来说明用 VC++ 6.0 通过 ADO 对象连接 SQL Server 2008 中的数据库的方法。

例 13.13　以一个简单的学生信息管理系统为例，用 ADO 对象实现与 SQL Server 2008 中数据库 student1 的连接与数据交换，完成奖学金金额的计算，并将结果写入数据库。其中，一等奖学金为 6 000 元，二等奖学金为 4 000 元，三等奖学金为 2 000 元。学生信息表 S 的表结构如表 13.4 所示。

表 13.4　学生信息表 S 的结构

属 性 名	类 型	是否为主键	允 许 空	备 注
sno	char(8)	是		学号
sname	varchar(10)	否	√	姓名
age	int	否	√	年龄
dept	char(4)	否	√	所在系号
Comment	varchar(8)	否	√	奖金级别
bursary	float	否	√	奖学金

在该表中，除了奖学金需要计算之外，其他项均有初值。本示例要求通过 ADO 从 S 表中读取相应数据，按照需求进行计算处理，并将所得结果回填入表中。具体步骤如下：

1）创建 VC 应用程序

打开 VC++ 6.0，新建工程。选择 MFC AppWizard (exe)，工程名为 exec2，存放在 D 盘 exec2 文件夹中。

2）ADO 代码设计

（1）引入 ADO 库文件

使用 ADO 前必须在工程的 StdAfx.h 头文件中用＃import 引入 ADO 库文件，以使编译器能正确编译。代码如下：

```
//加入 ADO 支持库
#import "C:\Program Files\Common Files\System\ado\msado15.dll" no_namespace
rename("EOF","adoEOF")
//定义ADO _ConnectionPtr,_CommandPtr,_RecordsetPtr指针
```

在 Exec2Dlg.h 文件的 class CExec2Dlg:public CDialog 方法中添加如下代码：

```
_ConnectionPtr    m_pConnection;
_CommandPtr       m_pCommand;
_RecordsetPtr     m_pRecordset;
```

（2）初始化 COM，创建 ADO 连接

ADO 库是一组 COM 动态库，这意味着应用程序在调用 ADO 前，必须初始化 OLE/COM 库环境。在 MFC 应用程序中，一个比较好的方法是在应用程序主类的 OnInitDialog()成员函数里初始化 OLE/COM 库环境。

在本例 Exec2Dlg.cpp 文件 BOOL CExec2Dlg::OnInitDialog()成员函数中添加如下代码：

```
//初始化 COM，创建 ADO 连接等操作
AfxOleInit();
m_pConnection.CreateInstance(__uuidof(Connection));
m_pRecordset.CreateInstance(__uuidof(Recordset));
m_pCommand.CreateInstance(__uuidof(Command));
//用 try...catch()来捕获错误信息
try
{
    //打开本地 SQL Server 库 student1
    m_pConnection->Open("Provider=SQLOLEDB.1;Integrated Security=SSPI;
    Persist Security Info=False;InitialCatalog=student1;DataSource=.","","",
    adModeUnknown);
    //Server 后是服务器的计算机名
    //Database 后是数据库名
    //UID="";PWD=""写入相应的用户名和密码，这里使用的是集成 Windows 验证
}
catch(_com_error e)
{
    AfxMessageBox("数据库连接失败!");
    return FALSE;
}
```

(3) 使用 ADO 创建 m_pRecordset

在 BOOL CExec2Dlg::OnInitDialog()函数中继续添加如下代码：

```
//使用 ADO 创建数据库记录集
try
{
    m_pCommand.CreateInstance("ADODB.Command"),
      Variant_t vNULL;
    vNULL.vt=VT_ERROR,
    vNULL.Scode=DOSP_E_PARAMNOTFOUNI                    //定义为无参数
    m_pCommand->ActiveConnection=m_pCommand,
                                    //非常关键的一句，将建立的连接赋值给它
        m_pCommand->CommandText=("SELECT * FROM S", //查询 S 表中所有字段
          m_pRecordset=m_pCommand->Execate(&vNULL.&vNULL.adCmdText),
                                    //执行命令取得记录
}
catch(_com_error *e)
{
    AfxMessageBox(e->ErrorMessage());
}
```

至此，与 ADO 相关的代码都已添加完毕。

下面在 Exec2Dlg.cpp 文件中添加应用代码，以实现计算学生奖学金金额的目标。

3) 计算学生奖学金金额相关代码

```
_variant_t var;
CString str_comment,str_bursary;
float v_bursary;
str_comment=str_bursary="";
try
{
    if(!m_pRecordset->BOF)    //判断当前指针是否在第一条记录前面
        m_pRecordset->MoveFirst();
```

```
                              //当前指针不在第一条记录前面时，将指针移向第一条记录
else
{
    AfxMessageBox("表内数据为空");
    return;
}
m_pConnection->BeginTrans();                      //开启事务
while(!m_pRecordset->adoEOF)
{
    //计算奖学金
    var=m_pRecordset->GetCollect("comment");        //获奖金等级列的取值
    if(var.vt!=VT_NULL)
        str_comment= (LPCSTR)_bstr_t(var);
    if(str_comment=="1")
    {
        try
        {
            //计算一等奖的奖金
            m_pRecordset->PutCollect("bursary",_variant_t("6000"));
            v_bursary=6000;
        }
        catch(_com_error *e)
        {
            AfxMessageBox(e->ErrorMessage());
        }
    }
    else if(str_comment=="2")
    {
        try
        {
            //计算二等奖的奖金
            m_pRecordset->PutCollect("bursary",_variant_t("4000"));
            v_bursary=4000;
        }
        catch(_com_error *e)
        {
            AfxMessageBox(e->ErrorMessage());
        }
    }
    else
    {
        try
        {
            //计算三等奖的奖金
            m_pRecordset->PutCollect("bursary",_variant_t("2000"));
            v_bursary=2000;
        }
        catch(_com_error *e)
        {
            AfxMessageBox(e->ErrorMessage());
        }
    }
    try
    {
        //将学生应发奖学金写回 s 表中的 bursary 列
```

```
                m_pRecordset->PutCollect("bursary",_variant_t(v_bursary));
                m_pRecordset->Update();
            }
        catch(_com_error *e)
        {
            AfxMessageBox(e->ErrorMessage());
        }
        m_pRecordset->MoveNext();
    }//while 循环结束;
    m_pConnection->CommitTrans();              //所有循环成功执行后提交事务
}
catch(_com_error *e)
{
    AfxMessageBox(e->ErrorMessage());
    m_pConnection->RollbackTrans();           //事务代码异常时回滚
}
```

*13.4 SQL Server 2008 Web 方式——ASP

Microsoft 公司的动态网页服务器页面（Active Server Page, ASP）是一种程序开发/编辑工具，它可以创建和运行动态的、可交互的 Web 服务器端应用程序，以实现动态网页的功能。本节将介绍如何使用 HTML、ASP 对象、脚本语言及 ADO 技术访问 SQL Server 2008 数据库从而实现动态网页的过程。

13.4.1 ASP 工作原理

ASP 的工作原理如下：

（1）用户在客户端浏览器地址栏中输入 ASP 动态网站的网址，即向服务器发出一个浏览网页的请求。

（2）服务器接受请求后，当遇到任何与 ActiveX Scripting 兼容的脚本(如 VBScript 和 JScript)时，ASP 引擎会调用相应的脚本引擎进行处理。若脚本指令中含有访问数据库的请求，就通过 ADO 访问与后台数据库相连，并由数据库访问组件执行访问操作。

（3）数据库访问结束后，依据访问的结果集自动生成符合 HTML 的主页，将结果转化为一个标准的 HTML 文件发送给客户端，所有相关的发布工作由 Web 服务器负责。

ASP 的工作原理如图 13.8 所示。

（1）ASP 文件格式：ASP 文件以 .asp 为扩展名，在 ASP 文件中，可以包含以下内容：

- HTML 标记。
- 脚本命令，即位于<%和%>分界符之间的命令。
- 文本。

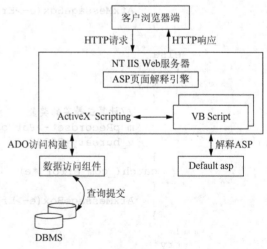

图 13.8 ASP 的工作原理

（2）IIS 安装及设置：ASP 作为一种服务器端开发工具，不能直接通过 IE 访问，需要使用微软公司的 IIS（Internet 信息服务），在本机或局域网上访问与调试 ASP 程序。

13.4.2　HTML 与静态网页

在 Web 方式中用 HTML 编写网页，这种网页内容是固定不变的，无法根据用户的需求和实际情况作出相应的变化，称静态网页。静态网页中网页文件没有程序，只有 HTML 代码。当浏览器通过 HTTP 向站点的 Web 服务器申请主页时，站点服务器就会将已设计好的静态的 HTML 文件传送给浏览器。若要更新主页内容，只能用手动方式更新 HTML 的文件数据。为实现从数据库中获取数据自动修改网页称动态网页。

HTML 的基本组成结构如下：

```
<HTML>
    <HEAD>
        <TITLE>
        My Homepage
        </TITLE>
    </HEAD>
<BODY>
        <font color=red>
        Hello world!!
        </font>
</BODY>
</HTML>
```

在 HTML 中主要有标记与标记属性两部分，它们都是成对出现的。

标记<HTML>与</HTML>用于向浏览器说明，包含在该标记中的内容须以网页的形式来显示。

标记<HEAD>与</HEAD>所包含的内容是这个 HTML 文件的文件头，用于说明网页的标题、链接、关键字等信息。

标记<TITLE>与</TITLE>所包含在这个标记中的内容会显示为这个网页的标题，该标记是包含在<HEAD>与</HEAD>标记中的。

标记<BODY>与</BODY>中的内容会显示在浏览器的工作区，也就是浏览网页所看见的内容，包括文字、图片、表格、表单、多媒体等。

标记属性<font>与</font>表示标记的属性，如颜色、大小等。

图 13.9 所示即用 HTML 所编写的网页。

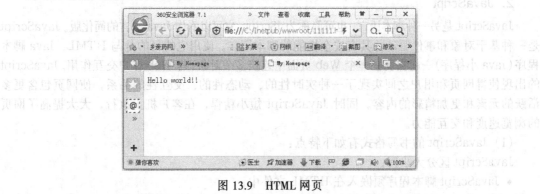

图 13.9　HTML 网页

13.4.3 脚本语言

ASP 不是一种编程语言，而是一套服务端的对象模型，它需要脚本语言来实现。ASP 具备管理不同语言脚本程序的能力，能够自动调用合适的脚本引擎以解释脚本代码和执行内置函数。脚本语言作用是在 Web 页面增加脚本程序，在服务端和客户端实现 HTML 无法实现的功能，以扩展 HTML 功能。脚本语言是 Visual Basic、Java 等高级语言的一个子集，可嵌入在 HTML 文件中。ASP 开发环境提供了两种脚本引擎，即 VBScript 和 JScript 脚本语言。

1. VBScript

VBScript 是微软开发的一种解析型的服务端（也支持客户端）脚本语言，是 Visual Basic Script 的简称，它可以看作 VB 语言的简化版，即 Visual Basic 脚本语言，有时也被缩写为 VBS。它是 ASP 动态网页默认的编程语言，配合 ASP 内建对象和 ADO 对象，用户很快就能开发出访问数据库的 ASP 动态网页。

(1) VBScript 语言的特点

- VBScript 是程序开发语言 VB 的一个子集，是 ASP 默认的脚本语言。
- 客户端和服务端都支持 VBScript。
- VBScript 以对象为基础，可以非常容易地使用 ASP 提供的内建对象。

(2) 客户端执行的 VBScript 代码格式

```
<Script Language="VBScript">
    VBScript 代码
</script>
```

(3) 服务端 VBScript 格式

- 方法一：

```
<% @Language="VBScript"
    VBScript 代码
%>
```

- 方法二：

```
<Script Language="VBScript"  Runat="server">
    VBScript 代码
</script>
```

2. JavaScript

JavaScript 是另一种脚本语言，也可简称为 JScript，它可以看作 Java 语言的简化版。JavaScript 是一种基于对象和事件驱动并具有安全性能的脚本语言。使用它的目的是与 HTML、Java 脚本程序(Java 小程序)一起实现在一个 Web 页面中连接多个对象，与 Web 客户交互作用。JavaScript 的出现使得网页和用户之间实现了一种实时性的、动态性的、交互性的关系，使网页包含更多活跃的元素和更加精彩的内容。同时 JavaScript 短小精悍，在客户机上执行，大大提高了网页的浏览速度和交互能力。

(1) JavaScript 的书写格式有如下特点：

JavaScript 区分大小写；

- JavaScript 脚本程序须嵌入在 HTML 文件中；
- JavaScript 脚本程序中不能包含 HTML 标记代码；

- 每行写一条脚本语句；
- 语句末尾可以加分号；
- JavaScript 脚本程序可以独立保存为一个外部文件，但其中不能包含<script></script>标记。

(2) JavaScript 脚本程序的几种基本格式：

- 方法一：

```
<script>
    document.write("Hello World!!!");
</script>
```

- 方法二：

```
<script language="JavaScript">
<!--
    document.write("Hello World!!!");
-->
</script>
```

13.4.4　ASP 的内建对象及组件

ActiveX 组件是建立 Web 应用程序的关键。ASP 的组件提供了用在脚本中执行任务的对象。同时，ASP 也提供了可在脚本中使用的内建对象。

1. ASP 的内建对象

ASP 提供了六个内置对象，这些对象使用户能收集通过浏览器请求发送的信息、响应浏览器以及存储用户信息。在使用这些对象时并不需要经过任何声明或建立的过程。

- Application 对象，能够存储给定应用程序的所有用户共享信息。
- Request 对象，能够获得任何用 HTTP 请求传递的信息。
- Response 对象，能够控制发送给用户的信息。
- Server 对象，提供对服务器上的方法和属性进行的访问。
- Session 对象，能够存储特定的用户会话所需的信息。
- ObjectContext 对象，可以提交或撤销由 ASP 脚本初始化的事务。

2. ASP 内置组件

ASP 还提供一些内置组件，如表 13.5 所示。

表 13.5　ASP 内置组件

组　　件	功　　能
File Access	帮助实现对文件和文件夹的访问和操作
Ad Rotator	提供广告轮番显示的功能
Content Rotator	轮番显示指定内容
Content Linking	管理链接信息
Browser Capabilities	可以测试浏览器的功能
Counters	实现计数功能
Page Counting	记录页面单击次数
Logging Utility	管理日志文件
MyInfo	存储管理员信息

13.4.5 用 ASP 连接到 SQL Server 2008

在 Web 方式中用 ASP 连接到 SQL Server 2008 一般有两种方法：

1. ASP+ VBScript (JScript) +ADO 访问 SQL Server 2008 数据库

在通常情况下，当网页内需编码时，ASP 与 SQL Server 2008 数据库的数据交换是通过这种方式进行的。在其中 ASP 作为一种开发环境，组合 HTML 编写网页、VBScript（Jscript）编写代码，再加上用 ADO 与 SQL Server 2008 数据库接口，从而完成 Web 方式中的数据接口。

2. ASP+ADO 访问 SQL Server 2008 数据库

当不需要在网页中用 VBScript 或 JScript 脚本语言编码时，在网页中可以直接利用 ADO 对 SQL Server 2008 数据库中的数据进行查询、更新等操作及调用存储过程对象。

通过上面两种方法嵌入至 HTML 网页编写中可以实现动态网页。

复习提要

本章主要介绍交换。数据交换即用户使用数据库的接口，它一共有四种方式。

1. 人机交互方式：SQL Server 2008 所有操作都有人机交互操作，它适合于所有方式。

2. 自含式方式：SQL Server 2008 的自含式方式是通过 T-SQL 实现的，它适用于单机方式。

3. 调用层接口方式：SQL Server 2008 的调用层接口方式是通过 ADO 实现的，它适用于网络方式。

4. Web 方式：SQL Server 2008 的 Web 方式是通过 ASP+脚本语言+ADO 实现的，它适用于 Internet 的 Web 方式。

5. 本章重点内容：

SQL Server 2008 数据库接口工具操作。

习题 13

一、选择题

1. 使用局部变量名称前必须以（　　）开头。

    A. @   B. @@   C. Local   D. ##

2. SQL 语句中，BEGIN…END 用来定义一个（　　）

    A. 过程块   B. 方法块   C. 语句块   D. 对象块

3. 下面那个不是 SQL Server 2008 中事务模式（　　）

    A. 显式事务   B. 隐式事务   C. 自动事务   D. 系统事务

4. 在 SQL Server 服务器上，存储过程是一组预先定义并（　　）的 Transact-SQL 语句。

    A. 保存   B. 编译   C. 解释   D. 编写

5. 利用游标可以实现对查询结果集的逐行操作。下列关于 SQL Server 2008 中游标的说法中，错误的是（　　）。

    A. 每个游标都有一个当前行指针，当游标打开后，当前行指针自动指向结果集的第一行数据

　　B. 如果在声明游标时未指定 INSENSITIVE 选项，则已提交的对基表的更新都会反映在后面的提取操作中

　　C. 当@@FETCH_STATUS=0 时，表明游标当前行指针已经移出了结果集范围

　　D. 关闭游标之后，可以通过 OPEN 语句再次打开该游标

　6. 当 SQL 登录账户被授权为数据库用户后，要查询数据库中的表，还需要对其赋予 select 权限，实现赋权的 T-SQL 属于（　　　）。

　　A. DDL（数据定义语言）　　　　　　　B. DML（数据操纵语言）

　　C. DCL（数据控制语言）

二、问答题

1. T-SQL 包含哪些核心 SQL 语句操作？

2. 什么是事务？如何定义一个显式事务？

3. SQL Server 2008 中数据库的数据与应用程序之间是以什么方式实现数据交换的？

4. 简述游标的定义与使用。

5. 简述 ADO 对象编程的一般步骤。

6. 简述 ASP 工作原理。

7. 简述用 ASP 连接到 SQL Server 2008 的方法。

三、应用题

1. 编写一个使用 ADO 对象连接访问 S-C-T 数据库中 SC 表的实例，并完成验证。

2. 创建一个存储过程 myp2，完成的功能是在表 Student、表 Course 和表 SC 中查询以下字段：学号、姓名、课程名称、考试分数，并完成实验验证。

3. 编制一个存储过程，该存储过程根据 S-C-T 数据库输入学号，输出该学生的姓名和平均分情况，并完成实验验证。

B. 欲使在服务器未指定 INSENSITIVE 选项，而它本身的定义又是只读时就必须予
以删除的游标。

C. 语 @@FETCH_STATUS=0 表明游标目前指向的记录不相容于下表或未发现记录。

D. 关闭游标之后，可用此语句对 OPEN 打开它，并执行其上各操作。

A. DDL（数   3．简称是高）
C. DCL（数   4．（数

二、问答题

1. T-SQL 命令集分为几类？它们的作用？

2. 设有一个命名游标，它能对视图为 Student 的记录进行 Course 与 SQL

3. 什么是事务？它有何作用？

引号之间，并且必须检验读。

第 14 章 SQL Server 2008 用户管理及数据安全性管理

数据库系统是一种共享资源的系统，它可为多个用户提供资源服务。但是用户共享数据库资源应该按一定规则进行，超越规则的、过度的共享则会造成安全危机。因此，用户使用数据库与数据库的安全是紧密关联的，本章将这两者组合于一起称为用户管理及数据安全性管理。根据这种思想，在 SQL Server 2008 中不是任何人都能作为用户访问数据库的，他必须按一定规则访问，称访问权限。而不同用户的访问权限是不同的，因此使用者只有授予一定访问权限后才能成为 SQL Server 2008 的用户。其次，具有一定权限的用户在访问数据库时还必须接受 SQL Server 2008 系统的检验，可称为系统验证或认证。这两者的结合组成了 SQL Server 2008 的数据安全性管理，同时，它也是作为 SQL Server 2008 用户的必备条件，因此也称 SQL Server 2008 用户管理。

本章讨论用户权限授予以及用户权限检验这两个问题。它们可分为三节，分别为：
● SQL Server 2008 用户权限以及用户权限检验中的基本概念与原理；
● SQL Server 2008 用户权限设置的操作；
● SQL Server 2008 用户权限检验的操作。

在本章中的操作也分为两种：SQL Server Management Studio 方式及 T-SQL 方式。

在本章中并不严格区分用户管理及数据安全性管理，而主要以介绍数据安全性管理为主将两者有机捆绑于一起。在介绍安全性管理的同时也介绍了用户管理。

14.1 SQL Server 2008 数据安全性概述

SQL Server 2008 的数据安全性是由两种安全主体与两个安全层次所组成，并形成一个有效的、完整的、严格的防护体系。

14.1.1 安全主体和安全对象

1. 安全主体

安全主体又称主体，即用户。指的是可以申请 SQL Server 2008 中资源的个体、群体或过程。安全主体按覆盖范围分为 Windows 级、SQL Server 级及数据库级三级。

（1）Windows 级的主体有 Windows 组登录名，Windows 域登录名及 Windows 本地登录名。

（2）SQL Server 级的主体有 SQL Server 登录名。

（3）数据库级的主体有数据库用户名。

2. 安全对象

安全对象又称安全客体，是 SQL Server 2008 管理的、可进行保护的实体分层集合，是主体所能访问的数据库资源。它包含三层，分别为服务器、数据库（架构）和数据库对象。

（1）服务器级别的安全对象主要是指定的服务器，包括服务器名及相应固定角色。

（2）数据库级别所包含的安全对象主要是指定的数据库、架构等，包括数据库名、架构名、固定数据库角色及应用程序角色等。

（3）数据库对象级别所包含的安全对象主要是指定的数据库对象，包括表、视图、函数、存储过程等。

3. 安全主体访问安全对象

安全主体访问安全对象即用户访问数据库资源，此时用户必须掌握有一定的访问资源的范围以及操作范围，分别称为资源权限（或称客体权限）与操作权限，它们统称为访问权限。

有关安全主体与安全对象间的关系如图 14.1 所示。

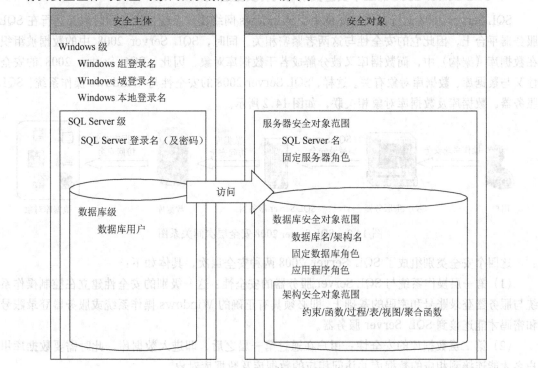

图 14.1　安全主体及安全对象

14.1.2　安全主体的标识与权限

在 SQL Server 2008 有很多用户，它们即安全主体。为便于管理，必须对它们作标识。此外，还须对安全主体赋予它所访问的客体权限与操作权限，统称为访问权限，这三者缺一不可，即 SQL Server 2008 中用户所应具有的三个基本属性，亦称安全属性。有了这些属性，用户才能访问数据库。下面对这三个基本属性作简单介绍。

（1）主体标识：主体标识包括主体名与密码等。例如，Window 级中的操作系统登录账户名（及密码）、SQL Server 级服务器的登录名及密码、数据库级的数据库用户名等。

（2）客体权限：即主体所能访问的安全客体的范围（如服务器、数据库、架构、数据库对象等）。

（3）操作权限：即主体对客体所能执行的操作。操作与客体紧密关联的，不同客体有不同操作。

顺便说明，角色是一种主体代理，它是一种虚拟用户，只有将它与具有标识符的用户建立关联后，该用户才具有角色所持有的权限，从而成为安全用户。

用户（即安全主体）只有具有了三个属性后才具备访问 SQL Server 2008 的基本条件。因此，每个 SQL Server 2008 的用户必须设置三个属性，这种用户称安全用户。

14.1.3　SQL Server 2008 安全层次与安全检验

安全用户可以访问数据库中的资源，但在访问中还必须通过两层安全层次的检验。下面对其作介绍。

1. SQL Server 2008 的三个安全类别与两种安全层次

SQL Server 2008 运行在网络环境中受 Windows 网络操作系统控制，同时它又运行在 SQL 服务器平台上，因此它的安全性与这两者紧密相关。同时，SQL Server 2008 中的数据被组织在数据库（架构）中，而数据库又被分解成若干数据库对象，因此，SQL Server 2008 的安全性又与数据库、数据库对象有关。这样，SQL Server 2008 的安全性与 Windows 操作系统、SQL 服务器、数据库及数据库对象相关联，如图 14.2 所示。

图 14.2　SQL Server 2008 安全层次间关系图

这四个安全类别组成了 SQL Server 2008 两种安全层次，具体如下：

（1）第一层操作系统与 SQL Server 服务器的安全性：这一级别的安全性建立在控制操作系统与服务器登录账号和密码的基础上，即必须具有正确的 Windows 操作系统或服务器登录账号和密码才能连接到 SQL Server 服务器。

（2）第二层数据库的安全性：用户在通过第一层之后，即进入数据库，此时需要数据库用户名才能连接到相应的数据库并访问相应的数据库及数据库对象。

2. SQL Server 2008 安全检验

在 SQL Server 2008 中，安全主体访问客体时必须经两个层次**权限检验，亦称访问控制。**具体来说，即在主体访问客体时系统必须检验两个层次中主体访问权限，只有权限通过后访问才能得以进行。

在检验中，第一层是操作系统 Windows 与数据库服务器层，它们紧密结合提供两种检验模式（或称认证模式）：一种是 Windows 模式；另一种是混合模式。Windows 模式是将操作系统的用户检验与数据库服务器的用户检验合二为一，只要通过操作系统用户检验即能进入 SQL Server。在混合模式中 Windows 及 SQL Server 所建立的用户检验都可以使用。

在经过这层检验后，主体即能进入服务器根据权限执行 SQL 服务器相关操作。接着是第二层数据库用户检验，通过后主体即能进入数据库及数据库对象根据权限执行相关操作。其检验流程如图 14.3 所示。

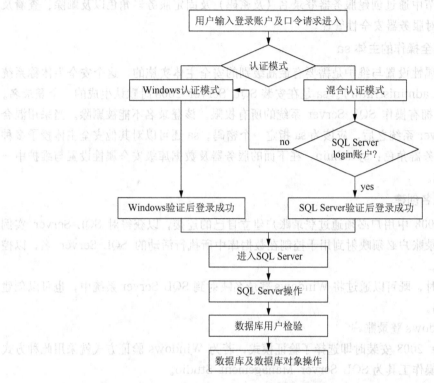

图 14.3　安全检验流程图

14.1.4　SQL Server 2008 安全性管理操作

从上面的介绍可以看出，SQL Server 2008 安全性管理实际上是有两个部分，它们是：

1. 安全主体三个基本属性设置与维护

即对安全主体的标识及其客体权限与操作权限的设置与维护。它可以通过两种操作实现，即 SQL Server Management Studio 平台及 T–SQL 两种方式。

2. 安全性检验

安全性检验即按两个层次实现安全主体对安全客体各种权限的访问检验。它可以通过 SQL Server Management Studio 平台下的人机交互操作实现。

14.2　SQL Server 2008 中安全主体的安全属性设置与维护操作

本节的安全主体是服务器与数据库两个级别。其中，服务器级别的三个安全属性是服务器登录名（及密码）、服务器名及相应操作；数据库级别的安全属性较为复杂，除数据库用户名外，其访问权限可分为数据库名（及相应操作）、架构名以及数据库对象名（及相应操作）等三个层次。这样一共分为四部分内容分别介绍。

14.2.1 SQL Server 2008 服务器安全属性设置与维护操作

SQL Server 2008 中服务器级别的安全属性是服务器登录名（及密码）及它的权限：固定服务器角色。在本节中通过创建服务器登录名（及密码）及固定服务器角色以及删除、查看及修改等操作以实现对服务器安全性管理。

1. 系统级别安全操作的主体 sa

服务器的安全属性设置与维护是需要有最高级别的安全主体实施的，这个安全主体称系统管理员 sa（system administrator）。sa 是在安装 SQL Server 2008 时默认生成的一个登录名。sa 具有最高权限，拥有操作 SQL Server 系统的所有权限。该登录名不能被删除。当采用混合模式安装 SQL Server 系统之后，应该为 sa 指定一个密码。sa 还可以对其他安全主体授予多种权限。sa 隶属于服务器角色：sysadmin。在下面的服务器及数据库级安全属性设置与维护中一般都由 sa 操作完成。

2. 服务器登录名创建

SQL Server 2008 中用户必须通过登录账户建立自己的连接，以获得对 SQL Server 实例的访问权限。该登录账户必须映射到用于控制在数据库中所执行活动的 SQL Server 名，以控制用户拥有的权限。

在创建登录名时，既可以通过将 Windows 登录名映射到 SQL Server 系统中，也可以创建 SQL Server 登录名。

（1）创建 Windows 登录账户

在 SQL Server 2008 安装时即选择了验证模式，若为 Windows 验证方式就采用此种方式创建登录账户。其操作工具为 SQL Server Management Studio。

Windows 验证方式即增加一个 Windows 的新用户并授权，使其能通过信任连接访问 SQL Server。创建 Windows 账户并将其加入到 SQL Server 中，其步骤如下：

Step1 创建 Windows 的用户。以系统管理员身份登录到 Windows，选择"控制面板"→"性能和维护"类别下的"管理工具"，双击"计算机管理"图标，进入"计算机管理"窗口。

Step2 在"计算机管理"窗口中选择"本地用户和组"中的"用户"图标并右击，在弹出的快捷菜单中选择 "新用户"命令，打开"新用户"对话框。在该对话框中输入用户名、密码，单击"创建"按钮，如图 14.4 所示。

Step3 以系统管理员身份登录到 SQL Server Management Studio，在"对象资源管理器"中找到并选择图 14.5 所示的"登录名"选项，右击，在弹出的快捷菜单中选择"新建登录名"命令，打开"登录名-新建"窗口，如图 14.6 所示。

Step4 在"登录名-新建"窗口中，通过单击"常规"选项卡中的"搜索"按钮，在"选择用户或组"对话框中单击"高级"按钮，选择相应的用户名或用户组添加到 SQL Server 2008 登录用户列表中。例如，本例的用户名为 CHINA-21A77EA41\cfp423（CHINA-21A77EA41 为本地计算机名）。

图 14.4　创建新用户

图 14.5　选择"新建登录名"命令

Step5　在"登录名-新建"窗口中设置当前登录用户的默认数据库，本例使用 S-C-T 数据库，如图 14.6 所示。

Step6　单击"确定"按钮完成 Windows 登录的创建，如图 14.7 所示。创建完成后，即可使用 cfp423 账户登录到当前 SQL Server 服务器。

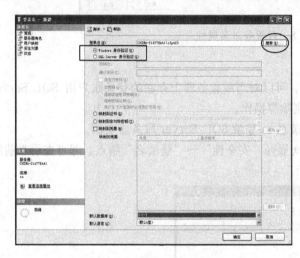

图 14.6　"登录名-新建"窗口

图 14.7　登录名创建完毕

（2）创建 SQL Server 登录账户

当需要创建 SQL Server 验证模式的登录名时，首先在安装时应将验证模式设置为混合模式，然后用 SQL Server Management Studio 按下列步骤操作：

Step1　创建 SQL Server 验证模式的登录名在图 14.8 所示的界面中进行，输入一个自定义的登录名，例如 cfp123，选中"SQL Server 身份验证"单选按钮，输入密码，并取消选择"强制密码过期"复选框。

Step2　在"选择页"列表中选择"用户映射"选项，打开选项卡。在"映射到此登录名的用户"列表中选中"S-C-T"数据库的复选框，系统会自动创建与登录名同名的数据库用户，并进行映射。还可以在"数据库角色成员"列表中为未登录账户设置权限（默认为 public），如图 14.9 所示。

Step3　单击"确定"按钮，完成 SQL Server 登录账户的创建。

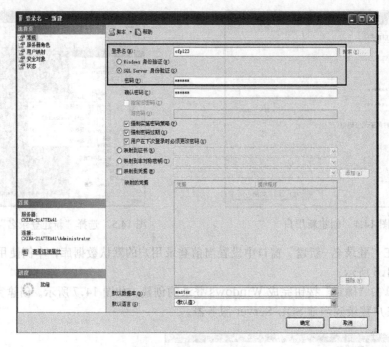

图 14.8　设置登录名属性

3. 维护登录账户

创建 SQL Server 2008 登录账户后，可以对当前服务器上存在的登录账户用 SQL Server Management Studio 进行查看、修改与删除等操作。

Step1　使用具有系统管理权限的登录名 sa 登录 SQL Server 服务器实例。

Step2　在"对象资源管理器"中依次展开"安全性"→"登录名"结点，即可查看当前服务器中所有的登录账户，如图 14.10 所示。

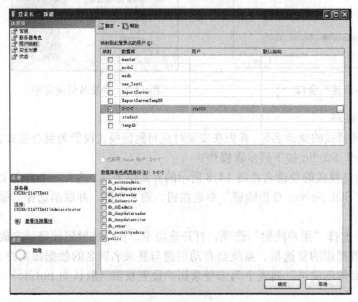

图 14.9　映射用户

图 14.10　查看登录账户

在"登录名"结点下选择需要删除的登录名，右击，在弹出的快捷菜单中选择"删除"命令，即可删除对应的登录名。同理，选择需要修改的登录名，右击，在弹出的快捷菜单中选择"属性"命令，可以对登录属性，用户映射等进行修改。

4. 使用 T-SQL 方式管理登录名

(1) 以 SQL 语句方式创建登录名

在 SQL Server 2008 中创建登录名可以使用 CREATE LOGIN，其语法格式如下：

```
CREATE LOGIN login_name
{   WITH PASSWORD='password'
        [,<option_list>[,...]]      /*WITH 子句用于创建 SQL Server 登录名*/
    | FROM                          /*FROM 子句用于创建其他登录名*/
    {
        WINDOWS[WITH<windows_options>[,...]]
    }
}
```

其中，

```
<option_list>::=
    SID=sid
    | DEFAULT_DATABASE=database
    | DEFAULT_LANGUAGE=language
<windows_options>::=
    DEFAULT_DATABASE=database
    | DEFAULT_LANGUAGE=language
```

参数说明：

- login_name：登录名，指定创建的登录名。
- password：仅适用于 SQL Server 登录名，指定正在创建的登录名的密码。
- SID=sid：仅适用于 SQL Server 登录名，指定新 SQL Server 登录名的 Guest 名。如果未选择此选项，则 SQL Server 自动指派 Guest 名。
- DEFAULT_DATABASE =database：指定将指派给登录名的默认数据库。如果未包括此选项，则默认数据库将设置为 master。
- DEFAULT_LANGUAGE =language：指定将指派给登录名的默认语言。如果未包括此选项，则默认语言将设置为服务器的当前默认语言。即使将来服务器的默认语言发生更改，登录名的默认语言也仍保持不变。
- WINDOWS：指定将登录名映射到 Windows 登录名。

例 14.1　使用 SQL 语句方式创建 Windows 登录名 cfp423（假设 Windows 用户 cfp423 已经创建，本地计算机名为 CHINA-21A77EA41），默认数据库设为 S-C-T。

```
USE master
GO
CREATE LOGIN [CHINA-21A77EA41\ cfp423]
    FROM WINDOWS
    WITH DEFAULT_DATABASE=S-C-T
```

例 14.2　创建 SQL Server 登录名 cfp123，密码为 123456，默认数据库设为 S-C-T。

```
CREATE LOGIN cfp123
    WITH PASSWORD='123456',
    DEFAULT_DATABASE=S-C-T
```

（2）SQL 语句方式删除登录名

删除登录名使用 DROP LOGIN 命令。语法格式如下：

```
DROP LOGIN login_name
```

例 14.3　删除 Windows 登录名 cfp423。

```
DROP LOGIN [CHINA-21A77EA41\ cfp423]
```

例 14.4　删除 SQL Server 登录名 cfp123。

```
DROP LOGIN cfp123
```

5. 固定服务器角色

服务器角色是独立于各个数据库的。在 SQL Server 中创建一个登录名后，须赋予该登录者一定的管理服务器的权限，此时可设置该登录名为服务器角色的成员。

SQL Server 2008 提供了 9 个固定服务器角色，它们的清单和功能如下：

（1）sysadmin：系统管理员，角色成员可对 SQL Server 服务器进行所有的管理工作，为最高管理角色。这个角色一般适合于数据库管理员（DBA）。

（2）securityadmin：安全管理员，角色成员可以管理登录名及其属性，可以授予、拒绝、撤销服务器级和数据库级的权限，还可以重置 SQL Server 登录名的密码。

（3）serveradmin：服务器管理员，角色成员具有对服务器进行设置及关闭服务器的权限。

（4）setupadmin：设置管理员，角色成员可以添加和删除链接服务器，并执行某些系统存储过程。

（5）processadmin：进程管理员，角色成员可以终止 SQL Server 实例中运行的进程。

（6）diskadmin：用于管理磁盘文件。

（7）dbcreator：数据库创建者，角色成员可以创建、更改、删除或还原任何数据库。

（8）bulkadmin：可执行 BULK INSERT 语句，但是这些成员要对插入数据的表有 INSERT 权限。BULK INSERT 语句的功能是以用户指定的格式复制一个数据文件至数据库表或视图。

（9）public：角色成员可以查看任何数据库。

注意：用户只能将一个用户登录名添加为某固定服务器角色的成员，不能自行定义服务器角色。

1）使用 SQL Server Management Studio 的对象资源管理器添加服务器角色成员

Step1　以系统管理员身份登录到 SQL Server 服务器，在"对象资源管理器"中展开"安全性"→"登录名"选项，选择需要的登录名，例如"CHINA-21A77EA41\cfp423"，双击或右击选择"属性"命令，打开"登录属性"窗口。

Step2　在"登录属性"窗口中选择"服务器角色"选项卡，如图 14.11 所示，右侧列出了所有的固定服务器角色，可以根据需要，选中服务器角色前的复选框，为登录名添加相应的服务器角色，此处默认已经选择了"public"服务器角色。单击"确定"按钮完成添加。

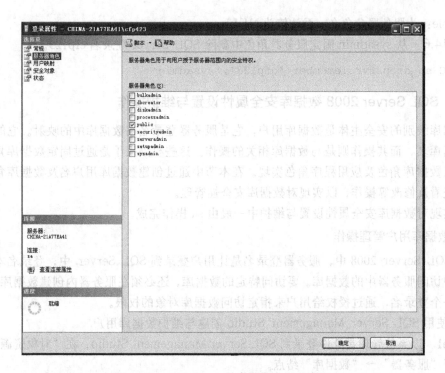

图 14.11　SQL Server 服务器角色设置窗口

2）利用系统存储过程添加固定服务器角色成员

利用系统存储过程 sp_addsrvrolemember 可将任意登录名添加到某一固定服务器角色中，使其成为固定服务器角色的成员。

语法格式：

```
sp_addsrvrolemember[@loginame=]'login',[@rolename=]'role'
```

参数说明：

- Login：指定添加到固定服务器角色 role 的登录名，可以是 SQL Server 登录名或 Windows 登录名。
- role：指固定服务器角色名，role 必须为 sysadmin、securityadmin、serveradmin、setupadmin、processadmin、diskadmin、dbcreator、bulkadmin 和 public 之一。

例 14.5　将 Windows 登录名 CHINA-21A77EA41\ cfp423 添加到 sysadmin 固定服务器角色中。

```
EXEC sp_addsrvrolemember'CHINA-21A77EA41\ cfp423','sysadmin'
```

3）利用系统存储过程删除固定服务器角色成员

利用 sp_dropsrvrolemember 系统存储过程可从固定服务器角色中删除 SQL Server 登录名或 Windows 登录名。

语法格式：

```
sp_dropsrvrolemember[@loginame=]'login',[@rolename=]'role'
```

参数说明：

- login：为将要从固定服务器角色删除的登录名。

- role：为服务器角色名，默认值为 NULL。

例 14.6 从 sysadmin 固定服务器角色中删除 SQL Server 登录名 cfp123。

```
EXEC sp_dropsrvrolemember 'cfp123','sysadmin'
```

14.2.2 SQL Server 2008 数据库安全属性设置与维护操作

数据库级别的安全主体是数据库用户，它是服务器登录名在数据库中的映射。它的安全客体是数据库名，而其操作则是与数据库相关的操作。这些权限授予是通过固定数据库角色、用户自定义数据库角色及应用程序角色实现。在本节中通过创建数据库用户名及数据库角色以及删除、查看及修改等操作，以实现对数据库安全性管理。

在实现对数据库安全属性设置与维护中一般由 sa 操作完成。

1. 数据库用户管理操作

在 SQL Server 2008 中，服务器登录名是让用户登录到 SQL Server 中，登录名本身并不能让用户访问服务器中的数据库。要访问特定的数据库，还必须在服务器内创建数据库用户名，并关联一个登录名，通过授权给用户来指定访问数据库对象的权限。

1）使用 SQL Server Management Studio 创建与维护数据库用户

Step1 以系统管理员身份登录到 SQL Server Management Studio，在"对象资源管理器"中，展开"服务器"→"数据库"结点。

Step2 展开要在其中创建新数据库用户的数据库。

Step3 右击"安全性"结点，从弹出的快捷菜单中选择"新建"→"用户"命令，打开"数据库用户-新建"窗口，如图 14.12 所示。

Step4 在"常规"选项卡的"用户名"文本框中输入新用户的名称，此处输入"cfp"。在"登录名"文本框中输入或选择要映射到数据库用户的 Windows 或 SQL Server 登录名，此处选择"CHINA-21A77EA41\cfp123"（已经创建）。

Step5 如果不设置"默认架构"，系统会自动设置 dbo 为此数据库用户的默认构架。

Step6 单击"确定"按钮，完成数据库用户的创建。

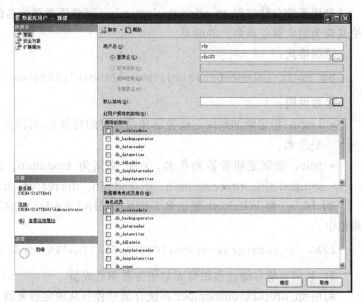

图 14.12 新建数据库用户

提示：同样可以通过"安全性"→"用户"结点，右击需要管理的数据库用户名进行多种维护性操作，如删除、查看、修改用户属性等。

2）使用 T—SQL 语句创建与维护数据库用户

（1）使用 CREATE USER 语句创建数据库用户

语法格式：

```
CREATE USER user_name
[{FOR|FROM}
      LOGIN login_name
      |WITHOUT LOGIN
]
[WITH DEFAULT_SCHEMA=schema_name]
```

参数说明：

- user_name：指定数据库用户名。
- FOR 或 FROM：用于指定相关联的登录名。
- LOGIN login_name：指定创建数据库用户的 SQL Server 登录名。login_name 必须是服务器中有效的登录名。当此登录名进入数据库时，它将获取创建的数据库用户的名称和 ID。
- WITHOUT LOGIN：指定不将用户映射到现有登录名。
- WITH DEFAULT_SCHEMA：指定服务器为此数据库用户解析对象名称时将搜索的第一个架构，默认为 dbo。

例 14.7　使用 SQL Server 登录名 CHINA—21A77EA41\cfp423（假设已经创建）在 S—C—T 数据库中创建数据库用户 cfp，默认架构名使用 dbo。

```
USE [S-C-T]
GO
CREATE USER cfp
    FOR LOGIN [CHINA-21A77EA41\cfp423]
    WITH DEFAULT_SCHEMA=dbo
```

显示结果，如图 14.13 所示。

（2）使用 DROP USER 语句删除数据库用户。

语法格式：

```
DROP USER user_name
```

其中，user_name 为要删除的数据库用户名，在删除之前要使用 USE 语句指定数据库。

例 14.8　删除 S—C—T 数据库的数据库用户 cfp。

```
USE S-C-T
GO
DROP USER cfp
```

图 14.13　创建数据库用户 cfp

2. 数据库角色管理

SQL Server 2008 在数据库级的安全级别上也设置了角色，并允许用户在数据库上建立新的角色，然后为该角色授予多个权限，最后通过角色将权限赋予数据库的用户，使用户获得数据库的操作权限。数据库角色共有三种类型：

- 固定数据库角色：SQL Server 2008 提供的，作为系统一部分的角色；
- 用户自定义数据库角色：数据库用户自己定义的角色。

- 应用程序角色：用来授予应用程序专门的权限，而非授予用户组或者单独用户。

1) 固定数据库角色

SQL Server 2008 提供了 10 种常用的固定数据库角色用于授予数据库用户。这些固定数据库角色信息存储在系统表 sysusers 中。其含义如下：

- public：是一个特殊的数据库角色，数据库中的每个用户都是其成员，且不能删除这个角色。public 能查看数据库中所有数据。
- db_owner：在数据库中有全部权限。
- db_accessadmin：可以添加或删除用户 ID。
- db_ddladmin：具备所有 DDL 操作的所有权。
- db_securityadmin：可以管理全部权限、对象所有权、角色和角色成员资格。
- db_backupoperator：具备有检查数据库一致性及备份语句的权限。
- db_datareader：可以查询数据库内任何用户表中的所有数据。
- db_datawriter：可以更改数据库内任何用户表中的所有数据。
- db_denydatareader：不能查询数据库内任何用户表中的任何数据。
- db_denydatawriter：不能更改数据库内任何用户表中的任何数据。

在 SQL Server Management Studio "对象资源管理器" 窗口中，展开指定数据库结点下的 "安全性" → "角色" → "数据库角色" 结点，即可查看数据库角色，如图 14.14 所示。

(1) 使用 SQL Server Management Studio 添加固定数据库角色成员

Step1 以系统管理员身份登录到 SQL Server 服务器，在 "对象资源管理器" 中展开 "数据库" → S-C-T→ "安全性" → "用户" 结点，选择一个数据库用户，例如 cfp，双击，或右击并选择 "属性" 命令，打开 "数据库用户" 窗口。

Step2 在 "常规" 选项卡中的 "数据库角色成员身份" 列表中，可以根据需要，选中数据库角色前的复选框，来为数据库用户添加相应的数据库角色，如图 14.15 所示。单击 "确定" 按钮完成添加。

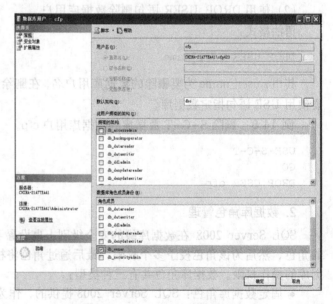

图 14.14　查看数据库角色　　　　　　　图 14.15　添加固定数据库角色成员

Step3　查看固定数据库角色的成员。在"对象资源管理器"窗口中，在 S-C-T 数据库下的"安全性"→"角色"→"数据库角色"结点下，选择数据库角色，如 db_owner，右击，选择"属性"命令，在此角色的成员列表中可以看到该数据库角色的成员列表，如图 14.16 所示。

(2) 使用 T-SQL 中系统存储过程添加固定数据库角色成员

利用系统存储过程 sp_addrolemember 可以将一个数据库用户添加到某一固定数据库角色中，使其成为该固定数据库角色的成员，其语法格式如下：

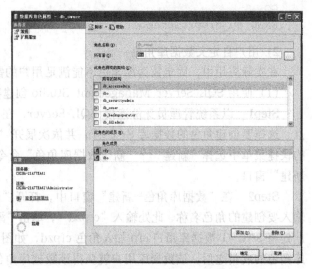

图 14.16　数据库角色成员列表

```
sp_addrolemember[@rolename=]'
role',[@membername=]'security
_account'
```

参数说明：

- role：为当前数据库中的数据库角色的名称。
- security_account：为添加到该角色的安全账户，可以是数据库用户或当前数据库角色。

该存储过程可作说明如下：

- 当使用 sp_addrolemember 将用户添加到角色时，新成员将继承所有应用到角色的权限。
- 不能将固定数据库或固定服务器角色或者 dbo 添加到其他角色。例如，不能将 db_owner 固定数据库角色添加成为用户定义的数据库角色的成员。
- 在用户定义的事务中不能使用 sp_addrolemember。
- 只有 sysadmin 固定服务器角色和 db_owner 固定数据库角色中的成员可以执行 sp_addrolemember，以将成员添加到数据库角色。
- db_securityadmin 固定数据库角色的成员可以将用户添加到任何用户定义的角色。

例 14.9　将 S-C-T 数据库上的数据库用户 cfp 添加为固定数据库角色 db_owner 的成员。

```
USE S-C-T
GO
EXEC sp_addrolemember 'db_owner','cfp'
```

(3) 使用 T-SQL 中系统存储过程删除固定数据库角色成员

系统存储过程 sp_droprolemember 可将某成员从固定数据库角色中去除。其语法格式：

```
sp_droprolemember [@rolename=]'role',[@membername=] 'security_account'
```

参数说明：

- role：为当前数据库中的数据库角色的名称。
- security_account：为添加到该角色的安全账户，可以是数据库用户或当前数据库角色。

例 14.10　将数据库用户 cfp 从 db_owner 中去除。

```
USE S-C-T
```

```
GO
EXEC sp_droprolemember 'db_owner','cfp'
```

2) 用户自定义数据库角色

在实际应用中，固定数据库角色不能满足用户的需求时，可自定义数据库角色。

(1) 使用 SQL Server Management Studio 创建数据库角色

Step1 以系统管理员身份连接 SQL Server，在"对象资源管理器"中展开"数据库"结点，选择要创建角色的数据库 S-C-T，并依次展开"安全性"→"角色"结点，右击，在弹出的快捷菜单中选择"新建"→"新建数据库角色"命令，如图 14.17 所示。进入"数据库角色-新建"窗口。

Step2 在"数据库角色-新建"窗口中，打开"常规"选项卡，在"角色名称"文本框中输入要创建的角色名称，此处输入"cfpzd"，单击"添加"按钮将数据库用户加入数据库角色，此处将 S-C-T 数据库用户 cfp 加入角色 cfpzd，如图 14.18 所示。当数据库用户成为某一数据库角色的成员之后，该数据库用户就获得该数据库角色所拥有的对数据库操作的权限。

图 14.17 新建数据库角色

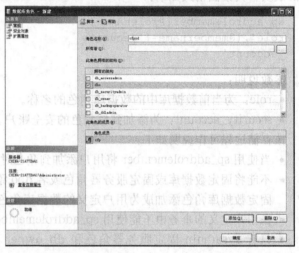

图 14.18 "数据库角色-新建"窗口

Step3 选择"安全对象"选项卡，查看或设置数据库安全对象的权限。单击"安全对象"列表上方的"搜索"按钮，打开"添加对象"对话框，这里选中"特定对象"单选按钮，如图 14.19 所示。

Step4 单击"确定"按钮回到"选择对象"对话框。在"选择对象"对话框中单击"浏览"按钮，打开"查找对象"对话框，该对话框中列出了数据库中所有的表对象，这里选择所有的表，如图 14.20 所示。

Step5 单击"确定"按钮回到"选择对象"对话框，单击"确定"按钮回到"数据库角色-新建"窗口。

Step6 在"安全对象"列表中分别选中每个数据行，并在下面"显式"列表中选中插入、更新、更改、删除、选择等权限，如图 14.21 所示。

Step7 单击"确定"按钮完成自定义数据库角色的创建。

图 14.19 "添加对象"对话框

图 14.20 "查找对象"对话框

图 14.21 配置角色权限

（2）通过 T-SQL 语句创建数据库角色

① 定义数据库角色。创建用户自定义数据库角色可以使用 CREATE ROLE 语句。

语法格式：

```
CREATE ROLE role_name [AUTHORIZATION owner_name]
```

例 14.11 在当前数据库中创建名为 cfpzd1 的新角色，并指定 dbo 为该角色的所有者。

```
USE S-C-T
GO
CREATE ROLE cfpzd1
AUTHORIZATION dbo
```

② 添加数据库角色成员。向用户定义数据库角色添加成员使用存储过程 sp_addrolemember。

例 14.12 将 SQL Server 登录名创建的 S-C-T 的数据库用户 cao（假设已经创建）添加到数据库角色 cfpzd 中。

```
EXEC sp_addrolemember 'cfpzd','cao'
```

③ 通过 T-SQL 中的 SQL 语句删除数据库角色

要删除数据库角色可以使用 DROP ROLE 语句。语法格式：

```
DROP ROLE role name
```

说明：

- 无法从数据库删除拥有安全对象的角色。若要删除拥有安全对象的数据库角色，必须首先转移这些安全对象的所有权，或从数据库删除它们。
- 无法从数据库删除拥有成员的角色。若要删除拥有成员的数据库角色，必须首先删除角色的所有成员。
- 不能使用 DROP ROLE 删除固定数据库角色。

例 14.13   删除数据库角色 cfpzd。

在删除 cfpzd 之前首先需要将 cfpzd 中的成员删除，可以使用界面方式，也可以使用命令方式。若使用界面方式，只需在角色的属性页中操作即可。命令方式在删除固定数据确认 cfpzd 可以删除后，使用以下命令删除 cfpzd：

```
DROP ROLE cfpzd
```

3）应用程序角色

应用程序角色是一种特殊的角色，它的主体是应用程序，应用程序通过激活的方式能够获取使用应用程序角色所具有的权限。应用程序角色不包含任何成员，而且未激活。

创建应用程序角色与创建数据库角色类似。具体步骤如下：

Step1   以系统管理员身份连接 SQL Server，在"对象资源管理器"中展开"数据库"→S-C-T→"安全性"→"角色"结点，右击，在弹出的快捷菜单中选择"新建"→"新建应用程序角色"命令，进入"应用程序角色-新建"窗口，如图 14.22 所示。

Step2   在"应用程序角色-新建"窗口输入角色名称及密码，此处角色名为 AppRole，默认架构为 dbo。

Step3   在"选择页"列表中选择"安全对象"选项，打开"安全对象"选项卡。选择安全对象为 S-C-T 数据库中的所有表，并设置应用程序角色拥有该表的所有权限，如图 14.23 所示。

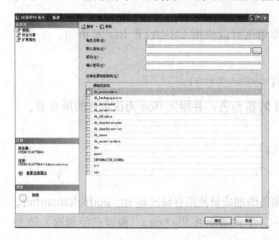

图 14.22   "应用程序角色-新建"窗口

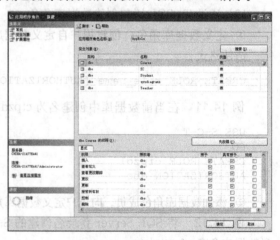

图 14.23   配置应用程序角色权限

Step4   创建完应用程序角色后，还需用存储过程 SP_SETAPPROLE 将其激活，语句如下：

```
EXEC SP_SETAPPROLE  @ROLENAME='AppRole',@PASSWORD='123456'
```

3. 三个特殊的数据库用户角色

一个服务器登录账号在不同的数据库中可以映射成不同的用户,从而可以具有不同的权限。利用数据库用户可以限制访问数据库的范围,默认的数据用户角色有 dbo、guest 和 sys 等。

(1) dbo

dbo 是数据库的所有者,拥有数据库中的所有对象的所有操作。每个数据库都有 dbo,sysadmin 服务器角色的成员映射成 dbo。无法删除 dbo 用户,且此用户始终出现在每个数据库中。通常,登录名 sa 映射为库中的用户 dbo。另外,有固定服务器角色 sysadmin 的任何成员创建的任何对象都自动属于 dbo。dbo 相当于数据库管理员。

(2) Guest

Guest 允许没有数据库用户账户的登录名访问数据库。当登录名没有被映射到任意一个数据库名上时,登录名将自动映射成 Guest,并获得相应的数据库访问权限。Guest 用户可以和其他用户一样设置权限,不能删除 Guest 用户,但可在除 master 和 tempdb 之外的数据库中禁用 Guest 用户。

(3) Information_schema 和 sys

每个数据库中都含有 Information_schema 和 sys,它们用于获取有关数据库的元数据信息。

*14.2.3　SQL Server 2008 数据库安全属性设置与维护操作之二——架构管理

继续讨论数据库级别中安全主体是数据库用户的安全管理,但此时它的安全客体是架构。在 SQL Server 2008 中,数据库名是数据客体,但它一般并不直接拥有数据库对象,只有通过架构拥有这些对象,所以架构也是数据客体。在有架构的数据库中,其真正的客体应是架构名。本小节将讨论架构的创建、删除。同时,在这里作为安全主体的数据库用户还将接受架构建为其客体权限。所有这些,称为架构管理。

实现对数据库架构的创建、删除及作为客体权限设置一般通过 sa 或 dbo 完成。

1. 使用 SQL Server Management Studio 创建架构

Step 1　在 SQL Server Management Studio 中连接到本地数据库实例,在对象资源管理器中展开树状目录,选中要建立架构的数据库(这里选择 S-C-T 数据库),展开"安全性"结点,右击"架构"结点,在弹出菜单中选择"新建架构"命令,如图 14.24 所示。

Step 2　打开图 14.25 所示的"架构-新建"窗口。在"架构名称"文本框中输入要创建的架构名,如 S-T,在"架构所有者"文本框中指定该角色所属的架构,单击"架构所有者"文本框右侧的"搜索"按钮,即可弹出"搜索角色和用户"对话框,从中查找可能的所有者角色或用户,如 dbo 等。

Step 3　选择"权限"选项卡,查看或设置数据库架构安全对象的权限,单击"确定"按钮,即完成创建架构。

注意:特定架构中的每个安全对象都必须有唯一的名称。架构中安全对象的完全指定名称包括此安全对象所在的架构的名称。

图 14.24　新建架构

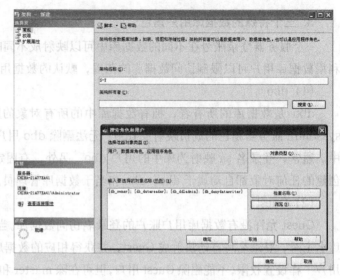

图 14.25　"架构-新建"窗口

2. 使用 T-SQL 语句创建架构

语法格式：

```
CREATE SCHEMA schema_name_clause[<schema_element>[...n]]
<schema_name_clause>::=
{
schema_name|AUTHORIZATION owner_name
 | schema_name AUTHORIZATION owner_name
}
<schema_element>::=
{
 table_definition|view_definition|grant_statement
 |revoke_statement|deny_statement
}
```

参数说明：

- schema_name：数据库内架构名。
- schema_element：架构内对象元素。
- AUTHORIZATION owner_name：指定将拥有架构的数据库级主体的名称。此主体还可以拥有其他架构，并且可以使用当前架构建为其默认架构。
- table_definition：指定在架构内创建表的 CREATE TABLE 语句。执行此语句的主体必须对当前数据库具有 CREATE TABLE 权限。
- view_definition：指定在架构内创建视图的 CREATE VIEW 语句。执行此语句的主体必须对当前数据库具有 CREATE VIEW 权限。
- grant_statement：指定可对除新架构外的任何安全对象授予权限的 GRANT 语句。
- revoke_statement：指定可对除新架构外的任何安全对象撤销权限的 REVOKE 语句。
- deny_statement：指定可对除新架构外的任何安全对象拒绝授予权限的 DENY 语句。

例 14.14　在 S-C-T 数据库中创建架构 S-T，该架构拥有者为 dbo，对应的 SQL 语句为：

```
USE [S-C-T]
GO
CREATE SCHEMA [S-T] AUTHORIZATION [dbo]
GO
```

3. 删除架构

（1）使用 SQL Server Management Studio 的对象资源管理器删除架构。

选中"对象资源管理器"中需要删除的架构对象，右击，选择"删除"命令即可。

（2）使用 T-SQL 语句删除架构

语法格式：

```
DROP SCHEMA schema_name
```

● schema_name：架构名。

提示：所删除的架构不能包含任何对象。如果架构包含对象则 DROP 语句失败。

14.2.4　SQL Server 2008 数据库安全属性设置与维护操作之三——数据库对象管理

最后讨论数据库级别中安全主体是数据库用户的安全管理。但它的安全客体是数据库对象。数据库用户所真正访问的数据客体是数据库对象，它包括数据库对象名及相应操作。

本小节讨论数据库对象的管理，在这里安全主体为数据库用户，它将接受数据库对象作为其客体权限，而相应操作作为其操作权限（统称为数据库对象权限）的实现。它即数据库对象安全管理。

注意：在数据库对象管理中顺便也将数据库（名）及相应操作作为权限授予数据库用户或数据库角色。

表 14.1 列出了数据库对象的常用权限。

表 14.1　安全对象的常用权限

安 全 对 象	常 用 权 限
数据库	CREATE DATABASE、CREATE DEFAULT、CREATE FUNCTION、CREATE PROCEDURE、CREATE VIEW、CREATE TABLE、CREATE RULE、BACKUP DATABASE、BACKUP LOG
表	SELECT、DELETE、INSERT、UPDATE、REFERENCES
表值函数	SELECT、DELETE、INSERT、UPDATE、REFERENCES
视图	SELECT、DELETE、INSERT、UPDATE、REFERENCES
存储过程	EXECUTE、SYNONYM
标量函数	EXECUTE、REFERENCES

权限的操作涉及授予权限、拒绝权限和撤销权限三种。

● 授予权限（GRANT）：将指定数据库对象上的指定操作权限授予指定数据库用户。

● 撤销权限（REVOKE）：指撤销或删除以前授予的权限及停用其他用户继承的权限。

● 拒绝权限（DENY）：指拒绝其他用户授予的权限及继承的权限。

在实现对数据库对象的安全属性设置与维护操作中一般由 dbo 操作完成。

1. 使用 SQL Server Management Studio 管理权限

（1）授予数据库上的权限

以为数据库用户 cfp123（已经创建完成）授予 S-C-T 数据库的 CREATE TABLE 语句的

权限（即创建表的权限）为例，在 SQL Server Management Studio 中授予用户权限的步骤如下：

Step1 在 SQL Server Management Studio 中打开"对象资源管理器"，展开"数据库"→"S-C-T"结点，右击，选择"属性"命令，进入 S-C-T 数据库的属性窗口，选择"权限"选项卡。

Step2 在"用户或角色"列表中选择需要授予权限的用户或角色，在窗口下方列出的权限列表中找到相应的权限（此处选择"创建表"），如图 14.26 所示。单击"确定"按钮即可完成。

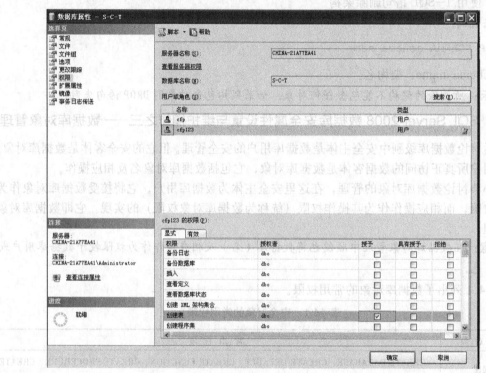

图 14.26　授予用户数据库上的权限

（2）授予数据库对象上的权限

以为数据库用户 cfp123 授予 Student 表上 SELECT、INSERT 的权限为例。步骤如下：

Step1 在 SQL Server Management Studio 中打开"对象资源管理器"，展开"数据库"→"S-C-T"→"表"→Student 结点，右击，选择"属性"命令进入 Student 表的属性窗口，选择"权限"选项卡。

Step2 单击"搜索"按钮，在弹出的"选择用户或角色"窗口中单击"浏览"按钮，选择需要授权的用户或角色（如 cfp123），选择后单击"确定"按钮回到 Student 表的属性窗口。在该窗口中选择用户，在权限列表中选择需要授予的权限，如"插入"（INSERT）、"选择"（SELECT），如图 14.27 所示，单击"确定"按钮完成授权。

（3）拒绝和撤销数据库及表的权限

拒绝和撤销权限同授予权限类似，如图 14.26 和图 14.27 所示，在权限的"授予"和"拒绝"列中做适当勾选即可。

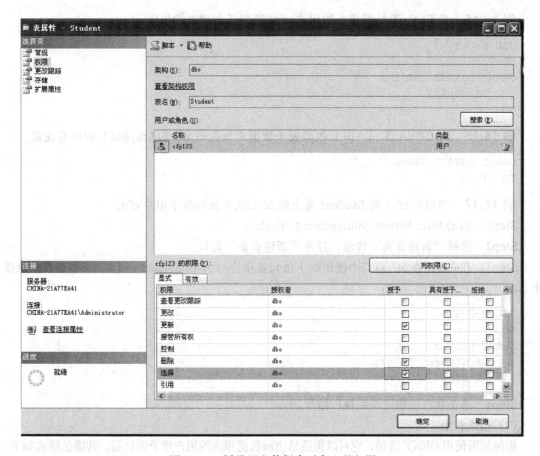

图 14.27　授予用户数据库对象上的权限

2. 使用 T-SQL 语句管理权限

（1）授予权限

利用 GRANT 语句可以给数据库用户、数据库角色或数据库对象授予相关的权限。语法格式如下：

```
GRANT {[ALL]|permission[(column[,...n])][,...n]
     }
     [ON securable]TO principal[,...n]
     [WITH GRANT OPTION][AS<principal>]
```

参数说明：

- ALL：所授予的那个对象类型的所有权限。如果不使用 ALL 关键字，则需要提供一个或多个具体的权限。
- permission：说明所授予的具体权限。
- ON：指向授予权限的对象。
- TO：指向该访问权限所授予的用户名或角色名。
- WITH GRANT OPTION：允许向其授予访问权限的用户也能向其他用户授予访问权限。
- AS：指向授权者名（包括用户名或角色名）。

例 14.15 给 S-C-T 数据库上的用户 cfp123 授予创建表的权限。

```
USE S-C-T
GO
GRANT CREATE TABLE
    TO cfp123
GO
```

例 14.16 将 CREATE TABLE 权限授予数据库角色 cfpzd（已创建好）的所有成员。

```
GRANT CREATE TABLE
TO cfpzd
```

例 14.17 将用户 cfp1 在 Student 表上的 SELECT 权限授予用户 cfp。

Step1 启动 SQL Server Management Studio。

Step2 选择"新建查询"按钮，打开"新建查询"窗口。

Step3 在"新建查询"窗口中使用如下语句将用户 cfp1 在 Student 表上的 SELECT 权限授予 cfp：

```
USE S-C-T
GO
GRANT SELECT
    ON Student TO cfp
    AS cfp1
```

Step4 单击执行按钮可得到执行结果。

（2）拒绝权限

拒绝权限使用 DENY 语句，它可以拒绝给当前数据库内的用户授予的权限。其语法格式如下：

```
DENY {[ALL]|permission[(column[,...n])]}[,...n]
    }
    [ON securable]TO principal [,...n]
    [CASCADE][AS principal]
```

参数说明：

* ALL：拒绝授予对象类型上所有可用的权限。否则，需要提供一个或多个具体的权限。
* CASCADE：与 GRANT 语句中的 WITH GRANT OPTION 相对应。CASCADE 告诉 SQL Server，如果用户在 WITH GRANT OPTION 规则下授予了其他主体访问权限，则对于所有这主体，也拒绝他们的访问。

例 14.18 对多个用户不允许使用 CREATE VIEW 和 CREATE TABLE 语句。

```
DENY CREATE VIEW,CREATE TABLE
    TO cfp
GO
```

例 14.19 拒绝用户 cfp、[CHINA-21A77EA41\ cfp423]对表 Student 的一些权限，这样，这些用户就没有对 XS 表的操作权限了。

```
USE S-C-T
GO
DENY SELECT,INSERT,UPDATE,DELETE
```

```
    ON Student TO cfp,[CHINA-21A77EA41\ cfp423]
GO
```

例 14.20　对所有 cfp1 角色成员拒绝 CREATE TABLE 权限。

```
DENY CREATE TABLE
    TO cfp1
```

（3）撤销权限

撤销权限使用 REVOKE 语句，它可撤销以前给数据库用户授予或拒绝的权限。其语法格式如下：

```
REVOKE[GRANT OPTION FOR]
    {[ALL]|permission[(column[,...n])][,...n]
    }
    [ON securable]
    {TO|FROM}principal[,...n]
    [CASCADE][AS<principal>]
```

参数说明：

- **ALL**：表明撤销该对象类型上所有可用的权限。否则，需要提供一个或多个具体的权限。
- **CASCADE**：与 GRANT 语句中的 WITH GRANT OPTION 相对应。CASCADE 告诉 SQL Server，如果用户在 WITH GRANT OPTION 规则下授予了其他主体访问权限，则对于所有这些被授予权限的人，也将撤销他们的访问权限。

例 14.21　取消已授予用户 cfp1 的 CREATE TABLE 权限。

```
REVOKE CREATE TABLE
    FROM cfp1
```

例 14.22　取消授予多个用户的多个语句权限。

```
REVOKE CREATE TABLE,CREATE VIEW
    FROM cfp1,cfp
```

例 14.23　取消对 cfp 授予或拒绝的在 Student 表上的 SELECT 权限。

```
REVOKE SELECT
    ON Student
    FROM cfp
```

例 14.24　撤销由 cfpzd 授予 cfp 在 Student 的 SELECT 权限。

```
USE S-C-T
GO
REVOKE SELECT
    ON Student
    TO cfp
    AS cfpzd
GO
```

14.3　SQL Server 2008 中的安全性验证

SQL Server 2008 的安全性验证分为两个层次，分别是 Windows 身份验证、SQL Server 身份验证（统称系统身份验证）及数据库用户验证。

14.3.1　SQL Server 2008 系统身份验证

当用户登录数据库系统时，如何确保只有合法的用户才能登录到系统中呢？在 SQL Server 2008 第一层中通过身份验证模式实现。它提供两种方式：Windows 身份验证模式和混合模式。当设置为混合模式时，允许用户使用 Windows 身份验证或 SQL Server 身份验证进行连接。

1．Windows 验证模式

用户通过 Windows 用户账户连接时，SQL Server 使用 Windows 操作系统中的信息验证账户名和密码。Windows 身份验证模式使用 Kerberos 安全协议，通过强密码的复杂性验证提供密码策略强制、账户锁定支持、密码过期支持等。用户登录 Windows 时进行身份验证，登录 SQL Server 时就不再进行身份验证，验证界面如图 14.28 所示。

以下是对于 Windows 验证模式登录的几点重要说明：

（1）必须将 Windows 账户加入到SQL Server 中，才能采用 Windows 账户登录 SQL Server。

图 14.28　Windows 身份验证界面

（2）如果使用 Windows 账户登录到另一个网络的 SQL Server，必须在 Windows 中设置彼此的托管权限。

2．SQL Server 验证模式

SQL Server 身份验证模式也称混合身份验证模式或标准登录模式，SQL Server 验证模式可以理解为 SQL Server 或 Windows 身份验证模式。在该验证模式下，用户在连接 SQL Server 时必须提供登录名和登录密码。

SQL Server 服务器首先对用户已创建的 SQL Server 登录账号进行身份验证，若通过则进行服务器连接；否则需要判断用户账号在 Windows 操作系统下是否可信以及连接到服务器的权限，对具有权限的用户直接采用 Windows 身份验证机制进行连接；若上述方式都不行，系统将拒绝该用户的连接请求，验证界面如图 14.29 和图 14.30 所示，选择 SQL Server 验证模式，并输入登录名和密码。

在通过第一层系统身份验证后，安全主体即进入 SQL 服务器并根据它的权限对指定服务器进行指定操作。

| 图 14.29　SQL Server 验证模式 | 图 14.30　混合身份验证界面 |

14.3.2　SQL Server 2008 数据库用户验证

在 SQL Server 2008 系统身份验证后即进入数据库用户验证，它可用 SQL Server Management Studio 为工具以人机界面方式进入后作身份验证，这就是第二层身份验证。

此后，安全主体即进入指定数据库并根据它的权限可以对指定架构及数据库元素作指定操作。

现以 SQL Server Management Studio 为工具，以人机界面方式进入作身份验证为例进行说明。

Step1　打开 SQL Server Management Studio，以 Windows 身份验证方式登录。

Step2　在对象资源管理器下，右击"安全性"→"登录名"选项，选择"新建登录名"命令，如图 14.31 所示。

图 14.31　选择"新建登录名"命令

Step3　打开"新建登录名"对话框后，在"常规"选项卡中输入相应的登录名、密码和默认数据库，这里登录名为 testUser，密码为 123456，默认数据库为 teacher_salary，如图 14.32 所示。

Step4　在"用户映射"选项卡下设置用户映射，设置用户 testUser 的映射数据库为 teacher_salary，如图 14.33 所示。

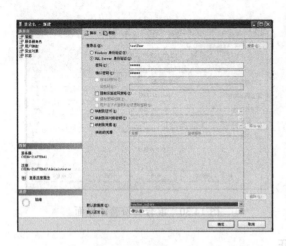 

图 14.32 设置"常规"选项卡　　　　　　图 14.33 设置"状态"选项卡设置

到此为止，用户 testUser 通过身份验证即进入指定数据库 teacher_salary，并根据它的权限，可以对指定架构及数据库元素做指定操作，或做进一步的权限配置。

14.3.3 SQL Server 2008 安全性中几个角色间关系探讨

在 SQL Server 2008 安全性中特别重视角色，一般安全主体都赋予一定的角色，在验证中也通过主体角色实现。目前有三类不同的角色，即系统管理员 sa、数据库拥有者 dbo 以及其他角色。下面对它们进行介绍。

（1）系统管理员 sa

sa 称系统管理员，它实际上是操作系统级管理员，具有最高权限，它拥有操作系统的所有权限，还拥有操作 SQL Server 的所有权限，并且不能够被删除。因此 sa 作为分配权限的起点，sa 账户在最开始时给予其他主体对于安全对象的权限。由于 SQL Server 不能更改 sa 用户名称，也不能删除这个超级用户，最好不要在数据库应用中使用 sa 账号，只有当没有其他方法登录到 SQL Server 实例（例如，当其他系统管理员不可用或忘记密码）时才使用 sa。建议在数据库中新建一个拥有与 sa 一样权限的超级用户来管理数据库，如 dbo。

服务器的相关操作一般由 sa 完成。数据库的创建一般由 sa 完成，数据库结构的修改和数据库的删除也可以由 sa 完成。

（2）dbo

dbo 是 Database Owner 的简称，如果说 sa 是实例级别的最高权限者，那 dbo 就是数据库级别的最高权限者，它相当于数据库管理员。这个用户也同样不能被删除，每一个属于 sysadmin 的服务器角色都会映射到数据库的 dbo 用户。

dbo 拥有数据库级别中的所有权限，数据库的创建、数据库结构的修改和数据库的删除可以由 dbo 完成。架构的操作及数据库对象的操作一般也可由 dbo 完成（当然也可以由 sa 完成，但一般不这么做）。

（3）其他角色

除了上述两个角色外，其他角色的权限都是局部的，它们大都由 sa 或 dbo 授予用户。一般来说，除非确有必要，主体尽量不要使用 sa 与 dbo。每个主体所使用的角色应与它的安全需求相匹配，过度和不足均会出现安全上的问题。

复习提要

本章主要介绍用户管理与数据安全管理。

（1）用户管理与数据安全管理的内容是一致的。它包括两个安全体及两种安全层次。

（2）两个安全体：安全主体与安全客体。

（3）两种安全层次：**系统层次及数据库层次**。

（4）SQL Server 2008 的用户安全主体属性：必须有一定的标识以及赋予它所能访问范围和操作权限。这就是 SQL Server 2008 中用户所应具有的三个基本属性，亦称安全属性。在有了这些属性后，用户才能访问数据库。

（5）安全机制即实现合法安全主体对安全客体各种权限的访问控制。

（6）通过 SQL Server Management Studio 及 T-SQL 中操作赋予用户两个安全层次中三个安全属性。这就是用户管理，同时也是数据安全性管理。

（7）SQL Server 2008 的安全性验证。主体访问客体时系统对其作检验以确保访问的安全。它们分为两层，分别是系统验证及数据库用户验证。

（8）本章重点内容：

用户管理与数据安全管理工具的操作。

习题 14

一、选择题

1. 在 SQL Server 2008 中主要有：固定（　　　）与固定数据库角色等类型。

    A. 服务器角色

    B. 网络角色

    C. 计算机角色

    D. 信息管理角色

2. 关于 SQL Server 2008 的数据库角色叙述正确的是（　　　）。

    A. 用户可以自定义固定服务器角色

    B. 数据库角色是系统自带的，用户一般不可以自定义

    C. 每个用户能拥有一个角色

    D. 角色用来简化将很多权限分配给很多用户这一复杂任务的管理

3. 关于登录和用户，下列各项表述不正确的是（　　　）。

    A. 登录是在服务器级创建的，用户是在数据库级创建的

    B. 创建用户时必须存在该用户的登录

    C. 用户和登录必须同名

    D. 一个登录可以对应不同数据库中的多个用户

4. 你是某软件公司的 SQL Server 2008 数据库管理员，一天公司一名开发工程师说他无法使用 sa 账号连接到公司用于测试的 SQL Server 2008 数据库服务器上，当进行连接时出现如图 14.34 所示的错误信息。

图 14.34   错误信息

A. 该 SQL Server 服务器上的 sa 账户被禁用

B. 管理员误删除了该 SQL Server 上的 sa 账户

C. 该 SQL Server 使用了仅 Windows 身份验证模式

D. 没有授予 sa 账户登录该服务器的权限

二、问答题

1. 简述 SQL Server 2008 的数据安全的两种安全体与两个安全层次。

2. 简述 SQL Server 2008 的安全机制是如何有效地实现合法安全主体对安全客体各种权限的访问控制的。

3. 请描述 SQL Server 2008 两种身份验证模式的区别（Windows 身份验证和混合身份验证）。两种模式的使用环境是什么？如何实现两种身份验证模式的互换？

4. 什么是架构？架构与数据库用户分离有何优越性？

三、应用题

用 T-SQL 语句创建一个名为 cfp、密码为 123456，默认数据库为 student 的账户，然后将该账户设置为固定服务器角色 serveradmin，并将默认数据库改为其他数据库，最后删除该账户，并完成实验。

四、思考题

试解释安全性管理与用户管理间的异同。

第 5 篇

工程篇

本篇从**工程角度**介绍数据库应用系统的开发。也就是说，从软件工程的五个开发阶段为基础介绍数据库应用系统开发，特别是其中的数据库开发，它也可称为**数据工程**。

从第 2 章的介绍中我们已经知道，在数据库应用系统的开发中与数据库开发有关的有如下几个部分：

1. 数据库设计

对数据库应用系统中的数据库进行设计，包括从需求分析、概念设计、逻辑设计到物理设计的全过程，最终形成一个完整的设计结果，即在一定条件制约下设计出性能良好的数据库。它包含软件工程中的需求分析及设计两个阶段。

2. 数据库管理

在数据库设计基础上生成数据库并进一步进行运行维护的管理，这就是数据库管理。它包含软件工程中（数据）编码与运行维护两个阶段。

3. 数据库编程

在数据库应用系统开发中涉及与数据库有关的编程称数据库编程，它包括 SQL Server 2008 自含式语言 T-SQL 编程、调用层接口 ADO 编程及 Web 接口工具 ASP 编程等内容。它包含软件工程中的（应用程序）编码阶段。

4. 数据库应用系统的开发

从工程角度介绍数据库应用系统的开发。它包括数据库应用系统的组成及数据库应用系统的开发步骤。

因此，本篇主要介绍上面四个与数据库开发有关的内容。

第 15 章：数据库设计。

第 16 章：数据库管理。

第 17 章：数据库编程。

第 18 章：数据库应用系统组成与开发。

第15章 数据库设计

本章的数据库设计（包含需求分析）中的下列几项内容：

- 数据库需求分析；
- 数据库概念设计；
- 数据库逻辑设计；
- 数据库物理设计。

15.1 数据库设计概述

在数据库应用系统中的一个核心问题就是设计一个符合环境要求又能满足用户需求、性能良好的数据库，这就是数据库设计（database design）的主要任务。

数据库应用系统的开发基础是客观世界中的问题求解，在此基础上作需求分析，获得数据需求与处理需求，并最终获得分析模型。

在需求分析中并不严格区分数据与处理两个部分，所得到的分析模型是一种统一的模型。但在整个分析阶段，分析人员必须时时关注问题求解中的数据与处理这两个方面的客观需求，并在模型中能充分体现出这两种需求。

需求分析是数据库设计的基础与前提，为使数据库设计更易于掌握与了解，本章中作为一节，介绍需求分析知识。

数据库设计是需求分析的后续部分，重点在数据领域构造设计模型（包括概念模型、逻辑模型与物理模型），特别是其中的数据模式，并主要介绍关系模式的设计。

本章主要介绍需求分析及数据库设计，共分四个阶段，它可用图 15.1 表示。

在这四个阶段中每个阶段结束都有一个里程碑，它们分别是需求分析说明书、概念设计说明书、逻辑设计说明书以及物理设计说明书。而在逻辑设计中需附加 DBMS 模型的环境限制，在物理设计中则需附加网络、硬件及系统软件平台的环境限制。

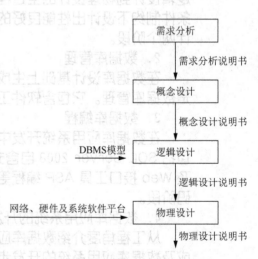

图 15.1 数据库设计的四个阶段

15.2 需 求 分 析

在数据库设计的整个过程中需求分析是基础，需求分析的好坏直接影响到最终数据模型。

需求分析从调查客观世界问题求解目标对象着手，并作出分析，得到数据流程图及数据字典，最终按一定规范要求以文档形式写出需求说明书。其大致结构可用图 15.2 表示。

目标对象需求调查 ———————→ 需求分析 ————→ 需求分析说明书

图 15.2 需求分析结构图

在本章中需求分析以"处理"为关注点入手，采用面向过程的方法，以形式化或半形式化的描述来表示处理和数据及它们间关系。

需求分析包括下面的内容：需求调查；数据流程图；数据字典；系统分析说明书。

15.2.1 需求调查

为建立数据库应用系统，需对目标对象作一个基础性调查，称需求调查。需求调查大致有如下几个方面：

1．需求调查内容

（1）系统目标与边界

首先需要了解整个系统所要求实现的宏观目标，包括业务范围，功能大小，外部环境以及接口等内容，最终须确定整个系统的目标以及系统边界，为系统实现给出一个核心框架。

（2）业务流程调查

调查系统的业务流程，全面了解各流程间的关系。此外，还要了解各种信息的输入、输出、处理以及处理速度、处理量等内容。

（3）单据、报表及台账等数据源调查

调查单据、报表及台账等信息载体，包括它们的基本结构、数据量及其处理方式、处理手段。此外还要调查这些数据间的关系。

（4）约束条件调查

调查系统中各种业务自身的限制以及相互间的约束，如时间、地点、范围、速度、精度、安全性等约束要求。

（5）薄弱环节调查

调查系统薄弱环节，并注意在软件开发中予以足够关注，使在计算机系统中能给予解决。

2．调查方式

在需求调查中一般可以采取多种调查方式，其常用的方式有：

（1）查阅书面材料

需求调查可先从最容易获取到的书面资料入手，包括各类文档、职能规范、各种规章制度、各类报告，各种收/发文档以及相关的报表、记录、手册、台账等，从这些资料中可以得到系统的宏观及微观的功能、性能、流程以及数据结构、约束等初步信息。

（2）实地调查

在阅读书面材料后可以作实地调查，通过实地调查可获得第一手的感性材料以及直观、感性的知识以弥补书面材料的不足，还可获得书面材料中所无法得到的东西。

（3）面谈

对通过上面两种方法未能了解的或某些重点内容尚须进一步了解的，可通过面谈方式完成。面谈可以有问卷及漫谈方式等两种，第一种是目的十分明确的面谈，而后一种则是深入探究式面谈。面谈需作记录，记录内容要简明扼要，切忌长篇大论、泛泛而谈。

3．需求说明书

在需求调查结束后须编写"需求说明书"，内容包括需求调查中有关系统目标、边界、业务流程、数据要求、约束与受限条件等。此外，有关需求调查的相关记录与资料均须作为附件列于文档后，该说明书须按一定规范编写，它是需求调查的最终文档，是该阶段的里程碑。

15.2.2　数据流图

在需求调查基础上作一个抽象的模型，称数据流图（DataFlow Digram，DFD）。数据流图是一种抽象的反映业务过程的流程图，在该图中有四个基本要素，它们是：

1．数据端点

数据端点是指不受系统控制，在系统以外的客体，它表示系统处理的外部源头。它一般可分起始端点（或称起点）与终止端点（或称终点）两种，它可用矩形表示。并在矩形内标出其名，其具体表示如图15.3（a）所示。

2．数据流

数据流表示系统中数据的流动内容、方向及其名称。它是单向的，一般可用一个带箭头的线段表示，并在线段上方标出其名。数据流可来自数据端点（起点）并最终流向某些端点（终点），其中间可经过数据处理与数据存储。数据流的图形表示如图15.3（b）所示。

3．数据处理

数据处理是整个流程中的处理场所，它接收数据流中的数据输入，并经其处理后将结果以数据流方式输出。数据处理是整个流程中的主要部分，它可用椭圆形表示，并在椭圆形内给出其名。其图形表示如图15.3（c）所示。

4．数据存储

在数据流中可以用数据存储以保存数据。在整个流程中，数据流是数据动态活动形式而数据存储则是数据静态表示形式。它一般接收外部数据流作为其输入，在输入后对数据进行保留，在需要时可随时通过数据流输出，供其他要素使用。数据存储可用双线段表示，并在其边上标出其名。它的图形表示如图15.3（d）所示。

在DFD中所表示的是以数据流动为主要标记的分析方法，其中给出了数据存储与数据处理两个关键部分，同时也给出了系统的外部接口，它能全面反映整个业务过程。

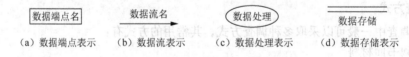

（a）数据端点表示　　（b）数据流表示　　（c）数据处理表示　　（d）数据存储表示

图15.3　DFD中的四个基本要素表示

例15.1　图15.4所示为一个学生考试成绩批改与发送的DFD图表示。在图中，试卷由教师批改后将成绩登录在成绩登记表然后传递至教务处，其中虚线框内表示流程内部，而"教师"与"教务处"则表示流程外部，分别是流程的起点与终点。

图15.4　考试成绩批改与发送的DFD图

15.2.3 数据字典

在构建 DFD 以后可以在其基础上构造数据字典（Data Dictionary，DD）。DFD 与 DD 结合可以对业务过程了解更为细致，同时也可为后面的数据设计提供基础。

数据流图是以数据流为中心的，它涉及数据存储及数据处理等多个内容，而数据字典即对 DFD 的详细描述，它是对 DFD 的进一步说明。

数据字典包括四个部分，它们是数据项、数据结构、数据存储及数据处理等。（这里的"数据字典"是软件工程中的概念，它与第 4 章中所介绍的"数据字典"是不同的）

1．数据项

数据项是数据基本单位，它包括如下内容：①数据项名；②数据项说明；③数据类型；④长度；⑤取值范围；⑥约束；⑦与其他项的关联。

2．数据结构

数据结构由数据项组成，它给出了数据基本结构单位，如数据记录即一种数据结构。它包括：①数据结构名；②数据结构说明；③数据结构组成：{数据项/数据结构}；④数据结构约束。

3．数据存储

数据存储是数据结构保存之处，也是数据流来源与去向之一，它包括：①数据存储名；②数据存储说明；③输入的数据流；④输出的数据流；⑤组成：{数据结构}；⑥数据量；⑦存取频度；⑧存取方式。

4．数据处理

数据处理给出处理的说明信息，它包括：①数据处理名；②数据处理说明；③输入数据（数据结构）；④输出数据（数据结构）；⑤处理算法。

15.2.4 系统分析文档

在系统分析结束后须编写系统分析说明书，其内容包括数据流程图及数据字典等，它通常须按一定规范编写。它是需求分析阶段的最终成果，也称该阶段的里程碑。

15.3 数据库的概念设计

15.3.1 数据库概念设计概述

数据库概念设计是建立在需求分析基础上的，其目的是分析数据间的内在语法/语义关联，在此基础上建立一个数据的抽象模型。数据库概念设计所使用的方法常用的是 E-R 方法，它有三个基本概念必须区分开来，它们是属性、实体、联系。属性与实体是基本对象，而联系则是实体间的语法/语义关联。

在需求分析中建立了数据流图与数据字典，其中数据存储、数据结构与数据项是数据库概念设计的前提，这些与数据有关的内容都是以数据存储为单位组织。每个数据存储内部较多关注数据实体而较少关注数据联系。同时，每个数据存储都各自自成体系，缺乏统一规范与标准，缺乏各数据存储间相互的逻辑关联。因此，在数据库概念设计中必须首先以数据存储为单位作局部模式设计，建立各个部分的视图（此中所指的视图不是第 4 章中所指的那种视图），然后以各视图为基础进行集成，最终形成全局模式。这种方法称视图集成设计法。

15.3.2 数据库概念设计的过程

在本节中采用视图集成法进行设计，而模型的抽象表示采用 E-R 方法。其具体步骤如下：

1. 分解

首先将需求分析中的数据流图及数据字典进行分解，组成若干以数据存储为单位，具有一定独立逻辑功能的目标进行视图设计。

2. 视图设计

在视图设计中须进行三方面的设计。

（1）实体与属性设计

如何区分实体与属性：实体（这里的实体实际上也可以是实体集）与属性是视图中的基本单位，它们间无明确区分标准，一般来讲，在数据字典中的数据项可视为属性，数据字典中的数据结构可演化成实体。

（2）联系设计

联系是实体间的一种广泛语义联系，它反映了实体间的内在逻辑关联。联系的详细描述可有三种：存在性联系，如学校有教师、教师有学生等；功能性联系，如教师授课、教师管理学生等；事件性联系，如学生借书、学生打网球等。

（3）E-R 图设计

在完成实体与属性及联系设计后，即可将它们组织成一个 E-R 图，从而完成视图设计。

3. 视图集成

（1）原理与策略

视图集成的实质是将所有局部的视图统一与合并成一个完整的模式。在此过程中主要使用三种集成方法，它们是等同、聚合与抽取。

① 等同（identity）：等同是指两个或多个数据元素有相同的语法语义，它包括简单的属性等同、实体等同以及语义关联的等同等。在等同的元素中其语法形式表示可能不一致，如某单位职工按身份证号编号，属性"职工编号"与属性"职工身份证号"有相同语义。等同具有同义同名或同义异名两种含义。

在视图集成中，两个或多个等同的数据元素往往可以合并成为一个。

② 聚合（aggregation）：聚合表示数据元素间的一种组合关系。通过聚合可将不同实体聚合成一体并将它们连接起来。

③ 抽取（generalization）：抽取即将不同实体中的相同属性提取成一个新的实体并构造成新的实体间联系的结构。

（2）冲突和解决

在集成过程中由于每个局部视图在设计时的不一致性，因而会产生矛盾，引起冲突。常见冲突有下列几种：

① 命名冲突：命名冲突有同名异义和同义异名两种，图 15.6 中的属性"何时入学"在图 15.7 中为"入学时间"，它们属同义异名。

② 概念冲突：同一概念在一处为实体而在另一处为属性或联系。

③ 域冲突：相同的属性在不同视图中有不同的域，如学号在某视图中的域为字符串而在另一个视图中可为整数。

④ 约束冲突：不同视图中的相同约束可能有不同约束条件。

在视图集成中所产生的冲突都要设法解决，其解决方法是：

① 命名冲突的解决：可根据不同命名语义统一调整命名方式。

② 概念冲突的解决：根据概念语义，统一协调成一个或数个不同概念并用不同形式表示（即不同的实体、属性或联系等）。

③ 域冲突的解决：可通过域的分解、合并以及表示上的一致性以取得域冲突的解决。

④ 约束冲突的解决：通过约束语义集中、统一解决。

（3）视图集成步骤

视图集成一般分为两步：预集成步骤与最终集成步骤。

① 预集成步骤的主要任务：

• 确定总的集成策略，包括集成优先次序、一次集成视图数及初始集成序列等；

• 检查集成过程需要用到的信息是否齐全；

• 给出存在的冲突及解决冲突的方案，为下阶段视图集成奠定基础。

② 最终集成步骤的主要任务：

• 完整性和正确性。全局视图必须是每个局部视图正确全面地反映；

• 最小化原则，原则上同一概念只在一个地方表示；

• 可理解性，应选择最能为用户所理解的模式结构。

（4）视图集成的 E-R 图

经过上面的三种集成方法、冲突和解决以及两个步骤后，最终可以得到一个集成后的 E-R 图，从而完成概念设计。

例 15.2　某大学有关学生修读课程登录查询系统的概念设计流程。

1）需求分析

（1）需求调查

① 某大学有多类学生，其中有大学生（本科生与专科生），他们属教务处管理；有研究生（硕士生与博士生），他们属研究生处管理。

② 教务处与研究生处管理学生的简历、课程状况以及学生选课情况和成绩。

③ 教务处与研究生处登录上述相关信息，能随时查询并维护这些信息。

（2）数据流图

学生修读课程登录查询系统的数据流图如图 15.5 所示。

（3）数据字典

① 数据结构与数据项（有关数据项细节从略）：

• 数据结构 1：大学生（学号，姓名，性别，系别，何时入学，班级，班主任姓名，本/专科，选读课程，成绩）。

• 数据结构 2：研究生（学号，姓名，性别，系别，入学时间，导师姓名，研究方向，硕/博，选读课程，成绩）。

• 数据结构 3：大学生课程（可简称课程 1）（课程号，课程名，学分，教师，必/选修）。

• 数据结构 4：研究生课程（可简称课程 2）（课程号，课程名，学分，教师，必/选修）。

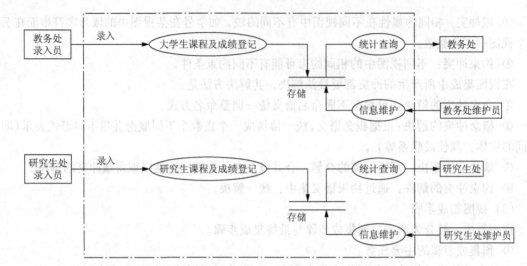

图 15.5　学生修读课程登录查询系统的数据流图

② 数据存储：

• 大学生数据存储：

输入：大学生简历、课程状况及大学生修课与成绩。

输出：同上。

数据结构：大学生、大学生课程。

数据量：大学生数据 10 000 个；大学生课程数 600 个。

存取频度：每日平均 300～500。

存取方式：应用程序访问为主，人机直接交互为辅。

• 研究生数据存储：

输入：研究生简历、课程状况及研究生修课与成绩。

输出：同上。

数据结构：研究生、研究生课程。

数据量：研究生数据 1 000 个；研究生课程数 70 个。

存取频度：每日平均 40～50。

存取方式：应用程序访问为主，人机直接交互为辅。

③ 数据处理：

（略）

2）概念设计

（1）视图设计：

可以构建两个视图，它们分别是：

① 教务处有关于大学生的视图：该视图共有两个实体、一个联系及相应若干属性，具体如下：

• 实体—大学生：学号，姓名，性别，系别，何时入学，班级，班主任姓名，学生类别（本/专科）。

• 实体—课程 1：课程号，课程名，学分，教师，课程类别（必/选修）。

● 联系—选课：成绩。

它们可以构成 E-R 图，如图 15.6 所示。

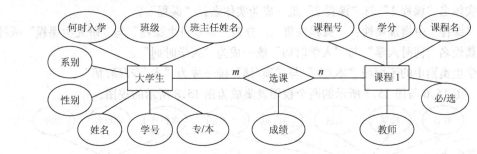

图 15.6 教务处关于学生的 E-R 图

② 研究生处有关于研究生的视图：该视图共有两个实体、一个联系及相应若干个属性，具体如下：

● 实体—研究生：学号，姓名，性别，系别，入学时间，导师姓名，研究方向，学生类别（硕/博）。

● 实体—课程 2：课程号，课程名，学分，教师，课程类别（必/选修）。

● 联系—选课：成绩。

它们可以构成 E-R 图，如图 15.7 所示。

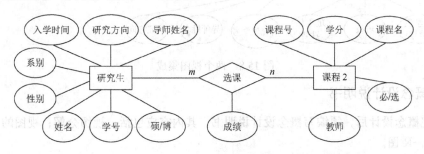

图 15.7 研究生院关于研究生的视图

（2）视图集成

① 抽取。在这两个视图中，可将大学生与研究生两个实体中的相同属性部分抽取成新实体：学生。经抽取后，这两个实体就变成为三个实体。此外，还须设置两个新联系以建立新、老实体间的关联。这样，经抽取后，两个实体就演变成为三个实体与两个联系如下：

● 实体—学生：学号，姓名，性别，系别，入学时间，学生类别。

● 实体—大学生：大学生学号，班级，班主任姓名。

● 实体—研究生：研究生学号，导师姓名，研究方向。

● 联系—学生-大学生。

● 联系—学生-研究生。

② 等同。在这两个视图中有如下几个等同：

● 实体—课程 1 与实体—课程 2 等同（包括相应的属性）。

● 两个视图中的联系—选课等同（包括相应的属性）。

③ 聚合。抽取后的三个实体与两个联系以及等同后的一个实体与一个联系可作聚合，最终

集成成为一个视图并可用 E-R 图表示。

④ 冲突和解决。在视图合并过程中有一些冲突需作统一并作一致的表示：

- 将实体名"课程1"与"课程2"统一成为实体名："课程"。
- 在"课程"中增加属性："课程性质"，分为"本专科生课程"与"研究生课程"两种。
- 将属性名"何时入学"与"入学时间"统一成为"入学时间"。
- 将学生类别中的不同域"本/专"与"硕/博"统一成为"本/专/硕/博"。

这样，图 15.6 与图 15.7 所示的两个视图就集成为图 15.8 所示的视图。

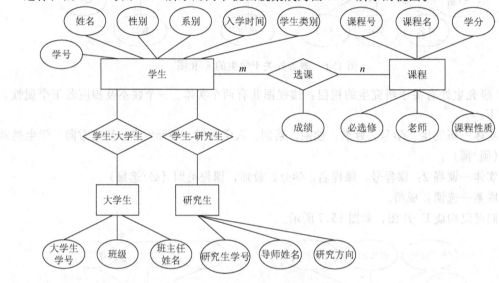

图 15.8　两个视图集成

15.3.3　概念设计说明书

在做完概念设计后，须编写概念设计说明书，其内容应包括：视图分解；视图的 E-R 图；集成后的 E-R 图。

数据库的概念设计说明书一般须有规范化的书写方法，在本书中将不做详细介绍。

15.4　数据库的逻辑设计

15.4.1　数据库逻辑设计基本方法

数据库逻辑设计的基本方法是将 E-R 图转换成指定 RDBMS 中的关系模式。此外，还包括关系的规范化、性能调整以及约束条件设置。最后是关系视图的设计。

1. 从 E-R 图到关系模式的转换

从 E-R 图到关系模式的转换是比较简单的。实体集与联系都可以表示成关系表，E-R 图中属性也可以转换成关系表的属性。

（1）属性的处理

原则上 E-R 图中的属性与关系中的属性是一一对应的，即 E-R 图中的一个属性对应于关系中的一个属性。

（2）实体集的处理

原则上讲，一个实体集可用一个关系表示。

（3）联系的转换

在一般情况下联系可用关系表示。但是在有些情况下某些联系可归并到相关联的实体集的关系中。具体说来即对 $n{:}m$ 联系可用单独的关系表示，而 $1{:}1$ 及 $1{:}n$（$n{:}1$）联系可归并到相关联的实体集的关系中。

① $1{:}1$ 联系：该联系可以归并到相关联的任意一个实体集的关系中。如图 15.9 所示，有实体集 E_1、E_2 及 $1{:}1$ 联系，其中 E_1 有主键 k，属性 a；E_2 有主键 h，属性 b；而联系 r 有属性 s，此时，可以将 r 归并至 E_1 处，而用关系表 R_1（k, a, h, s）表示，同时将 E_2 用关系表 R_2（h, b）表示。相反，也可以将 r 归并至 E_2 处，而用关系表 R_2（h, b, k, s）表示，同时将 E_1 用关系表 R_1（k, a）表示。

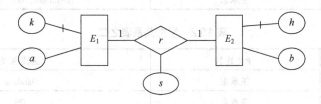

图 15.9　$1{:}1$ 联系

② 在 $1{:}n$ 联系：也可归并至相关联为 n 处的实体集的关系表中。如图 15.10 所示，可以将 E_1 用关系 R_1（k, a）表示，而将 E_2 及联系 r 用 R_2（h, b, k, s）表示。（$n{:}1$ 联系也可有类似的情况）

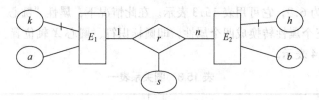

图 15.10　$1{:}n$ 联系

在将 E-R 图转换成关系表后，接下来是作规范化、性能调整等工作。

2. 规范化

关系数据库规范化在数据库设计及数据库应用中有重要的作用。规范化理论从方法上对关系数据库给予严格的规范与界定。但是，在实际应用中由于理论的抽象性使得具体操作难度极大。为方便应用，这里给出常用规范式的非形式判别方法以供参考。

关系数据库的规范化即关系模式中的属性间要满足一定的约束关系，否则会出现数据的异常现象，从而造成操作不能正确执行。为避免此种现象出现，一般须对数据库中的关系模式制定一些标准规范。目前常用的规范有五种，凡满足此类规范的模式称范式，它们分别称第一范式、第二范式、第三范式、BC 范式及第四范式等。它们可分别简写为：1NF、2NF、3NF、BCNF 及 4NF。

一般而言，一个关系模式至少需满足第三范式，因此第三范式成为鉴别关系模式是否合理的最基本条件。下面介绍判别第三范式的非形式化方法，这个方法有两种判别原则，它们是：

（1）原子属性原则

按第一范式要求（同样，也是第三范式要求），关系模式中的属性均为**原子属性**，也就是说，属性数据均为基本项。因此凡出现有非原子属性者必须进行分解。非原子属性经常出现的有集合型和元组型两种，其转换办法是**集合属性纵向展开而元组属性则横向展开**。

例 15.3 学生关系有学号、学生姓名及选读课程三个属性，其前两个为原子属性，而后一个为非原子属性，因为一个学生可选读多个课程。因此是集合属性，设学生关系有元组：S1307，王承志，他修读 Database、OS 及 Network 三门课，可用表 15.1 表示。可以将非原子属性"选读课程"转换成原子属性，此时将元组纵向展开，用关系表中三个元组表示，如表 15.2 所示。

表 15.1 学生关系表之一

学号	学生姓名	选读课程
S1307	王承志	{Database, OS, Network}

表 15.2 学生关系表之二

学号	学生姓名	选读课程
S1307	王承志	Database
S1307	王承志	OS
S1307	王承志	Network

例 15.4 设有表示圆的关系，它有三个属性：圆标识符、圆心与半径。其中圆心是由坐标 X 轴、Y 轴的位置所组成的二元组（X 轴，Y 轴）表示。设圆关系有元组：圆标识符为 C1324，圆心为（5,7），半径为 6.9，它可用表 15.3 表示。在此情况下，属性"圆心"可横向展开成两个属性，从而将圆的三个属性转换成四个属性，即圆标识符、圆心 X 轴位置、圆心 Y 轴位置以及半径，它可用表 15.4 表示。

表 15.3 圆关系表一

圆标识符	圆心	半径
C1324	(5,7)	6.9

表 15.4 圆关系表二

圆标识符	圆心 X 轴	圆心 Y 轴	半径
C1324	5	7	6.9

（2）"一事一地"原则

"一事一地"原则是判别第三范式的基本原则。

所谓"一事一地"（one fact one place）原则即一件事放一张表，不同事则放在不同表中的原则。前面的学生数据库中学生（S）、课程（C）与修读（SC）是不相干的三件事，因此必须放在三张不同表中，这样所构成的模式必满足第三范式，而任何其中两张表的组合必不满足第三范式。

"一事一地"原则是判别关系模式满足 3NF 的有效方法，此种方法既非形式化又较为简单，因此在数据库设计中被经常使用。所要注意的是，此方法要求对所关注数据体的语义有清楚了解。

具体地说，即要对数据体中的不同"事"能严格区分，这样才能将其放入不同"表"中。

"一事一地"原则在关系数据库中是很重要的一种原则，在设计关系表时必须遵守之。那么，如果不遵守规则会产生什么后果呢？我们说，这将会产生严重的后果。我们从一个例子讲起。

例 15.5 学生数据库 STUDENT 一般由三张表组成，它们分别是表 S、表 C 及表 SC。它们共有属性：sno，sn，sd，sa，cno，g，cn，pcno。

第一个问题是，由这八个属性构造成的关系模式可有很多，表 S、表 C 及表 SC 所组成的模式是其中之一（可见表 15.5（a）），此外，还可以给出另一种构造方法，即将三表合并成为一表，如表 15.5（b）所示。当然，还可以构造更多不同的关系模式。

表 15.5 两种关系模式的构造方法

（a）

S:	sno	sn	sd	sa		SC:	sno	cno	g		C:	cno	cn	pcno

（b）

SCG:	sno	sn	sd	sa	cno	cn	pcno	g

第二个问题是，是否随便构造一种关系模式的方案在关系数据库中使用都是一样呢？仍以此例说明。表 15.5（b）所建立的关系数据库可用表 15.6 表示。

从这个数据库中可以看出，它会出现如下问题：

① 冗余度大：在这个数据库中，一个学生如修读 n 门课，则他的有关信息就要重复 n 遍。如王剑飞这个学生修读 5 门课，在这个数据库中有关他的所有信息就要重复 5 次，这就造成了数据的极大冗余。类似的情况也出现在有关课程的信息中。

② 插入异常：在这个数据库中，如果要插入一门课程的信息，但此课程本学期不开设，因此无学生选读，故很难将其存入这个数据库内。这就使这个数据库在功能上产生了极不正常的现象，同时也给用户使用带来极大的不便，这种现象就叫"插入异常"。

③ 删除异常：如在这个数据库中 0003 的方世觉因病退学，因而有关他的元组在数据库中就被删除，但遗憾的是连课程 BHD 的有关信息也同时被删除了，并且在整个数据库中再也找不到课程 BHD 的有关信息了。这叫做"城门失火，殃及池鱼"。这也是数据库中的一种极其不正常的现象，同时也会给用户带来极大的不便，这种现象就叫"删除异常"。

表 15.6 一个关系数据库实例

sno	sn	sd	sa	cno	cn	pno	g
0001	王剑飞	CS	17	101	ABC	102	5
0001	王剑飞	CS	17	102	ACD	105	5
0001	王剑飞	CS	17	103	BBC	105	4
0001	王剑飞	CS	17	105	AEF	107	3
0001	王剑飞	CS	17	110	BCF	111	4
0002	陈瑛	MA	19	103	BDE	105	3
0002	陈瑛	MA	19	105	APC	107	3
0003	方世觉	CS	17	107	BHD	110	4

但是，在表 15.5（a）所构成的关系数据库中，情况完全不同了。表 15.7 给出了它的数据库，它存放的数据内容与表 15.6 相同。将这个数据库与前面相比较就会发现其不同：

① 冗余度：这个数据库的冗余度大大小于前一个，它仅有小量的冗余。这些冗余都保持在一个合理的水平。

② 插入异常：由于将课程、学生及他们所修课程的分数均分离成不同的表，因此不会产生插入异常的现象。如前面所述的要插入一门课程的信息，只要在关系 C 中增加一个元组即可，而且并不牵涉到学生是否选读的问题。

③ 删除异常：由于分离成三个关系，故不会产生删除异常的现象，如前例中由于删除学生信息而引起的将课程信息也一并删除的现象不会出现了。

表 15.7　另一个关系数据库实例

Sno	sn	sd	sa		sno	cno	g		cno	cn	pno
0001	王剑飞	CS	17		0001	101	5		101	ABC	102
0002	陈瑛	MA	19		0001	102	5		102	ACD	105
0003	方世觉	CS	17		0001	103	4		103	BBC	105
					0001	105	3		105	AEF	107
					0001	110	4		107	BHP	110
					0002	103	3		110	BCF	111
					0002	105	3				
					0003	107	4				

从上面例子可以看出，由相同数据属性所构造的不同数据模式方案是有"好""坏"之分的，有的构造方案既具合理的冗余度又能做到无异常现象出现，有的构造方案则冗余度大且易产生异常现象。因此，在关系数据库中关系模式的设计是极其讲究的，必须予以重视。

第三个问题是，是什么原因引起异常现象与大量冗余的出现呢？

这个问题要从语义上着手分析。数据库中的各属性间是相互关联的，它们互相依赖、互相制约，构成一个结构严密的整体。因此，在构造关系模式方案时，必须从语义上摸清这些关联，将互相依赖密切的属性构成独立的"事情"，切忌将依赖关系并不紧密的属性"拉郎配"式地硬凑在一起，从而引起很多"排它"性的反常现象出现。如例 15.5 中学生 S 中的四个属性，它们关系紧密，构成一个独立的"事情"，而课程及修读等也均分别构成独立的"事情"。这三个"事情"组成三个关系后，一切不正常现象均会自动消失。而如表 15.5（b）所示的关系模式中将三个"事情"合并成为一个"关系"，从而出现了异常与冗余。

第四个问题是，正确的关系模式方案如何设计？

由前面讨论看出，在关系数据库中并不是随便一种关系模式设计方案均是可行的，也不是任何一种关系模式都无所谓的。实际情况是，关系数据库中关系模式的属性间存在某种内在联系，根据这种联系可将它们划分为若干独立"事情"，而对每个"事情"构建一个关系表，这就是"一事一地"原则。

最后，第五个问题是：最终的结论性意见。

• 在关系数据库设计中，关系模式设计方案可以有多个。

• 多个关系模式设计方案是有"好""坏"之分的，因此，需要重视关系模式的设计，使得所设计的方案是好的或较好的。

- 要设计一个好的关系模式方案，关键是要摸清属性间的内在语义联系，将互相依赖密切的属性构成独立的"事情"，再对每个"事情"构建一个关系表，这就是"一事一地"原则。

（3）关系模式的规范化处理

数据库逻辑设计由 E-R 图到关系模式后须对这种模式作规范化处理，其具体方法是：

① 实施原子属性原则：逐个检查模式中的属性，若出现有非原子性者按原子属性原则进行转换处理，最后使模式中的所有属性均为原子的。

② 实施"一事一地"原则：逐个检查模式中的所有关系表，是否为独立事情，否则须作关系表的分解，使得每个关系表都是一个独立的事情。

3. 关系模式的细节处理

下面讨论规范化后关系模式的一些细节问题：

（1）命名的处理

关系模式中的属性与关系命名可以用 E-R 图中原有命名，也可另行命名，但是应尽量避免重名。

（2）属性域的处理

RDBMS 一般只支持有限种数据类型，而关系模式中的属性域则不受此限制，如出现有 RDBMS 不支持的数据类型，则要进行类型转换。

4. 关系模式性能调整

在对关系模式作规范化处理后接着需作性能的调整，它包括如下内容：

（1）调整性能减少表间连接：在关系表间通过外键可以建立表间连接，但是这种连接的效率低，因此在满足规范化条件下，在关系表设计中适当合并关系表以减少表间连接的出现。

（2）调整关系表规模大小，使每个关系表的数据量保持在合理水平，从而提高存取效率。

5. 约束条件设置

经调整后所生成的表尚需设置一定约束条件。它包括表内属性及属性间的约束条件，表间属性的约束条件，它也可以包括数据存取约束、数据类型约束及数据量的约束等，此外，还须调整表的主键及外键以及安全约束等。

15.4.2 关系视图设计

逻辑设计的另一个重要内容是关系视图的设计。它是在关系模式基础上所设计的直接面向操作用户的视图，它可以根据用户需求随时构建。

关系视图一般由同一数据库下的表或视图组成，它由视图名、视图列名以及视图定义和视图说明等几部分组成。

15.4.3 一个逻辑设计实例

例 15.6 例 15.2 的逻辑设计。

1. E-R 图转换成关系表

E-R 图中共有四个实体与三个联系：

- 实体 1—学生：学号，姓名，性别，系别，入学时间，学生类别。
- 实体 2—大学生：大学生学号，班级，班主任姓名。
- 实体 3—研究生：研究生学号，导师姓名，研究方向。

- 实体 4—课程：课程号，课程名，学分，教师，课程类别（必/选修），课程性质（大学生/研究生）。
- 联系 1—选课：成绩。
- 联系 2—学生-大学生。
- 联系 3—学生-研究生。

它们可以转换成关系表如下：

(1) 实体 1 可以转换成关系表：学生 S (sno, sn, sex, sd, sjt, sc)。

(2) 实体 4 可以转换成关系表：课程 C (cno, cn, cr, ct, cc, cp)。

(3) 联系 1 是一种 $n:m$ 联系，可以转换成关系表：选课 SC (sno, cno, g)。

(4) 联系 2 是一种 $1:n$ 联系，可以归并到实体 2。

(5) 联系 3 是一种 $1:n$ 联系，可以归并到实体 3。

(6) 实体 2 可以转换成关系表：大学生 US (usno, sno, usc, usm)。

(7) 实体 3 可以转换成关系表：研究生 GS (gsno, sno, gsa, gsd)。

2. 规范化

关系表 S、C、SC、US 及 GS 均满足"一事一地"原则及原子属性原则，因此满足第三范式。

3. 细节处理与性能调整

无须作细节处理与性能调整。

4. 约束条件设置

(1) 学生分类 sc={本科，专科，硕士生，博士生}；

(2) 课程分类 cc={必修课，选修课}；

(3) 课程性质 cp={u, g}；

(4) 成绩 g≤100 AND g≥0；

(5) 学生性别 sex={m, f}；

(6) S 主键为 (sno)；

(7) C 主键为 (cno)；

(8) SC 主键为 (sno, cno)；

(9) SC 外键为 S 中的 sno 及 C 中 cno；

(10) US 主键为 (sno)；

(11) GS 主键为 (sno)。

5. 关系视图

(1) 大学生视图

```
US(usno,usn,usex,usd,usjt,usc,usc,usm)=
SELECT  US.usno,S.sn,S:sex,S.sd,S.sjt,S.sc,US.usc,US.usm
FROM  S,US
WHERE US.usno= S.sno
```

（2）研究生视图

GS(<u>gsno</u>,gsn,gsex,gsd,gsjt,gsc,gsa,gsd)=
SELECT　GS.usno,S.sn,S.sex,S.sd,S.sjt,S.sc,GS.gsa,GS.gsd
FROM　S,GS
WHERE GS.gsno=S.sno

（3）大学生课程视图

UC(<u>ucno</u>,ucn,ucr,uct,ucc)=
SELECT cno,cn,cr,ct,cc
FROM C
WHERE cp='u'

（4）研究生课程视图

GC(<u>gcno</u>,gcn,gcr,gct,gcc)=
SELECT　cno,cn,cr,ct,cc
FROM C
WHERE cp='g'

（5）大学生选课视图

USC(<u>usno</u>,<u>ucno</u>,ug)=
SELECT <u>US.usno</u>,<u>UC.ucno</u>,SC.g
FROM SC,US,UC
WHERE <u>US.usno</u>=SC.sno AND <u>UC.ucno</u>=SC.cno

（6）研究生选课视图

GSC(<u>gsno</u>,<u>gcno</u>,gg)=
SELECT <u>GS.usno</u>,<u>GC.gcno</u>,SC.g
FROM SC,<u>GS</u>,<u>GC</u>
WHERE <u>GS.gsno</u>=SC.sno AND <u>GC.gcno</u>=SC.cno

6. 逻辑设计最终结果

（1）6个关系表：S、SC、C、US、GS。

（2）6个视图：US、GS、UC、GC、USC、GSC。

（3）11个约束。

15.4.4　逻辑设计说明书

在做完逻辑设计后，须编写逻辑设计说明书，其内容应包括：数据库的表一览，包括表结构、主键、外键的说明；数据库的属性一览；数据库的约束一览；数据库的关系视图。

数据库的逻辑设计说明书一般须有规范化的书写方法，在本书中将不作详细介绍。

15.5　数据库的物理设计

数据库物理设计是在逻辑设计基础上进行的，其主要目标是对数据库内部物理结构建调整并选择合理的存取路径，以提高数据库访问速度及有效利用存储空间。在现代关系数据库中已大量屏蔽了内部物理结构，因此留给用户参与物理设计的余地并不多，一般的 RDBMS 中留给用户参与物理设计的内容大致有如下几种：

1．存取方法的设计

索引设计；集簇设计；Hash 设计。

2．存储结构设计

文件设计；数据存放位置设计；系统配置参数设计。

现就这两个方面的设计作介绍。

15.5.1　存取方法设计

1．索引设计

索引设计是数据库物理设计内容之一，有效的索引机制对提高数据库访问效率作用很大。

索引一般建立在表的属性上，它主要用于常用的或重要的查询中，下面给出符合建立索引的条件。

（1）主键及外键上一般都建立索引，以加快实体间连接速度。

（2）以读为主的关系表可多建索引。

（3）对等值查询且满足条件的元组量小的属性上可建立索引。

（4）经常查询的属性上可建立索引。

（5）有些查询可从索引直接得到结果，不必访问数据块，此种查询可建索引，如查询某属性的 MIN，MAX，AVG，SUM，COUNT 等函数值可沿该属性索引的顺序集扫描直接求得结果。

一张表上一般可建立多个索引。

2．集簇设计

除了建立索引外，在关系表上还可建立集簇。集簇对提高查询速度特别有效，但集簇建立必须慎重，因为集簇改变了关系表的整个内部物理结构且所需空间特别大，因此经常作数据更改的表不宜设置集簇。

一张关系表上一般只可建立一个集簇，集簇一般都建立在主键上。

3．Hash 设计

有些 DBMS 提供了 Hash 存取方法，它主要在某些情况下可以使用。如表中属性在等连接条件中或在相等比较选择条件中，以及表的大小可预测时可用 Hash 方法。

15.5.2　存储结构设计

1．文件设计

数据库中数据一般都直接存储于文件中，因此对数据库须作文件设计。每个数据库配若干个文件（或文件组），它们有主文件、辅助文件以及日志文件等。

2．数据存放位置设计（又称分区设计）

数据库中的数据一般存放于磁盘内，由于数据量的增大，往往需要用到多个磁盘驱动器或磁盘阵列，因此就产生了数据在多个盘组上的分配问题，这就是所谓磁盘分区设计，它是数据库物理设计内容之一，其一般指导性原则如下：

（1）减少访盘冲突，提高 I/O 并行性。多个事务并发访问同一磁盘组时会产生访盘冲突而引发等待，如果事务访问数据能均匀分布于不同磁盘组上则可并发执行 I/O，从而提高数据库访问速度。

（2）分散热点数据，均衡 I/O 负担。在数据库中数据被访问的频率是不均匀的，有些经常被访问的数据称热点数据（hot spot data），此类数据宜分散存放于各磁盘组上以均衡各盘组负荷，充分发挥多磁盘组并行操作优势。

（3）保证关键数据快速访问，缓解系统瓶颈。在数据库中有些数据（如数据字典、数据目录）访问频率很高，为了保证对它的访问，可以用某一固定盘组专供其使用，以保证其快速访问。

3．系统参数配置设计

物理设计的另一个重要内容是为数据库管理系统设置与调整系统参数配置，如数据库用户数、并发执行数、同时打开数据库数、内存分配参数、缓冲区分配参数、存储分配参数、时间片大小、数据库规模大小、锁的数目等。

15.5.3　一个物理设计实例

下面用一个实例以说明整个物理设计的全过程。

例 15.7　例 15.5 的物理设计。

（1）索引设计

S 的 sno 上建立索引；C 的 cno 上建立索引；SC 的（sno，cno）上建立索引。

（2）文件设计

建立一个主文件；建立一个日志文件。

15.5.4　物理设计说明书

在做完物理设计后，须编写物理设计说明书，其内容应包括：数据库的存取方法设计，包括索引设计、集簇设计以及 Hash 设计；文件设计；数据库的分区设计；数据库的系统参数配置设计。

数据库的物理设计说明书一般须有规范化的书写方法，在本书中将不作详细介绍。

*15.6　一个数据库设计实例

本节中将介绍一个数据库设计实例，它按照数据库设计的四个阶段，依次顺序完成设计的全过程。

15.6.1　需求分析

1．需求调查

该数据库设计的问题求解目标对象是一个期刊编排系统。经调查，其需求是：

（1）稿件由外部进入后作登录，此后转入编辑部。

（2）由编辑部的编辑人员对稿件作编辑并决定稿件收录的期刊栏目。然后转至排版部，由排版部的排版人员负责稿件收录的刊号，并作期刊的排版设计工作。

（3）一个期刊社有若干个编辑部与若干个排版部，每个部门均有若干个工作人员，他们分别称为编辑人员与排版人员，分别负责对期刊的编辑与排版。

2．数据流图

本例的数据流图如图 15.11 所示。

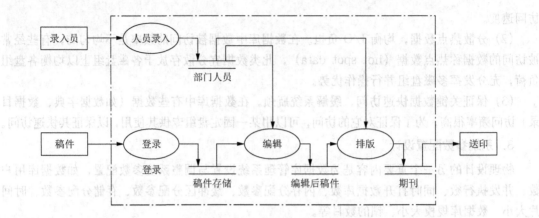

图 15.11 期刊编排数据流图

3. 数据字典

根据需求调查结果，该系统的数据字典是：

（1）数据结构与数据项

① 数据结构 1：部门

编号；部门名；负责人；性质（编辑/排版）。

② 数据结构 2：人员

编号；姓名；性别；年龄；职务；所属部门。

③ 数据结构 3：稿件

编号；标题；摘要；作者；字数；稿件文件名。

④ 数据结构 4：编辑后稿件

编号；编辑人员；栏目；完成日期。

⑤ 数据结构 5：期刊

期刊编号；期刊名称；期刊期号；排版人员；排版复核意见；出版日期；完成日期。

（2）数据存储

① 部门人员：

输入：部门与人员信息。

输出：同上。

数据结构：部门、人员。

数据量：4 个部门、32 个人。

存取频度：100～200 次/月。

存取方式：应用程序与人机直接交互并用。

② 稿件：

输入：稿件信息。

输出：同上。

数据结构：稿件，编辑后稿件。

数据量：100～200 件/月 。

存取频度：200～400 次/月。

存取方式：应用程序与人机直接交互并用。

③ 期刊：

输入：期刊信息。

输出：同上。

数据结构：期刊。

数据量：100～200 件/月 。

存取频度：200～400 次/月。

存取方式：应用程序与人机直接交互并用。

（3）数据处理：

（略）

（4）语义约束

该期刊编排系统遵循如下约束：

① 期刊编排有若干部门，它包括两个编辑部与两个排版部。

② 期刊编排有若干职工，他们每人工作于一个部门，每个部门有若干人。

③ 期刊编辑中的编辑部有若干编辑人员，每期期刊由一个编辑部负责编辑，该编辑部每个编辑人员负责编辑若干稿件，每个稿件仅由一个编辑人员负责。

④ 期刊排版中的排版部有若干排版人员，每期期刊由多篇稿件组成，并由一个排版部门负责一期的期刊排版。

⑤ 人员性别为男、女。

⑥ 人员年龄为 18～60。

⑦ 期刊有 6 个栏目，它们是：栏目 1，栏目 2，栏目 3，栏目 4，栏目 5，栏目 6。

15.6.2　概念设计

根据需求分析，在概念设计阶段采用 E-R 方法与视图集成法。

1. 分解

首先对期刊编采作分解，它可组成为如下三个视图：

- 部门人员；
- 稿件编辑；
- 设计排版。

2. 视图设计

对每个视图作设计并画出 E-R 图。

（1）部门人员

此视图涉及一个数据存储：部门人员，如图 15.12 所示。

（2）稿件编辑

此视图涉及两个数据存储：部门人员、稿件，如图 15.13 所示。

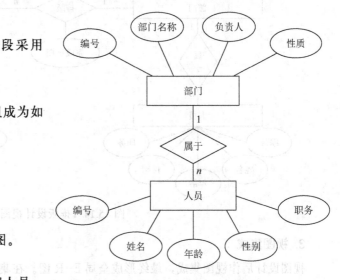

图 15.12　部门人员视图

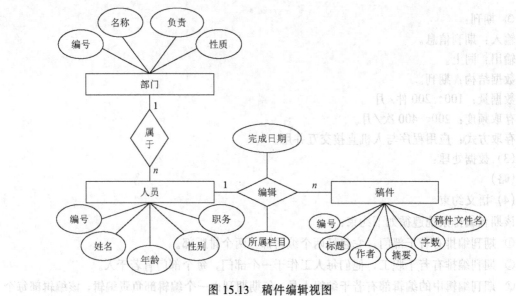

图 15.13　稿件编辑视图

（3）设计排版

设计排版视图涉及三个数据存储：部门人员、稿件及期刊，如图 15.14 所示。

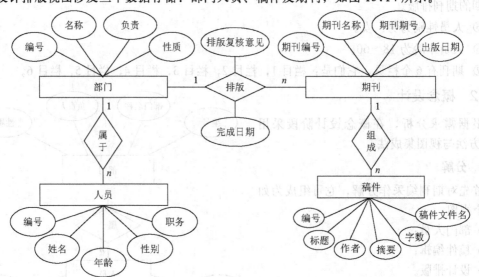

图 15.14　排版设计视图

3. 视图集成

视图设计后作视图集成，最终形成全局 E-R 图。在集成过程中采用等同与聚合。

此外，还存在冲突与解决，它们是：

（1）在集成中存在着 "完成日期" 冲突，须作调整。

（2）在集成中存在着"编号"冲突，须作调整。

经调整后最终形成全局的 E-R 图如图 15.15 所示。

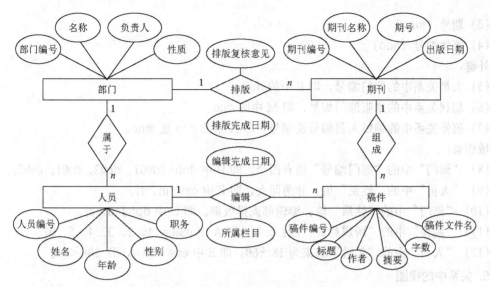

图 15.15 期刊编排系统合成 E-R 图

15.6.3 逻辑设计

在概念设计基础上可以作逻辑设计，将全局 E-R 图转换成关系模式，这些模式均应符合第三范式，同时设计数据完整性约束与关系视图。

1. 关系表

在全局 E-R 图中有四个实体集，它们可构成四个关系，同时有四个联系。它们均为 $1:n$ 联系。因此它们可以归并至相应四个关系中，从而组成如下表：

- 部门（<u>部门编号</u>，名称，负责人，性质）
- 人员（<u>职工编号</u>，姓名、性别、年龄、职务、部门编号）
- 期刊（<u>期号</u>，期刊名称、出版日期、排版部门编号、排版复核意见、排版完成日期、期刊编号）
- 稿件（<u>稿件编号</u>，标题、作者、字数、摘要、稿件文件名、编辑人员编号、编辑完成日期、期号、所属栏目）

它们可以表示为：

- D (dno, dn, dm, dp)
- E (eno, en, es, ea, ee, dno)
- M (mno, mn, mpd, sno, mdpd, mddl, mzno)
- A (ano, an, aau, au, aa, afn, edno, edl, mno, maa)

2. 数据模式规范化

上述 6 个表都满足"一事一地"原则及原子属性原则，因此满足第三范式。

3. 细节处理与性能调整：

无须作细节处理与性能调整。

4. 约束条件设置

主键：

(1) 部门编号（dno）

(2) 职工编号（eno）

（3）期号（mno）

（4）稿件编号（ano）

外键：

（5）人员关系中的部门编号，即 E 中的 dno。

（6）期刊关系中的排版部门编号，即 M 中的 dno。

（7）稿件关系中的编辑人员编号及期号，即 A 中的 eno 及 mno。

域约束：

（8）"部门"中的"部门编号"值有四个，即 D 中 dno={de01，de02，ds01，ds02}。

（9）"人员"中的"性别"值：非男即女，即 E 中 ex={m，f}。

（10）"部门"中的"性质"值：编辑部或排版部。即 D 中 dp={ed，s}。

（11）"稿件"中的"所属栏目"值：6 个，即 A 中 maa={1，2，3，4，5，6}。

（12）"人员"中的"年龄"约束为 18～60，即 E 中 ea<=60 AND 18=<ea。

5. 关系中的视图

（1）编辑人员视图：

```
ED（ edno,edn,eds,eda,ede,edn ) =
SELECT E.eno,E.en,E.es,E.ea,E.ee,D.dn
FROM E,D
WHERE D.dp='ed' AND E.dno= D.dno
```

（2）排版人员视图：

```
S（sno,sn,ss,sa,se ,sdn) =
SELECT E.eno,E.en,E.es,E.ea,E.ee,D.dn
FROM E,D
WHERE D.dp='s' AND E.dno= D.dno
```

6. 逻辑设计最终结果

（1）4 个关系表：D，E，M，A。

（2）2 个视图：ED，S。

（3）12 个约束。

15.6.4 物理设计

物理设计主要是建立索引，包括：

（1）在四个表的主键及外键中建立索引，包括：eno，dno，mno，ano。

（2）在"人员"中的"年龄"和"稿件"中的"字数"上分别建立索引以提高统计时的运行效率。

（3）文件设计：建立一个主文件、一个辅助文件及一个日志文件。

复习提要

本章介绍数据库设计，它是数据库应用开发的重要环节，对数据库应用十分重要。读者学习此章后能了解数据库开发应用中的设计过程并会具体使用。

1. 与本章有关的内容

本章内容与下面一些内容相关：

- 与软件工程有关，它是软件工程的有关特殊部分；
- 与数据库的概念模型、逻辑模型及物理模型有关。

数据库设计是在上述知识支持下所构成的数据库应用开发流程之一。

2. 设计流程

需求分析→概念设计→逻辑设计→物理设计。

3. 需求分析

（1）需求调查及需求调查说明书；

（2）需求分析——数据流图；

（3）需求分析——数据字典；

（4）需求分析说明书。

4. 概念设计

采用 E-R 方法。

（1）分解——对数据作分解；

（2）视图设计：

① 视图设计方法——自顶向下；

② 视图设计原则：

描述信息原则；依赖性原则；一致性原则。

③ 视图设计过程：

属性与实体；联系。

（3）视图集成

① 原理：

等同；聚合；抽象。

② 步骤：

预集成；最终集成。

（4）概念设计说明书

5. 逻辑设计

（1）基本原理：将 E-R 图转换成表及视图。

（2）基本转换方法：

- 属性 ⇒ 属性
- 实体集 ⇒ 表
- 联系 $\begin{cases} 1:1 \text{ 及 } 1:n \Rightarrow \text{ 归并} \\ m:n \Rightarrow \text{ 表} \end{cases}$

（3）关系模式的细节处理——命名处理及属性域处理。

（4）表的规范化——原子属性原则与"一事一地"原则。

（5）性能调整——关系表合并及调整关系表规模大小。

（6）约束条件设置。

（7）在模式上设计视图。

（8）逻辑设计说明书。

6. 物理设计

（1）物理设计的两个内容

存取方法选择；存取结构设计。

（2）存取方法选择

索引设计；集簇设计；Hash 设计。

（3）存取结构设计

文件设计；确定系统参数配置；确定数据存放位置。

（4）物理设计说明书

7. 本章内容重点

- E－R 图的构建；
- E－R 图到关系表的转换。

习题 15

一、问答题

1. 什么叫软件工程？什么叫数据工程？它们间有什么区别？

2. 试说明数据工程与数据库设计间的关系。

3. 什么叫需求分析及需求分析说明书？

4. 试说明将 E－R 图转换成关系模型的规则并举例说明。

5. 在概念设计中为何采用 E－R 方法，它有何优点？

6. 数据库逻辑设计有哪些基本内容？

7. 数据库物理设计包括哪些内容？

8. 试述数据库设计的全过程以及所产生的里程碑。

9. 数据库设计中需求分析说明书应包括哪些内容？

10. 数据库设计中概念设计说明书应包括哪些内容？

11. 数据库设计中逻辑设计说明书应包括哪些内容？

12 数据库设计中物理设计说明书应包括哪些内容？

二、应用题

1. 试用 E-R 模型为一个大学校园网数据库作概念设计并最终画出全局 E-R 图。

2. 试用上题所画的 E－R 图转换成关系表。

3. 试用上题转换成的关系表作数据约束。

4. 对上题所定义的表作索引设计。

三、思考题

1. 在逻辑设计中为什么"一事一地"原则是重要的，试举一例以说明它的重要性。

2. 在逻辑设计中须遵循原子属性原则，请说明其理由。

第16章 数据库管理

按照数据工程的开发原理，在完成数据库设计后即进入编码阶段，也就是数据库生成阶段。此后，即数据库的运行与维护阶段。此两部分工作即称为数据库管理。数据库管理的实施是须要有工具的协助与支撑的，它称为数据库管理工具。同时，数据库管理实施还须有专业人员操作，他们称数据库管理员。因此，本章数据库管理由下面几部分内容组成：

- 数据库生成；
- 数据库运行维护；
- 数据库管理工具；
- 数据库管理员。

16.1 数据库生成

16.1.1 数据库生成的先置条件

数据库生成即数据工程中的编码。在此阶段中必须有一些先置条件，它们分别是：

1. 数据库设计

数据库生成必须在完成数据库设计的基础上进行，它是数据库生成的最基本条件。

2. 平台

数据库生成必须建立在一定的平台之上。它包括网络、硬件平台、操作系统平台以及数据库管理系统平台等。

3. 人员

数据库生成必须有专业的数据库管理员。

16.1.2 数据库生成内容与过程

数据库生成的内容很多，它们包括如下一些内容：

1. 服务器配置

网络中的数据库服务器是数据库生成的基础平台，服务器配置是将数据库服务器与数据库管理系统 DBMS 间通过适当的配置建立起协调一致、可供数据库运行的平台。

服务器配置的内容包括：

（1）服务器选择：选择一台合适的计算机作为网络上的 SQL 服务器。

（2）系统安装：选择一个合适的 DBMS 系统并将其安装在 SQL 服务器上。

（3）连接注册：在 DBMS 中注册服务器，将服务器与 DBMS 建立关联。

（4）网络结构配置：将服务器中 DBMS 为网络结构做配置。

（5）参数配置：对 DBMS 设置参数，它包括服务器常用参数、服务器安全参数、服务器权限参数以及服务器数据库参数等。

服务器配置一般都可用 DBMS 中服务性工具包操作实现。如 SQL Server 2008 中的配置管理器及 SSMS（SQL Server Management Studio）等。

2. 数据库建立

在完成服务器配置后即可建立数据库。一般讲，一个服务器上可建立若干个数据库。数据库是一个共享单位，在数据库建立中主要建立这种共享单位的逻辑框架，包括数据库标识（即数据库名）、创建者名以及所占逻辑空间等。

数据库建立可用数据定义中的"创建数据库"语句完成。

在完成数据库建立后，即可对数据库中对象作定义。

3. 表定义

表定义建立了表的结构。一个数据库可以有若干个表结构，而所有的表结构组成了整个数据库的数据模式。

表定义可用数据定义中的"创建表"语句完成。

此外，在表定义中还可以作完整性约束条件定义。

4. 完整性约束条件定义

完整性约束条件定义建立了数据库中数据间语法/语义约束关系。完整性约束条件定义可用数据控制中有关完整性约束条件定义的语句完成。它一般可与表定义一起完成。

5. 视图定义

视图定义建立了数据库中面向用户的虚拟表。视图定义可用数据定义中的"创建视图"语句完成。

6. 索引定义

索引定义建立了数据库中索引，用于提高数据存取效率。索引定义可用数据定义中的"创建索引"语句完成。

7. 安全性约束条件定义

安全性约束条件定义建立了数据库中数据存取的语义约束关系。安全性约束条件定义可用数据控制中有关安全性约束条件定义的语句完成，与此相关的还包括用户的定义。

8. 存储过程与函数定义

在数据库中还可以定义存储过程与函数供用户使用。存储过程与函数的定义可用自含式语言中的"创建存储过程"与"创建函数"语句完成。此外，还可以包括触发器定义等。

在完成这些对象定义后即进入数据加载。

9. 数据加载

数据加载即对数据库表结构中加载数据。目前，数据加载的方式有多种，常用的有如下几种：

（1）人工录入：数据加载的最常见方式是通过人机交互作人工录入。

（2）转录：另一种数据加载的常见方式是通过工具在网络的其他数据结点中作转录。这些转录包括从其他数据库或文件中作录入，也可作数据库的分离/附加。

（3）数据加载程序：在复杂的情况下，数据加载也可以用人工编制的"数据加载程序"实现。

10．运行参数设置

在数据库运行时须设置一些参数，称数据库运行参数，它一般包括有下列三种类型：

（1）内外存配置的参数。如数据文件的大小、数据块的大小、最大文件数、缓冲区的大小以及分区设置要求等。

（2）DBMS 运行参数的设置。如可同时连接的用户数、可同时打开的文件和游标数量、最大并发数、日志缓冲区的大小等。

（3）数据库故障恢复和审计的参数。如审计功能的开启/关闭参数、系统日志的设置等。

运行参数设置可通过相关的 SQL 语句及有关服务完成。

到此为止，一个完整的、可供运行的数据库就生成了。这个数据库生成的全过程可用图 16.1 表示。整个生成过程是一个复杂的过程，它需要由数据库管理员负责实现。

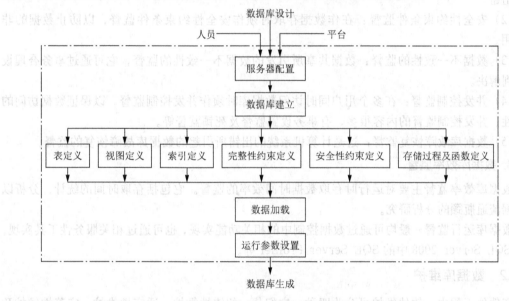

图 16.1 数据库生成全过程示意图

生成后的数据库可以提供如下资源：

- 数据资源：这是数据库提供的主要资源。
- 程序资源：这是数据库提供的又一种资源，近年来它显得越来越重要。
- 元数据资源：包括数据库中的规则（如数据结构规则、完整性约束规则及安全性约束规则等）及参数，可统称为元数据。它们存储于数据库内统一称数据字典。数据字典的有效使用可以充分的提高数据库使用范围与能力。
- 系统资源：包括由 DBMS 所提供的信息服务资源。

16.2　数据库运行与维护

在完成数据库生成并经统一测试后即进入运行维护阶段。在此阶段中数据库是一个独立部分称数据库运行维护，它可分为数据库运行监督与数据库维护两个部分。

16.2.1 数据库运行监督

在数据库应用系统运行中，应用程序与数据库不断交互，同时，操作员与数据库也不断交互，使数据库进入运行阶段。在运行阶段中须对数据库作运行监督，它一般包括数据库生成代码出错监督、数据库操作出错监督与数据库效率监督三种。

1. 数据库生成代码出错监督

在数据库生成代码中，由于编码与测试的不彻底而隐藏了部分错误并被带到运行阶段，在某些特定环境下会暴露出来，因此须对它作监督称数据库代码出错监督。

2. 数据库操作出错监督

数据库运行中由于**操作**不当所引起**数据库**错误的监督称数据库操作出错监督，它们包括：

（1）完整性约束条件监督：在作数据增、删及改操作时须作完整性约束条件监督，以防止数据出错。

（2）安全性约束条件监督：在作数据存取时须作安全性约束条件监督，以防止数据的非法使用。

（3）数据不一致性的监督：数据共享所引发的数据不一致性的监督，它可通过事务合理设置得到解决。

（4）并发控制监督：在多个用户同时访问数据库时须作并发控制监督，以保证数据访问的正确性。并发控制监督的内容很多，有事务设置监督及死锁监督等。

（5）数据库故障恢复监督：这是计算机系统的出错所引起的数据库故障恢复的监督。

3. 数据库效率监督

数据库效率监督主要对运行时存取数据时间效率的监督。它包括存取时间的统计、分析以及数据流通瓶颈的分析研究。

数据库运行监督一般均可通过数据控制中的相关功能实现，也可通过相关服务性工具实现。如在 SQL Server 2008 中的 SQL Server Profiler 等。

16.2.2 数据库维护

在软件工程中，软件维护可分为四种，它们是：纠错性维护、适应性维护、完善性维护及预防性维护。而在数据工程中它亦分为这四种，但其实质内容与软件工程中有所不同。

1. 纠错性维护之一——数据库生成代码纠错性维护

即数据库生成代码错误的维护。

2. 纠错性维护之二——数据库操作纠错性维护

即数据库操作错误的维护，它主要可包括如下一些内容：

（1）完整性维护：当数据出现完整性错误时须及时通告用户并及时采取措施，以保证数据的正确性。

（2）安全性维护：当数据出现安全性错误时须及时通告用户并及时采取措施，以防止数据被非法访问。

（3）事务维护：由于事务设置不当所引起的不一致性及并发控制错误的维护，它一般可通过改写事务语句而解决。

（4）封锁机制维护：在并发运行时所引起的死锁的解除，它可以通过人工解除，也可通过解锁程序解除。

（5）数据库故障的恢复：当数据库产生故障时须作故障的恢复，其具体方法可见 4.1.5 所述。

3．适应性维护之一 ——数据库调优

数据库调优是一种适应性维护，它包括数据库调整与数据库优化两个部分。在数据库生成并经一段时间运行后往往会发现一些不适应的情况，这主要是数据库设计与数据库生成时考虑不周所造成的。此时需要对其作调整，此称数据库调整。同时，在运行监督中所发生的数据存取效率上的降低以及数据库性能的下降，此时需要作性能优化，此称数据库优化。

数据库调优一般包括下面一些内容：

（1）调整关系模式与视图使之更能适应用户的数据需求

如果是因数据项的缺失而引起的数据库调整，那么可以通过修改关系表的属性定义实现。如果是用户的数据需求发生了变化，那么就需要修改模式，定义新的视图或修改原来的视图。此部分的实现可用 SQL 中的数据定义语句实现。

（2）数据完整性约束规则及安全性约束规则的调整

适当调整数据完整性约束规则及安全性约束规则，使之更能适应数据的需求。

（3）调整索引与集簇使数据库性能与效率更佳

索引和集簇的设计是数据库物理设计的主要内容，也是数据库调整的任务之一。集簇和索引的设计通常是针对用户的核心应用及其数据访问方式来进行的，随着数据库中数据量的变化以及用户应用的重要程度的变化，可能需要调整原来的索引和集簇的设计方案，撤销原来的一些索引或集簇，建立一些新的索引和集簇。此部分的实现可用 SQL 中的数据定义语句完成。

（4）关系模式调优

可以通过调整关系模式使数据库存取效率更佳。这种调整包括关系的重新分割与配置以及建立快照（一种特殊的表）等措施。此外，还可包括降低规范化程度与调整关系表的数据规模大小等方法以实现之。

（5）查询优化

查询优化是找出执行效率低下的查询语句并改写之。尽量少用或不用出现有子查询或嵌套查询的语句；少用或不用效率低下的谓词，如 distinct、exist 等。

（6）运行参数调优

调整分区、调整数据库缓冲区大小以及调整并发粒度使数据库物理性能更好。

目前，在 SQL 中都提供有数据库调整与优化的功能。此外，还提供有多种服务性工具以实现优化的能力。如在 SQL Server 2008 中的优化工具 Database Engine Turning Adviser，它有极强的数据优化能力。

4．适应性维护之二——数据库重组

另一种适应性维护称数据库重组。数据库在经过一定时间运行后，其性能会逐步下降，下降主要是由于不断地修改、删除与插入所造成的，由于不断地删除而造成盘区内废块的增多而影响 I/O 速度，由于不断的删除与插入而造成了存储空间的碎片化，同时也造成集簇的性能下降，使得完整的表空间分散，从而存取效率下降。基于这些原因，需要对数据库进行重新整理，重新调整存储空间，此种工作叫数据库重组。

一般数据库重组需花大量时间，并作大量的数据搬迁工作。往往是先作数据卸载（unload），然后重新加载（reload），即将数据库的数据先行卸载到其他存储区域中，然后按照模式的定义重新加载到指定空间，从而达到数据重组的目的。

目前，一般 DBMS 都提供重组手段，以数据服务中的工具形式实现数据重组功能。如在 SQL Server 2008 中即可用其数据转换服务 DTS（Data Transformation Services）实现。

5. 完善性维护——数据库重构

数据库重构是一种数据库的完善性维护。也就是说，数据库应用系统在使用过程中由于应用环境改变，产生了新的应用动力，同时老应用内容也需调整，这两者的结合对系统就产生了新的需求，这种需求是对原有需求的一种局部改变而并非是推倒重来。因此，数据库重构实际上是以局部修改数据库应用系统需求为前提的。

因此，数据库重构是需对数据库作重新的修改性开发，包括从需求分析到数据库设计并形成数据库新的模式，在新的模式基础上作数据库再生成。这就是数据库重构。

在数据库重构中既要保留原有的需求又要照顾新增需求，因此它的开发复杂性远大于开发一个新的数据库，这主要表现为：

（1）数据库设计中的复杂性

在数据库设计中应充分保留原有不应变动的部分，而确需修改部分要做到"恰到好处"，原有的与新增的两部分应能"无缝连接"。

（2）数据库生成中的复杂性

数据库是为应用程序服务的，新生成的数据库会影响到应用程序的变动，应尽量减少应用程序的修改量。这需要充分利用数据库的独立性，如视图的利用，以屏蔽模式更改所带来的应用程序改变；如别名的利用，以尽量减少命名的变动等。

由上面分析可以知道，数据库重构的工作量实际上包括了如下一些内容：

（1）系统需求分析及数据库设计的修改。

（2）数据库再生成。

（3）应用程序修改。

（4）数据库与应用程序的重新测试。

（5）相关文档的重新修改与编写。

在数据库重构中这五个内容是缺一不可的。由此可见，数据库重构是一个极其复杂的工作，除非确有需要且须经严密论证，一般不可为之。

6. 预防性维护

最后，除上面所示的维护外，还须作经常性的以预防为目的的维护。如数据备份、日志、维护及必要的运行测试等。此外，还须加强数据库操作人员培训、严格操作规范等。

16.3　数据库管理工具

为完成数据管理必须有一定数据管理工具，目前提供数据管理工具的有：

1. DBMS 中的 SQL 语句

目前大量的数据管理功能均由 DBMS 中的 SQL 语句完成，这涉及 SQL 中的数据定义、数据操纵、数据控制及数据交换等语句，它们所提供的均为一些常用的管理功能。

2. DBMS 中的数据服务

在 DBMS 目前均有数据服务提供数据管理功能，它们一般以过程形式或专用工具形式出现。

但由于数据服务并无一定标准，因此其所提供的能力因系统而异。但是不管如此，数据管理的大部分功能一般都由数据服务提供。

3. 第三方专门工具

某些个别数据管理功能需有特殊功能或 DBA 有特殊需求，可用专门的工具如数据库监控工具、故障恢复工具等，它们在市场中均能购买到。

4. 自编工具

少量的数据管理功能如数据加载工具及数据展示工具等，它们与环境紧密相关，因此可由 DBA 自行编制完成。

16.4　数据库管理员

DBA 是管理数据库的核心人物，一般由若干人员组成，他是数据库的监护人，也是数据库与用户间的联系人。

DBA 具有最高级别的特权，他对数据库系统应有足够的了解与熟悉，一个数据库能否正常、成功的运行，DBA 是关键。一般讲，DBA 除了完成数据库管理的工作外，它还需要完成相关的行政管理工作以及参与数据库设计的部分工作，其具体任务如下：

（1）参与数据库设计的各个阶段的工作，对数据库有足够的了解。

（2）负责数据库的生成。

（3）负责数据库的运行维护。

在上面三个任务中，DBA 承担着数据库管理的有关技术性工作。

下面的两个任务则是 DBA 的行政性管理任务。

（4）帮助与指导数据库用户。

与用户保持联系，了解用户需求，倾听用户反映，帮助他们解决有关技术问题，编写技术文档，指导用户正确使用数据库。

（5）制定必要的规章制度，并组织实施。

为便于使用管理数据库，需要制定必要的规章制度，如数据库使用规定、数据库安全操作规定、数据库值班记录要求等，同时还要组织、检查及实施这些规定。

特别要提醒的是，随着应用环境的复杂化，尤其在网络环境中，有关数据库用户的安全性维护已是 DBA 所无法完全控制的了。因此为加强安全管理，将有关安全控制的设置与管理以及审计控制与管理的职能从 DBA 中单独分开，专门设置数据库安全管理员（database security administrator）及审计员（auditor），这种设置方式有利于对数据库安全的管理，而这种管理模式称为三权分立式管理。

复习提要

数据库管理主要是对数据库作必要的管理，它包括数据库生成及数据库运行维护等两部分。从数据工程观点看，数据库管理属（数据库）编码及运行维护两个阶段。

1. 数据库生成

数据库生成即构造一个能为应用服务、符合设计要求的数据库。

（1）数据库生成前提：设计、平台与人员。

（2）数据库生成的十大内容：

● 服务器配置；

- 数据库建立;
- 表定义;
- 视图定义;
- 索引定义;
- 完整性约束;条件定义;
- 安全性约束条件定义;
- 数据加载;
- 运行参数设置;
- 存储过程与函数定义。

2. 数据库运行维护

（1）数据库运行监督

- 数据库运行代码出错监督;
- 数据库运行操作出错监督;
- 数据库运行效率监督。

（2）数据库维护

- 纠错性维护之一——数据库生成代码纠错性维护;
- 纠错性维护之二——数据库操作纠错性维护;
- 适应性维护之一——数据库调优;
- 适应性维护之二——数据库重组;
- 完善性维护——数据库重构;
- 预防性维护。

3. 数据库管理与 DBA

- 数据库管理限技术层面;
- DBA 负责数据库管理以及行政管理。

4. 数据库管理任务:

（1）数据库的生成;

（2）数据库的运行监督;

（3）数据库的维护。

5. 数据管理工具

（1）DBMS 中的 SQL 语句;

（2）DBMS 中的数据服务;

（3）专门工具;

（4）DBA 自编工具。

6. DBA 任务

（1）参与数据库设计的各个阶段的工作，对数据库有足够的了解。

（2）负责数据库的生成。

（3）负责数据库的运行维护。

（4）帮助与指导数据库用户。

（5）制定必要的规章制度，并组织实施。

7．本章内容重点

- 数据库生成的十大任务；
- 数据库维护的四大任务。

习题 16

一、名词解释

1. 数据库管理　2. 数据库生成　3. 数据库运行监督　4. 数据库维护

5. 数据库管理工具　6. 数据库调优　7. 数据库重组　8. 数据库重构

9. 数据库管理员　10. 数据库安全管理员　11. 审计员　12. 三权分立

二、回答题

1. 数据库管理有哪几件工作？

2. 请给出数据库生成的三个前提。

3. 请给出数据库生成的十大内容。

4. 数据库运行监督包括哪些内容？

5. 数据库维护包括哪些内容？

6. DBA 的具体任务是什么？

7. 试说明 DBA 与安全管理员及审计员三者职能的区别。

8. 数据管理工具有哪几部分？

三、思考题

1. 试说明数据库管理的重要性。

2. 试说明数据库管理工具在数据库管理中所起的作用。

3. 试说明数据库管理与数据库管理系统间的关系。

4. 试从数据工程观点分析数据库管理。

5. 试分析数据库重组与数据库重构间的差异。

6. 数据库除提供数据资源外还提供其他什么资源？它们对用户有何价值？

四、应用题

试将例 15.2 的设计结果作数据库生成，并最后给出生成结果。

第17章 数据库编程

数据库编程主要介绍目前流行的三种数据库编程，它们是：

- 自含式数据库语言 T-SQL 编程；
- 调用层接口工具 ADO 编程；
- Web 接口工具 ASP 编程。

17.1 数据库编程概述

1. 何为数据库编程

数据库编程亦称 SQL 编程，它是数据库应用系统开发中的一个重要内容。数据库编程主要用于数据库应用系统开发中的代码生成阶段，它用于编写数据库生成程序及数据库应用程序。

- 数据库生成程序是生成数据库的程序，它包括服务器设置、数据库定义、表定义、视图定义、索引定义、完整性及安全性规则定义、触发器定义、存储过程定义及函数定义等多项内容。
- 数据库应用程序是应用程序的一个部分，它是以应用程序与数据库作数据交换为主的接口程序。它是包含有 SQL 语句的应用程序。

数据库生成程序及数据库应用程序统称为数据库程序，即包含有 SQL 语句的程序。

数据库编程即对数据库程序的编写。

2. 数据库编程特色

数据库编程有别于一般应用编程（即不含有 SQL 语句的编程，它可简称为应用编程）。这主要是由于应用编程的操作对象是内存单元及内存数据结构，而数据库编程的操作对象是磁盘单元及数据库模式。应用编程大都遵守软件工程中的规则，在编程中强调程序的正确性、可读性及可维护性等，但并不关注程序的效率。而在数据库编程中强调的不仅是程序的正确性、可读性及可维护性，同时也注重程序的效率，此外，还关注程序的并发性、程序的隐性错误以及程序访问数据错误等。具体说来，它有如下一些特色：

（1）效率

数据库程序讲究执行效率，因此在程序中必须**设置索引**，在表的定义中需**合理设置联系表**，避免联系过多影响效率，在数据库定义中**合理配置文件**以提高访问数据库的效率。此外，还通过**数据库调优**以实现数据库访问效率的提升等。而应用程序开发则并不讲究程序的运行速度与效率。

（2）并发性

数据库编程讲究并发性，因此在程序中必须设置"事务语句"，在运行中必须有"封锁机制"概念等。而在应用程序开发中并发性要求并不明显。

（3）程序的隐性错误

在数据库程序运行时经常会发生一些错误，它们的产生往往与编程无关。这些错误包括如"死锁的产生""规范化程度过低"等隐性错误。而应用程序开发中则不会发生此类错误。

（4）访问数据的错误

数据库程序执行的另一种错误是，程序自身并没有出现有语法、语义的错误，但是违反了程序执行对象—**数据的访问约束规则**，包括完整性及安全性规则。而应用程序开发中则少见有此类错误。

（5）编程量小

数据库程序开发中**编程量小**、**算法要求低**，而应用程序开发中编程量相对大、算法要求高。这是它明显优于应用程序开发的一个特色。

上面五条反映了数据库编程中数据工程的特色。

3. 三种数据库编程工具

目前流行的三种数据库编程工具是：

- 自含式数据库语言：也称自含式 SQL，SQL Server 2008 中的 T-SQL 就是自含式 SQL。它主要用于数据库生成程序编制，有时也可用于数据库应用程序编制。
- 调用层接口工具：SQL Server 2008 中的 ADO 编程，主要用于数据库应用程序编制。
- Web 接口工具：SQL Server 2008 中的 ASP 编程，主要用于数据库应用程序编制。

17.2　T-SQL 编程

本节介绍 SQL Server 2008 中的 T-SQL 编程。T-SQL 是一种完整的程序设计语言，它可以独立编程，它将传统语言中的主要部分与 SQL 中的基本操作及游标、诊断等相结合，形成一种完整的自含式数据库语言。它目前已替代传统的嵌入式语言成为数据库应用中最为常见的一种编程语言。

T-SQL 编程的特点是：

（1）T-SQL 编程是一种数据库编程，它与传统编程最大不同在于编程中需要考虑到并发控制与恢复等问题，因此在程序中须设置"事务"。

（2）T-SQL 主要用于存储过程、函数及触发器程序编制中。此外，还可用于数据库后台批处理编程中。

（3）T-SQL 语句或程序的运行一般是在 SQL Server Management Studio 平台工具下进行的，同时也可通过数据接口（如 ADO）调用实现。

（4）T-SQL 中的数据交换特点是利用游标与诊断语句以建立传统程序设计语言与 SQL 间的接口，从而将 SQL 与应用捆绑一起，它非常适用于数据处理领域应用。

在 T-SQL 的数据交换中，它的编程步骤如下：

（1）用 DECLARE 作变量声明。

（2）定义游标并打开。

（3）用 T-SQL 编程（一般是一个循环结构）。在其间有数据交换，用 FETCH 获取数据并用全局变量@@ fetch_status 以获取诊断信息。

（4）在编程结束后用 CLOSE 及 DEALLOCATE 语句关闭游标。

本节使用 SQL Server 2008 的 T−SQL 语句模拟实现银行储蓄系统的转账和定期利率计算业务。本案例涉及的 T−SQL 知识涵盖：①存储过程创建；②事务处理；③游标的使用等。

例 17.1 银行储蓄系统的转账和定期利率计算。

1. 需求分析

- **转账**：指定转入账号、转出账号和转账金额，执行转账操作，并记录。
- **定期利率计算**：计算到期定期利息和本息总金额。

2. 数据库说明

根据需求，本系统需要设计三张表，分别是银行卡信息表 CardInfo、交易信息表 TranInfo 及定存信息表 Fix_deposit。它们的结构分别如表 17.1 至表 17.3 所示。这三张表组成了本例中的数据库。

表 17.1　银行卡信息表：cardInfo

字段名称		说　　明
cardID	卡号	必填，主键，为 8 位字母数字串
openDate	开户日期	必填，默认为系统当前日期
openMoney	开户金额	必填，不低于 1 元
balance	余额	必填，不低于 1 元，否则将销户
Password	密码	必填，6 位数字，开户时默认为 6 个 "8"

表 17.2　交易信息表：TransInfo

字段名称		说　　明
transID	交易编号	自动编号（标识列），主键
transDate	交易日期	必填，默认为系统当前日期
cardID	卡号	必填，外键，可重复索引
transType	交易类型	必填，只能是存入/支取
transMoney	交易金额	必填，大于 0
remark	备注	可选输入，其他说明

表 17.3　定存信息表：Fix_deposit

字段名称		说　　明
Name	姓名	必填
PID	省份证号	必填
Capital	总金额	大于或等于 0
Fixmonth	定期月数	只能取 3,6,12
Startdate	存入日期	日期型数据
Endtime	到期日期	日期型数据
Interest	利息	初始值为 0
Total	本息总计	初始值为 0

3. 业务实现

(1) 转账

创建转账存储过程 proc_TranAccount 完成转账，用事务来保证账户的一致性。

转账先从转出账号中扣除，然后添加到转入账号中，采用事务来处理该需求。存储过程 proc_TranAccount 实现语句如下：

```
USE ATMBankDataBase
GO
CREATE  PROC proc_TranAccount
@OutNumber  varchar(15),
@InNumber  varchar(15),
@Money  DECIMAL(18,2)
AS
BEGIN
   BEGIN  transaction              /*开始事务*/
   /*从转出账号减去金额*/
   UPDATE  cardInfo
   SET Balance=Balance-@Money
   WHERE CardID=@OutNumber
   /*在转入账号增加金额*/
   UPDATE cardInfo
   SET Balance=Balance+@Money
   WHERE CardID=@InNumber
   /*插入转入交易信息记录*/
   INSERT  INTO TransInfo(cardID,transType,transMoney,remark)
   VALUES(@InNumber,'转入',@Money,@OutNumber)
      /*插入转出交易信息记录*/
   INSERT  INTO TransInfo(cardID,transType,transMoney,remark)
   VALUES(@OutNumber,'转出',@Money,@InNumber)
   IF(@@ERROR=0)
      COMMIT  TRANSACTION
   ELSE
      ROLLBACK  TRANSACTION         /*回滚事务*/
   END                              /*结束事务*/
```

【代码解析】 执行以上代码创建存储过程 proc_TranAccount，新建并执行如下查询来调用取款存储过 proc_TranAccount，执行后的 TransInfo 表结果如图 17.1 所示。

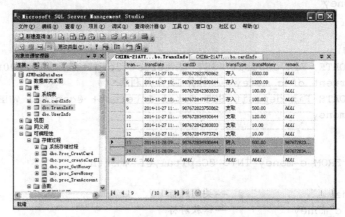

图 17.1　查看 TransInfo 表的转账记录

```
USE   ATMBankDataBase
EXEC   proc_TranAccount '987672823750862','987672834930644',500
 /*从账号'987672823750862'中转出 500 元到账号'987672834930644'中 */
```

（2）计算定期利息

创建转账存储过程 proc_money 完成定期利息计算，用游标实现逐条计算。

编写存储过程 proc_money，检查今天到期的定期存款，计算该用户获得的利息和本息金额，并将利息和本息总金额插入 Fix_deposit 表中。

```
REATE PROC PROC_money
AS
DECLARE @Capital money
DECLARE @fixmonth int
DECLARE c_money CURSOR FOR
SELECT Capital,Fixmonth FROM Fix_deposit
WHERE Endtime=convert(varchar(10),getdate(),102)
 /*convert 获取当前日期，仅仅计算今天到期的定期利息*/
FOR  UPDATE                    --声明更新游标
OPEN c_money                   --打开游标
FETCH NEXT FROM c_money into @Capital, @fixmonth
WHILE (@@FETCH_STATUS=0)      /*用游标循环取值*/
BEGIN
  BEGIN
   IF @fixmonth=3
    BEGIN
      UPDATE Fix_deposit SET Interest=@capital*2.55/100*3/12  WHERE CURRENT
      of c_money /*计算 3 个月利息*/
      UPDATE Fix_deposit SET Total=Interest+ @capital WHERE current OF
      c_money
    END
   ELSE IF (@fixmonth=6)
     BEGIN
      UPDATE Fix_deposit set Interest=@capital*2.75/100*6/12  WHERE current
      OF c_money /*计算 6 个月利息*/
      UPDATE Fix_deposit SET Total=Interest+ @capital WHERE current OF
      c_money
     END
    ELSE
     BEGIN
        UPDATE  Fix_deposit  SET  Interest=@capital*3.15/100*12/12     WHERE
        current of c_money /*计算 12 个月利息*/
        UPDATE Fix_deposit SET Total=Interest+ @capital WHERE current OF
        c_money
     END
  END
FETCH NEXT FROM c_money INTO @Capital,@fixmonth
END
CLOSE c_money                  --关闭游标
DEALLOCATE c_money             --释放游标
GO
```

【代码解析】 proc_money 存储过程中，利用游标逐条取出定存记录，判断该条定存记录今天（2014.12.12）是否到期，如果到期按照定存月数计算定存利息。假设 Fix_deposit 表的初始值如图 17.2 所示，在新建查询窗口执行 Exec proc_money 后，Fix_deposit 表如图 17.3 所示。

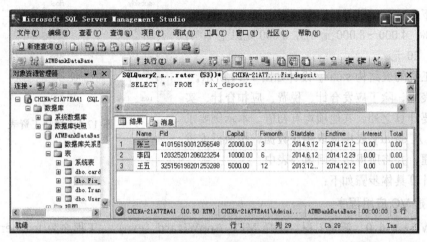

图 17.2 Fix_deposit 表初始值

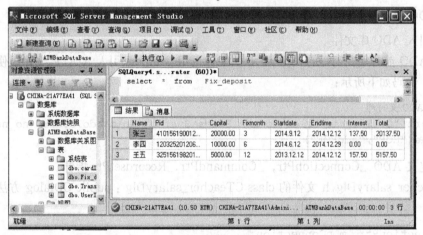

图 17.3 计算利息后的 Fix_deposit 表

17.3 ADO 编 程

本节介绍 SQL Server 2008 中的 ADO 编程。目前，它是最常用的调用层接口方法之一。

ADO 编程开发的一般步骤是：

（1）启动 VC，新建一个工程；

（2）ADO 接口编码；

（3）应用程序编码。

下面通过 VC++ 6.0 开发一个基于 ADO 接口的程序。

例 17.2 使用 VC++ 6.0 与 ADO 编制一个计算教师工资的程序，计算需求如下：教师工资表（工号，姓名，职称，基本工资，职称补贴，时间（年、月），扣工会会费，应发合计，扣税费，应扣合计，实发工资）。

其中职称补贴：教授 1 000 元，副教授 800 元，讲师及以下 500 元；税费：2 000 元以下 0%，2 000～4 000 元 5%、4 000～8 000 元 8%，8 000 元以上 10%；工会会费：20 元。

教师工资的表结构 salary 设计如图 17.4 所示。

在该表中，除了应发合计、税费、应扣合计、实发工资需要计算之外，其他项均有初值。本示例要求通过 ADO 从 salary 表中读取相应数据，按照需求进行计算处理，并将所得结果回填入表中。

列名	数据类型	允许 Null 值
work_number	int	☐
name	varchar(50)	☑
technical_title	varchar(50)	☑
basic_salary	float	☑
subsidy	float	☑
year	int	☑
month	int	☑
union_dues	float	☑
sum	float	☑
taxation	float	☑
total_deduction	float	☑
real_salary	float	☑

图 17.4 教师工资表

本题计算具体步骤如下：

1. 创建 VC 应用程序

打开 VC++ 6.0，新建工程。选择 MFC AppWizard（exe），工程名为 teacher_salary，存放在 D 盘 teacher_salary 文件夹中。

2. ADO 接口代码设计

（1）引入 ADO 库文件

使用 ADO 前必须在工程的 StdAfx.h 头文件里用#import 引入 ADO 库文件以使编译器能正确编译。代码如下所示：

```
//加入 ADO 支持库
#import "C:\Program Files\Common Files\System\ado\msado15.dll" no_namespace
rename("EOF","adoEOF")
```

（2）定义 ADO _ConnectionPtr, _CommandPtr,_RecordsetPtr 指针

在 teacher_salaryDlg.h 文件的 class CTeacher_salaryDlg：public CDialog 方法中添加如下代码：

```
_ConnectionPtr  m_pConnection;
_CommandPtr  m_pCommand;
_RecordsetPtr  m_pRecordset;
```

（3）初始化 COM，创建 ADO 连接

ADO 库是一组 COM 动态库，这意味着应用程序在调用 ADO 前，必须初始化 OLE/COM 库环境。在 MFC 应用程序里，一个比较好的方法是在应用程序主类的 OnInitDialog()成员函数中初始化 OLE/COM 库环境。

在本例中的 teacher_salaryDlg.cpp 文件的 BOOL CTeacher_salaryDlg ::OnInitDialog()成员函数里添加如下代码：

```
AfxOleInit();
m_pConnection.CreateInstance(__uuidof(Connection));
try
{
```

```
//打开本地 Sql Server 数据库
    m_pConnection->Open("Provider=SQLOLEDB.1;Integrated Security=SSPI;
    Persist Security Info=False;Initial Catalog=teacher_salary;
    Data Source=.","","",adModeUnknown);    //Server 后是服务器的计算机名,
        //Database 后是数据库名
        // UID="";PWD=""写入相应的用户名和密码,这里使用的是集成 WINDOWS 验证
    m_pConnection->BeginTrans();              //开启事务;
}
catch(_com_error e)
{
    AfxMessageBox("数据库连接失败!");
    return FALSE;
}
```

（4）使用 ADO 创建 m_pRecordset

在本函数中继续添加代码:

```
m_pRecordset.CreateInstance(__uuidof(Recordset));
try
{
    // 查询 salary 表中所有字段,  获取连接数据库的 IDispatch 指针
    m_pRecordset->Open("SELECT * FROM salalry", m_pConnection.GetInter
    facePtr(),
    adOpenDynamic,adLockOptimistic,adCmdText);
}
catch(_com_error *e)
{
    AfxMessageBox(e->ErrorMessage());
}
```

至此,与 ADO 相关的代码都已添加完毕。

下面在 teacher_salaryDlg.cpp 文件中添加应用代码,以实现计算教师工资的目标。

3. 计算教师工资相关代码

```
_variant_t var;
CString str_basic_salary,str_technical_title,str_union_dues="";
float v_subsidy,v_sum,v_taxation,v_deduction,v_real_salary;
    // TODO: Add your control notification handler code here
try
{
    if(!m_pRecordset->BOF)   //判断当前指针是否在第一条记录前面
        m_pRecordset->MoveFirst();
                            //当前指针不在第一条记录前面时,将指针移向第一条记录;
    else
    {
        AfxMessageBox("表内数据为空");
        return;
    }
    // 读入 salary 表中各字段取值并赋值给相应的字符串变量中;
    while(!m_pRecordset->adoEOF)
    {
        //计算职称补贴
        var=m_pRecordset->GetCollect("technical_title");//获取职称列的取值;
```

```
if(var.vt != VT_NULL)
    str_technical_title=(LPCSTR)_bstr_t(var);
if(str_technical_title=="教授")
{
    try
    {
        //计算教授职称的补贴;
        m_pRecordset->PutCollect("subsidy",_variant_t("1000"));
        v_subsidy=1000;
    }
    catch(_com_error *e)
    {
        AfxMessageBox(e->ErrorMessage());
    }
}
else if(str_technical_title=="副教授")
{
    try
    {
        //计算副教授职称的补贴
        m_pRecordset->PutCollect("subsidy",_variant_t("800"));
        v_subsidy=800;
    }
    catch(_com_error *e)
    {
        AfxMessageBox(e->ErrorMessage());
    }
}
else
{
    try
    {
        //计算讲师及以下职称的补贴;
        m_pRecordset->PutCollect("subsidy",_variant_t("500"));
        v_subsidy=500;
    }
    catch(_com_error *e)
    {
        AfxMessageBox(e->ErrorMessage());
    }
}
//计算教师应发工资
var=m_pRecordset->GetCollect("basic_salary");//获取该教师的基本工资
if(var.vt != VT_NULL)
    str_basic_salary=(LPCSTR)_bstr_t(var);
float a;
a=atof(str_basic_salary); //将基本工资字符串变量的值转换为float类型
v_sum=a+v_subsidy;
try
{
    //将该教师的应发工资写回salary表中sum列
    m_pRecordset->PutCollect("sum",_variant_t(v_sum));
}
catch(_com_error *e)
{
```

```
    AfxMessageBox(e->ErrorMessage());
}
//计算教师的税金
if(v_sum>8000)
    v_taxation=(v_sum-8000)*0.1;
else if(v_sum>=4000 )
    v_taxation=(v_sum-4000)*0.08;
else
    v_taxation=(v_sum-2000)*0.05;
try
{
    //将该教师的税金写回 salary 表中 taxation 列
    m_pRecordset->PutCollect("taxation",_variant_t(v_taxation));
}
catch(_com_error *e)
{
    AfxMessageBox(e->ErrorMessage());
}
//将教师应扣合计写回数据库
var=m_pRecordset->GetCollect("union_dues");//获取该教师的工会会费
if(var.vt!=VT_NULL)
    str_union_dues=(LPCSTR)_bstr_t(var);
a=atof(str_union_dues);  //将工会会费字符串变量的值转换为 float 类型
v_deduction=a+v_taxation;
try
{
    //将该教师的应扣合计写回 salary 表中 total_deduction 列
    m_pRecordset->PutCollect("total_deduction",_variant_t(v_deduction));
}
catch(_com_error *e)
{
    AfxMessageBox(e->ErrorMessage());
}
//将实发工资写回数据库
v_real_salary=v_sum-v_deduction;
try
{
    //将该教师的实发工资写回 salary 表中 real_salary 列
    m_pRecordset->PutCollect("real_salary",_variant_t(v_real_salary));
    m_pRecordset->Update();            //所有修改一次全部写回数据库
}
catch(_com_error *e)
{
    AfxMessageBox(e->ErrorMessage());
}
m_pRecordset->MoveNext();
//第一行的 while 循环结束
}
    m_pConnection->CommitTrans();            //所有循环成功执行后提交事务
}//此处的"}"是与本函数第一个"try{"配对的"}";
catch(_com_error *e)                         //如果发生异常,则执行此代码
{
    AfxMessageBox(e->ErrorMessage());
    m_pConnection->RollbackTrans();          //事务代码异常时回滚
}
```

至此，通过 ADO 访问数据库的接口程序运行成功。

*17.4　Web 接口工具 ASP 编程

本节采用 ASP+ADO 访问数据库方式将数据从数据库中取出，并用它修改 Web 页中的内容。其操作步骤是：

(1) 用 ASP、VBScript 与 HTML 编写网页；

(2) 创建一个到数据库的 ADO 连接；

(3) 打开数据库连接；

(4) 创建 ADO 记录集；

(5) 从记录集提取您需要的数据到页面；

(6) 关闭记录集；

(7) 关闭连接。

本节介绍一个天气预报的实例如下：

例 17.3　一个天气预报的实例。通过 ASP＋ADO 把天气数据从数据库中取出，将结果放入网页中。

1. 开发前的准备

采用 IIS 7.0 解析 ASP 文件。需要注意一点的是：在发布网站的 ASP 选项中，一定要用"启用父路径"选项。

2. 具体的开发步骤

(1) 天气预报数据库

通过 SQL 代码创建数据库表，如图 17.5 所示。

	year	month	day	hour	image	daytime	temperature	wind_direction	wind_force
1	2014	11	29	8	小雨.jpeg	小雨	12~15	东风	4-5级
2	2014	11	30	10	阴.jpeg	阴	1~8	西风	2-3级
3	2014	12	1	12	晴.jpeg	晴	2~13	南风	2-4级

图 17.5　天气预报数据库

为了重用数据库连接，可以将数据库连接的代码放在一个独立的文件 conn.asp 中，以后其他页面需要跟数据库交互时，只需要包含此页面即可。

(2) Conn.asp 的代码

```
<%
dim conn
Set conn=Server.CreateObject("ADODB.Connection")
                        //创建 ADODB.Connection 实例
connstr="driver={SQL
Server};server=(local);UID=sa;PWD=123;Database=weather_forecast"
conn.Open connstr
%>
```

(3) 天气预报主页 index.asp

```
<!--#include file="conn.asp" -->
<html xmlns="http://www.w3.org/1999/xhtml">
<head>
```

```
<meta http-equiv="Content-Type" content="text/html; charset=gb2312" />
<title>ASP 天气预报</title>
<meta name="Keywords" content="ASP 天气预报" />
<meta name="Description" content="ASP 天气预报" />
<link href="images/style.css" rel="stylesheet" type="text/css" />
    <style type="text/css">
        .style2
        {
            width: 73px;
            text-align: right;
        }
        .style3
        {
            height: 27px;
        }
        .style4
        {
            height: 51px;
        }
        .style5
        {
            height: 20px;
        }
        .style6
        {
            font-size: large;
            font-family: 楷体;
        }
    </style>
</head>
<body>
<!-- 以下代码是外观显示的 HTML 代码-->
<table width="1003" border="0" align="center" cellpadding="0" cellspacing="0">
  <tr>
    <td width="109" align="right" valign="top" background="images/bj12.jpg">
    </td>
    <td align="center" valign="top"><table width="100%" border="0" align=
    "center" cellpadding="0" cellspacing="0">
      <tr>
        <td height="40"><table width="96%" border="0" align="center" cellpadding=
        "0" cellspacing="0">
          <tr>
            <td width="48" height="28" background="images/ttl1.jpg"> </td>
            <td align="center" background="images/ttm.jpg" class="wfont"></td>
            <td width="43" height="28" background="images/ttr1.jpg">  </td>
          </tr>
        </table></td>
      </tr>
      <tr>
        <td height="350" align="center" valign="top"><table  width="100%"
        border="0" cellspacing="0" cellpadding="0">
          <tr>
            <td height="0">
              <table width="96%" border="0" align="center" cellpadding="0"
              cellspacing="0">
              <tr>
                <td width="18" height="16" align="right" valign="bottom"><img
                src="images/1.jpg" width="18" height="16" /></td>
```

```
                    <td height="12" background="images/1r.jpg">  </td>
                      <td width="17" height="16" align="left" valign="bottom"><img
                        src="images/2.jpg" width="17" height="16" /></td>
                  </tr>
                  <tr>
                      <td width="13" background="images/4s.jpg">  </td>
                      <td><table width="100%" border="0" cellspacing="0" cellpadding=
                        "0">
                        <tr>
                          <td height="7"></td>
                        </tr>
                      </table>
<table width="93%" border="0" align="center" cellpadding="0" cellspacing="0"
class="grayline">
            <tr>
              <td align="center"><table width="99%" border="0" cellspacing="0"
                cellpadding="0">
                <tr>
  <td height="30" align="center" class="style6">江苏省南京市天气预报（未来5天）
  </a></td>
                </tr>
              </table></td>
            </tr>
            <tr>
              <td align="center">
<!-- 以下代码是将数据库的数据通过ADO取到HTML页面的指定区域-- >
<%
set rs=server.CreateObject("adodb.recordset")  '创建Recordset
rs.open Sql,conn,1,1
if not (rs.eof and rs.bof) then
'如果有记录时，就显示记录。此行的if与倒数第6行的end if相对应
if pages=0 or pages="" then pages=3            '每页记录条数
rs.pageSize=pages                              '每页记录数
allPages=rs.pageCount                          '总页数
page=Request("page")                           '从浏览器取得当前页
'if是基板的出错处理
If not isNumeric(page) then page=1
if isEmpty(page) or Cint(page)<1 then
page=1
elseif Cint(page)>=allPages then
page=allPages
end if
Sql="select * from weather"
rs.AbsolutePage=page
    Do While Not rs.eof and pages>0
    years=rs("year")            '将weather表中year字段的值取出来，赋值years变量
    months=rs("month")          '月
    days=rs("day")              '日
    hours=rs("hour")            '时
    pics=rs("image")            '天气图片
    daytimes=rs("daytime")      '白天天气
    temperatures=rs("temperature")
    wind_directions=rs("wind_direction")     '风向
    wind_forces=rs("wind_force")             '风力
    I=I+1                                     '序号
    temp=RS.RecordCount-(page-1)*rs.pageSize-I+1
    %>
```

```
        <table cellspacing="1" cellpadding="3" width="100%" align="center"
        border="0" >
                <tr>
                    <td valign="top" width="30%" bgcolor="#FFFFFF" rowspan="4"
                    align="center" background="file:///E:\Publish\weather_
                    forecast\204740375_1399315.jpg">
                    <table border="1" width="51%" bordercolor="#FFFFFF" background=
                    "file:///E:\Publish\weather_forecast\204740375_1399315
                    .jpg">
            <!-- 将变量years的值绑定在"年"对应的单元格里，以下类同-- >
                        <tr>
                            <td align="center" width="38"><b><%=(years)%></b></td>
                            <td align="center" width="18"><b>年</b></td>
                            <td align="center" width="21"><b><%=(months)%></b></td>
                            <td align="center" width="32"><b>月</b></td>
                            <td align="center" width="27"><b><%=(days)%></b></td>
                            <td align="center" width="27"><b>日</b></td>
                            <td align="center" width="80"><b><%=(hours)%></b></td>
                            <td align="center" width="63"><b>时</b></td>
                        </tr>
                        <tr>
            <td align="center" colspan="8"><img src="<%=pics%>" border="0"
            /><br /></td>
                        </tr>
                        <tr>
            <td class="style2" colspan="4" width="118"><b> 白天:
            </b></td>
                            <td align="center" colspan="4"><b><%=(daytimes)%>
                            </b></td>
                        </tr>
                        <tr>
                            <td class="style2" colspan="4" width="118"><b>温度:
                            </b></td>
                        <td align="center" colspan="4"><b><%=(temperatures)%>
                        </b></td>
                        </tr>
                        <tr>
                            <td class="style2" colspan="4" width="118"><b>风向:
                            </b></td>
            <td align="center" colspan="4"><b><%=(wind_directions)%>
            </b></td>
                        </tr>
                        <tr>
                            <td class="style2" colspan="4" width="118"><b>风力:
                            </b></td>
                        <td align="center" colspan="4"><b><%=(wind_forces)%>
                        </b></td>
                        </tr>
                    </table></td>
                </table>
<%
pages=pages-1
rs.movenext
if rs.eof then exit do
loop
else
end if
%>
```

```
                    </td>
                </tr>
            </table>
    </td>
    <td background="images/2x.jpg"> </td>
                </tr>
                <tr>
                    <td width="18" height="15" align="right" valign="top"><img
                    src="images/4.jpg" width="18" height="15" /></td>
                    <td height="12" background="images/3z.jpg">   </td>
                    <td width="17" height="15" align="left" valign="top"><img
                    src="images/3.jpg" width="17" height="15" /></td>
                </tr>
            </table>
        </td>
    </tr>
    </table></td>
    </tr>
    </table></td>
        <td width="108" align="left" valign="top" background="images/bjr2.jpg">
</td>
    </tr>
</table>
<table width="1003" border="0" align="center" cellpadding="0" cellspacing=
"0">
    <tr>
        <td height="114" valign="top" background="images/xm.jpg"><table width=
"750" border="0" align="center" cellpadding="0" cellspacing="0">
        <tr>            </tr>
        </table></td>
    </tr>
</table>
</body>
</html>
```

运行效果如图 17.6 所示。

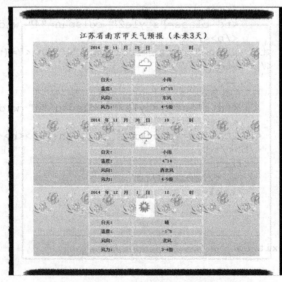

图 17.6　天气预报效果图

至此，实现 Web 接口工具 ASP 编程。

复习提要

本章介绍数据库应用编程的三个主要内容——T–SQL 编程、ADO 接口编程及 Web 接口编程。

1. T-SQL 编程

T–SQL 是一种独立语言，它包括传统程序设计语言中的数据表示、控制语句、核心 SQL 语句，游标、诊断语句以及一些函数语句。

T–SQL 编程的特点是通过游标与诊断语句建立传统程序设计语言与 SQL 间的接口。

2. ADO 接口编程

ADO 编程是最常用的调用层接口方法之一。ADO 编程开发的一般步骤是：

- 启动 VC，新建一个工程；
- ADO 接口编码；
- 应用程序编码。

3. Web 接口编程

通过 ASP 结合 ADO 将数据从数据库中取出并用它修改网页中内容。其操作步骤是：

（1）用 ASP+VBScript+HTML 编写网页；
（2）创建一个到数据库的 ADO 连接；
（3）打开数据库连接；
（4）创建 ADO 记录集；
（5）从记录集提取您需要的数据到页面；
（6）关闭记录集；
（7）关闭连接。

4. 本章内容重点

T–SQL 编程。

习题 17

1. 数据库应用编程一般有哪些内容？请简单介绍。
2. T–SQL 编程主要用于何处？
3. 请给出 ADO 接口的编程过程。
4. 试自行给出两个例子以说明下 T–SQL 编程与 ADO 编程。

第18章 数据库应用系统组成与开发

在计算机应用中可以有很多应用系统，其中面向数据处理并以数据库为核心的应用系统称为数据库应用系统。数据库应用系统有三部分内容：

- 数据库应用系统概述；
- 数据库应用系统组成；
- 数据库应用系统开发步骤。

18.1 数据库应用系统概述

数据库应用系统是**面向数据处理并以数据库为为核心**的计算机应用系统。前面的17章中主要介绍了数据库应用系统中与数据库有关的一些部分，但是它们并不能组成一个完整的系统，因此须要作一定的补充，从**系统角度**给予完整的介绍，这就是本章的目的。

本章重点讨论下面两个问题：

1. 数据库应用系统组成

从系统观点看，数据库应用系统是以数据库为核心，直接面向用户，为数据处理领域应用服务的一种系统，它是人、机相结合的系统，同时也是硬、软件相结合的系统，它包括人、硬件、软件与数据资源等多种资源相结合的综合性系统。因此它的组成不仅与数据库有关，而是由多种内容按一定逻辑关系所结构而成。本章介绍这种系统的组成。

2. 数据库应用系统开发步骤

在本书的前面部分主要介绍以遵从数据工程开发原则为主，但是考虑到数据库应用系统的综合性，它还包括大量软件与硬件，它是软、硬件集成体，所以在开发中要考虑到非数据库中的软件因素以及硬件的因素。故而数据库应用系统的开发步骤中除了数据工程、软件工程中的开发步骤外还需增加新的步骤，构成数据库应用系统开发的完整过程。

18.2 数据库应用系统组成

数据库应用系统由基础平台层、资源管理层、业务逻辑层、应用表现层及用户层等五部分按图18.1所示结构组成。

18.2.1　数据库应用系统基础平台

数据库应用系统基础平台是由硬件、系统软件、支撑
软件及系统结构等几个部分组成的，下面分别介绍。

1. 硬件层

硬件层是包括计算机在内的所有设备的组合，特别是
由计算机所组成的网络设备。它为整个系统提供了基本物
理保证。

硬件层一般包括如下一些基础平台：

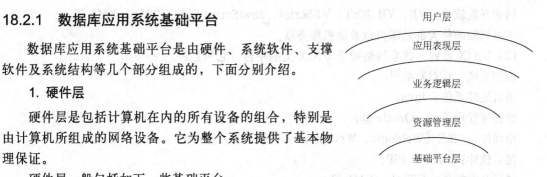

图 18.1　应用系统层次结构图

（1）以单片机、单板机为主的微、小型平台，该平台
主要为嵌入式（应用）系统如自动流水线控制、移动通信管理等应用提供基本物理保证。

（2）以单机为主的集中式应用平台，该平台主要为非网络的单机集中式应用系统提供基本
物理保证。

（3）以计算机网络为主的分布式应用平台，该平台主要为分布式应用系统提供基本物理保
证。在此种平台中其基本逻辑结构具 C/S 结构方式。

（4）以互联网为主的 Web 应用平台，该平台主要为 Web 应用系统提供基本物理保证。在
此种平台中其基本逻辑结构具 B/S 结构方式。

2. 系统软件层

系统软件层包括如下的内容：

（1）操作系统：操作系统是软、硬件接口，它管理硬件资源与调度软件，它为整个系统提
供资源服务。常用的有 Windows、UNIX 及 Linux，此外，还有 Mac OS 及 Android 等。

（2）语言处理系统：语言处理系统为开发业务逻辑提供主要的工具和手段。常见的有 C、
C++、C# 及 Java 等。

（3）数据库（管理）系统：数据库（管理）系统是整个系统的数据管理机构。它为资源管
理层提供服务。常用的有 Oracle、SQL Server 等。

3. 支撑软件层

支撑软件层包括如下的内容：

(1)中间件：一般用基于 Windows 的 .NET 或基于 UNIX 的 J2 EE(Weblogic 或 Websphare)。

（2）接口软件：一般可用 ADO、ADO.NET、ODBC、JDBC 及 ASP、JSP、PHP 等。

（3）Web 开发工具：包括置标语言 HTML（XML）、脚本语言 VBScript、JavaScript 等。

（4）其他辅助开发工具：如 Delphi、PB 等辅助开发工具等。

目前的软件平台（系统软件及支撑软件）一般包括两大系列，它们是：

（1）Windows 系列：该系列是基于微软的 Windows 上的平台，它包括：

操作系统：Windows 系列；

语言处理系统：VC 及 VC++ 及 C# 等；

数据库管理系统：SQL Server2008 等；

中间件：.NET；

接口软件：ADO、ADO.NET、ASP、ASP.NET 等；

辅助开发软件：VB、VB.NET、VBScript、JavaScript 以及 HTML、XML 等。

该系列的硬件大都是微机以及微机服务器。

（2）UNIX 系列：该系列是基于 UNIX 上的平台，它包括：

操作系统：UNIX 系列；

语言处理系统：Java；

数据库管理系统：Oracle 等；

中间件：J2EE（Weblogic，Websphare）等；

接口软件：JDBC、JSP；

辅助开发软件：HTML、XML 等。

该系列的硬件大都是小型机及大、中型机为主的服务器。

4. 基础平台的结构

基础平台的硬件与软件平台构成两种常用的分布式结构，它们是 C/S 与 B/S 结构，其中 C/S 是一种基于网络的结构，在该结构中服务器 S 存放共享数据及相应程序而客户机 C 则存放应用程序界面及相应工具，它并与用户接口。而 B/S 是一种基于互联网的结构，其中数据服务器存放共享数据及相应程序；Web 服务器存放应用程序、Web 页面及相关应用程序以及相应工具；最后通过浏览器直接与用户接口。

18.2.2　数据库应用系统的资源管理层

数据库应用系统的资源管理层主要用于对系统的数据管理，也称数据层，这种管理包括文件管理、数据库管理及 Web 管理等三部分。

1. 文件管理

在文件中主要管理（海量、持久但非共享的）数据。

2. 数据库管理

数据库管理由下面几部分组成：

（1）数据库管理系统

数据库管理系统是数据层的主要软件，它是用于数据层开发的工具，用它可对数据层作开发并为用户提供服务。

（2）数据与存储过程

数据库中的数据是数据层的主体，它是一种共享、集成的数据并按数据模式要求组织的结构化数据。系统中符合访问规则的用户均能访问数据层中的数据。

在资源管理层中除了有数据存储外，还可存储"过程"，称存储过程，包括存储过程、函数及触发器等。它是数据库应用中又一种重要资源。它一般用自含式语言编程。

（3）数据字典

由于资源管理层中数据是一种结构化数据，它们的结构必须保存于资源管理层中称为数据字典。此外，还包括系统中的其他元数据资源。

3. Web 管理

Web 管理主要管理 Web 网页，它包括用 HTML（或 XML）及 ASP 等书写的服务器页面，用浏览器以查看页面。

18.2.3　数据库应用系统的业务逻辑层

业务逻辑层是数据库应用系统中保存与执行应用程序的场所，在 B/S 结构中它一般存放于 Web 服务器或应用服务器内，在 C/S 结构中则存放于客户机内。在该层中一般由两部分组成，它们是：应用开发工具以及应用程序。

1. 应用开发工具

业务逻辑层一般用程序设计语言如 Java、C、C++、C#，脚本言语如 VBScript、JavaScript 以及网页编写语言 HTML、XML 等作为工具，也可以是一些专用的开发工具。此外，还包括数据交换中的接口工具（如 ODBC、JDBC、ADO、ASP 等）。

2. 应用程序

应用程序是数据库应用系统中应用层的主体，它是系统业务逻辑功能的计算机实现。在应用服务器中应用程序具有一定的共享性与集成性，并具有一定的结构，它们以函数或过程为单位出现，有时还可用组件形式组织。此外，在应用程序中还有数据接口程序。

18.2.4　数据库应用系统的应用表现层

应用表现层有两种，一种是系统与用户直接接口，它要求可视化程度高、使用方便，该层在 C/S 结构中存放于客户机中，而在 B/S 结构中则存放于 Web 服务器中。它一般由界面开发工具以及应用界面两部分组成，其中界面开发工具大都为可视化开发工具，其常用的有基于 C/S 的 VB、PB 及 Delphi 等，基于 B/S 的网页开发工具、浏览器软件 IE、IIS 等。而应用界面大多是可视化界面，包括 Web 可视化网页。

还有另一种界面层是系统与另一 Web 开发工具及系统的接口，它一般是一种数据交换的接口，由一定的接口设备与相应接口软件组成。

18.2.5　应用系统的用户层

用户层是应用系统的最终层，它是整个系统的服务对象。

在用户层中用户是具有一定访问权限的系统使用者。它有两类含义：

（1）用户是使用系统的人，一般情况下用户都具有此类含义。

（2）有时，用户也可以是另一个系统，此时即是两个系统间的机机交互而不是人机交互。

18.3　数据库应用系统开发的八个步骤

本节从系统角度介绍数据库应用系统开发。

数据库应用系统开发有八个步骤，它们组成了一个开发的完整过程。在开发中横向又分为过程开发与数据开发两个部分，其中涉及过程开发者一般可使用软件工程方法，而涉及数据开发者则使用数据工程方法。下面分别介绍之。

1. 计划制订

计划制订是整个数据库应用系统项目的计划制订，此阶段所涉及的具体技术性问题不多，在讨论中一般可以省略。

2. 需求分析

需求分析是对整个数据库应用系统作统一分析，其中软件部分分析中并不明确区分过程分析与数据分析两部分。其中过程分析为应用程序设计奠定基础，而数据分析则为数据库设计奠定基础。最终形成统一的分析模型。此部分内容已在第 15 章中详细介绍。此外，需求分析中还要考虑到系统平台及系统用户等多种因素。

3. 软件设计

在软件设计中按应用程序设计与数据库设计两部分独立进行：

（1）应用程序设计

应用程序设计按软件工程中的结构化设计方法作模块设计，将需求分析中所形成的分析模型通过结构转换最终得到模块结构图及模块描述图。

（2）数据库设计

数据库设计按数据工程中的方法作设计，它分为概念设计及逻辑设计两部分（详见第15章），最终结果是关系表、关系视图、约束条件等。

经过这两部分独立设计后，最终得到一份统一的软件设计说明书。

4. 系统平台设计

数据库应用系统的平台又称基础平台，它包括硬件平台与软件平台。硬件平台是支撑应用系统运行的设备集成，它包括计算机、输入/输出设备、接口设备等，此外还包括计算机网络中的相关设备。而软件平台则是支撑应用系统运行的系统软件与支撑软件的集成，它包括操作系统、数据库管理系统、中间件、语言处理系统等，它还可以包括接口软件、工具软件等内容。

此外，平台还包括分布式系统结构方式，如 C/S、B/S 结构方式等。

在完成软件设计后，根据设计要求必须作统一的系统平台设计，为数据库应用系统建立硬件平台与软件平台以及系统结构提供依据。

5. 软件详细设计

在软件设计以后增加了系统平台设计使得原有设计内容增添了新的物理因素，因此需作必要的调整，其内容包括：

（1）增添接口软件：由于平台的引入，为构成整个系统需建立一些接口，包括软件与软件、软件与硬件间的接口。

（2）增添人机交互界面：为便于操作，可因不同平台而添加不同的人机界面。

（3）模块与数据的调整：因平台的加入而引起模块与数据结构的局部改变加以调整。

（4）在分布式平台中（如 C/S、B/S）还须对系统的模块与数据须作重新配置与分布。

（5）数据库的物理设计。

软件详细设计是按应用程序详细设计与数据库详细设计两部分分别进行的，其中前者是在应用程序设计基础上进行的，而后者是在数据库设计基础上进行的。

6. 代码生成

在代码生成中按应用程序代码生成与数据库代码生成两部分独立进行。

（1）应用程序代码生成

应用程序代码生成即为应用程序编程，它包含与数据库接口的代码生成。

（2）数据库代码生成

数据库代码生成亦称数据库生成。数据库代码生成按数据工程方法编程，其详细介绍可见第 16 章及第 17 章。

这两个部分中非数据库应用编程部分称应用程序，而数据库应用编程与数据库生成则合称为数据库代码生成或数据库程序。

经过这两部分独立的代码生成后，最终得到一份统一的代码文档。

7. 测试

在测试中对整个数据库应用系统作统一测试。在测试中必须同时关注应用程序代码与数据库程序代码。

8. 运行维护

在运行维护中按应用程序运行维护与数据库程序运行维护两部分独立进行。

（1）应用程序运行维护

应用程序运行维护按软件工程中的方法作运行维护，其运行维护人员为应用程序运行维护员。

（2）数据库程序运行维护

数据库程序运行维护同时包含数据库生成运行维护与数据库应用程序运行维护，它们按数据工程中的方法作运行维护，其运行与维护人员为数据库管理员 DBA。对它们的详细介绍可见第 16 章。

图 18.2 给出了数据库应用系统开发八个步骤示意图。

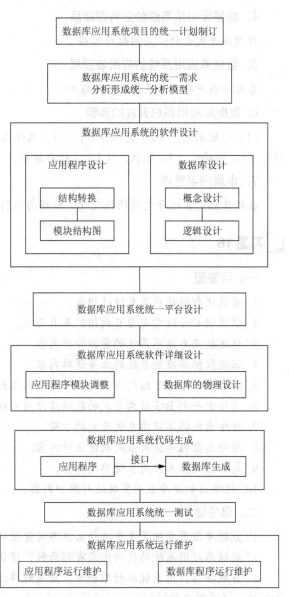

图 18.2　数据库应用系统开发八个步骤示意图

复习提要

本章从系统角度介绍数据库应用系统。

1. 数据库应用系统组成

数据库应用系统由五层组成：

基础平台层；资源管理层；业务逻辑层；应用表现层；用户层。

2. 数据库应用系统的基础平台层

硬件；软件；分布式结构。

3. 数据库应用系统的资源管理层

数据库管理；文件管理；Web 管理。

4. 数据库应用系统的业务逻辑层

应用层开发设计；应用程序编程。

5. 数据库应用系统的应用表现层

系统与用户接口；系统与系统接口。

6. 数据库应用系统开发的步骤

（1）计划制定；（2）需求分析；（3）软件设计；*（4）系统平台设计；*（5）软件详细设计；（6）编码；（7）测试；（8）运行与维护。

7. 本章内容重点

数据库应用系统开发的软件设计、编码与运行维护。

习题 18

一、问答题

1. 请简述数据库应用系统的组成。
2. 试说明 C/S 结构与 B/S 的组织及其区别。
3. 试述数据库应用系统的资源管理内容。
4. 试述数据库应用系统的业务逻辑内容。
5. 请给出一个 C/S 结构方式的数据库应用系统组成。
6. 请给出一个 B/S 结构方式的数据库应用系统组成。
7. 请给出数据库应用系统开发的步骤。
8. 请给出数据库应用系统软件设计内容。
9. 请给出数据库应用系统编码内容。
10. 请给出数据库应用系统运行维护内容。

二、思考题

1. 数据库应用系统开发中为什么在不同阶段须分别使用软件工程与数据工程中的方法？
2. 数据库应用系统的代码生成有哪两种？请说明它们间的编码有何不同？
3. 在数据库应用系统运行维护中，应用程序运行维护与数据库程序运行维护两部分是独立进行的，试说明其原因。

应用篇

　　学习数据库技术的目的是应用。这里的应用实际上就是计算机中的数据处理应用。它所构成的系统即数据库应用系统。

　　数据库的应用一般分为两部分，它们是事务型应用与分析型应用。

　　1．事务型应用

　　事务型应用又称联机事务处理（OnLine Transaction Processing，OLTP），它具有事务处理特色，其主要操作特点是：

- 数据结构稳定：事务型应用中数据结构稳定，数据间关系明确，这是事务型应用的主要特点。
- 短事务性：事务型应用中一次性数据操作的时间短。
- 数据操作出现频率高：事务型应用中数据操作多、频率高。

　　事务型应用的应用领域很多，主要有下面几种：

- 电子商务（EC）：数据库在商务领域中的应用。
- 客户关系管理（CRM）：数据库在市场领域中的应用。
- 企业资源规则（ERP）：数据库在企业生产领域中的应用。
- 管理信息系统（MIS）：数据库在管理领域中的应用。
- 办公自动化系统（OA）：数据库在办公领域中的应用。
- 情报检索系统（IRS）：数据库在图书、情报资料领域中的应用。

　　本篇中主要介绍电子商务、客户关系管理及企业资源规划等三个应用。

　　2．分析型应用

　　分析型应用具有分析处理特性，其主要是：

- 分析型应用具有由"数据"通过分析而形成"规则"的特点。
- 分析型应用的数据具有海量的、总结性的、与历史有关的、涉及面宽的多种特点。
- 分析型应用具有长事务性、操作类型多等特性。

在分析型应用中主要应用领域有：

- 数据分析（DA）；
- 业务智能（BI）；
- 决策支持系统（DSS）。

近年来所出现并发展的大数据（big data）应用亦属分析型应用。

在本篇中主要介绍数据分析的应用。

第 19 章：数据库在事务处理领域中的应用。

第 20 章：数据库在分析领域中的应用。

*第19章 数据库在事务处理领域中的应用

本章主要介绍数据库在事务处理领域中的三种应用，它们分别是：

● 电子商务；

● 客户关系管理；

● 企业资源规划。

数据库事务处理领域的应用所构成的系统是数据库应用系统。

19.1 数据库在电子商务中的应用

本节主要介绍数据库应用领域之一——电子商务领域的应用。其角度倾向于介绍数据库与电子商务间的关系。

19.1.1 电子商务简介

电子商务是指在计算机网络上销售与购买商品并实现整个贸易过程中各阶段交易活动的电子化。电子商务源于英文的 Electronic Commerce，简称 EC，其内容实际上包括两个方面，一个是电子方式，另一个是商贸活动，下面对这两个方面作简单介绍。

1. 电子方式

电子方式是电子商务所采用的手段，所谓电子方式主要包括下面一些内容：

（1）计算机网络技术

电子商务中广泛采用计算机网络技术，特别是采用互联网技术及 Web 技术，通过计算机网络可以将买卖双方在网上建立联系。

（2）数据库技术

电子商务中需要进行大量的数据处理，因此需使用数据库技术特别是基于互联网上的 Web 数据库技术以利于进行数据的集成与共享。

2. 商贸活动

商贸活动是电子商务的目标，商贸活动可以有两种含义：一种是狭义的商贸活动，它的内容仅限于商品的买卖活动；而另一种则是广义的商贸活动，它包括从广告宣传、资料搜索、业务洽谈到商品订购，买卖交易最后到商品调配、客户服务等一系列与商品交易有关活动。

在目前的电子商务中，常用的有两种商贸活动模式，它们是：

（1）B2C 模式

这是一种直接面向客户的商贸活动，即所谓的零售商业模式，在此模式中所建立的是零售商与多个客户间的直接商业活动关系，如图 19.1 所示。

（2）B2B 模式

这是一种企业间以批发为主的商贸活动，即批发或订单式商业模式，在此模式中所建立的是供应商与采购商间的商业活动关系，如图 19.2 所示。

图 19.1　B2C 模式　　　　　　　　　　　　图 19.2　B2B 模式

3. 电子商务的再解释

经过上面的介绍，可以看出所谓电子商务即以网络技术与数据库技术为代表的现代计算机技术应用于商贸领域实现以 B2C 与 B2B 为主要模式的商贸活动。

19.1.2　电子商务发展历程

电子商务发展经历了三个阶段。

1. 初级阶段——萌芽阶段

在 20 世纪 60 年代至 70 年代，西方一些公司开始利用当时先进的计算机与通信手段于商业活动中，但由于当时的技术水平与理论研究所限，其所从事的商务活动仅限于个别、零星的业务，如航空订票系统、银行间资金转账的业务等。它们尚未形成整体、统一的业务活动。因此此阶段称为电子商务的萌芽阶段。

2. 中级阶段——EDI 阶段

自 20 世纪 70 年代至 80 年代电子商务进入了其发展的另一个阶段，其标志性的成果是电子数据交换（Electronic Data Interchange，EDI）的出现与应用。EDI 使电子商务形成为一种统一整体的商务活动，同时电子商务的理论体系也逐步形成。

3. 高级阶段——电子商务阶段

真正意义上的电子商务出现于 20 世纪 90 年代，由于互联网的出现以及真正意义上的电子商务理论体系的形成，一个涉及全球的电子商务活动从 20 世纪 90 年代至今已有 20 多年历史，并在商务活动中发挥了积极作用，并正在影响着现代商务的发展。

电子商务在我国发展也有十余年时间，目前已进入蓬勃发展阶段，同时其交易量也逐年上升，它对我国商务活动的影响也越来越大，并已成为我国商务活动中的一支新的力量并改变着商务活动的发展。

19.1.3　电子商务的特点与优势

电子商务的出现是商务领域的一大革命，它将现代技术应用于商务领域并带来了商务领域的新的变革，同时也带来了很多意想不到的特点与优势：

1. 高效性

电子商务通过电子方式为买卖双方的交易提供了高效的服务，特别是通过网络的高速传输与数据库中数据及时共享，可快速实现多种商务活动。

2．方便性

电子商务打破了传统商务的时空限制在网络上进行交易活动，为交易双方提供方便。

3．透明性

电子商务是在网上进行操作的，买卖双方的交易过程都是透明的，它避免了传统商务中的不公平、不透明的缺点，减少了商务活动中的欺骗、伪造、伪冒等行为，达到了信息对称、公平竞争的目的。

4．提供有效服务

电子商务可以减少流通的中间环节、减少库存、降低成本，以及提供有效的个性化服务。

5．改变商业运作模式

电子商务彻底改变传统商业模式，它通网络与数据库实现信息资源共享，实现扁平化管理、实现部门、区域间无障碍协作，同时也可以达到精简机构目的，此外还可以使企业改变过去的"大而全"模式，达到"小而精""小而强"的结构体系。

19.1.4　电子商务应用系统的构成

从计算机的角度看，电子商务是一种数据库应用系统，它在数据库支撑下完成各种商务上的相关业务。一般而言，电子商务应用系统由如下几部分组成：

1．基础平台层

电子商务的基础平台包括计算机硬件、计算机网络、操作系统、数据库管理系统以及中间件等公共平台。

2．资源管理层——数据层

这是一种共享的数据层，它提供电子商务中的集成、共享数据并对其作统一的管理。在数据层中一般由一个数据库管理系统作统一的管理。

在电子商务数据层中所用的数据库管理系统都建立在网络或互联网之上，采用 C/S 或 B/S 结构方式，在数据交换方式中使用调用层接口方式与 Web 方式，同时对数据安全的要求较高。

数据层中相关的数据有：

- 商品数据；
- 客户数据；
- 价格数据；
- 收、发货数据；
- 订单、合同数据；
- 交易及采购数据；
- 支付数据；
- 市场数据；
- 服务数据。

3．业务逻辑层——应用层

业务逻辑层也可称应用层即电子商务的业务处理层，它包括电子商务的各种业务活动，由相关软件编制而成，其主要包括如下内容：

（1）电子交易

电子交易是电子商务中的主要业务活动，它可以包括如网上的招标、投标、网上拍卖、电子报关以及电子采购、网上订货等内容。

（2）订单管理

订单管理即用电子方式对网上的多种订单作管理，它包括合同管理、发货、退货管理等。

（3）电子洽谈

电子洽谈主要通过网上的电子洽谈室实现异地间买卖双方的咨询、交谈与信息沟通，为建立正常的商务活动提供方便。

（4）电子支付

电子支付主要是为网上交易提供金融服务，电子支付的内容包括在网上使用的电子货币、电子支票、信用卡等以及在网上建立电子账户与买卖双方间进行网上转账、网上资金清算等。

（5）电子服务

电子服务为网上交易提供各种服务，如关税申报、税务处理、物流服务及咨询服务等。

（6）网上广告

可以通过网站做商品宣传，也可以组织大型网上订货会、交易会以及展示活动等。

（7）资料收集

可以对网上的各种商业活动资料（包括新产品介绍、价格动向、市场信息等）进行收集与整理，为相关领导层及时了解商业动态，随时进行决策提供服务。

（8）综合查询

可以通过电子商务数据库所建立的数据平台，为商务活动提供多种共享数据查询服务。

（9）统计分析

可以通过数据库中的共享数据作多种商务、贸易的数据统计，并在此基础上作一定的分析，并为领导层决策提供数据支撑。

4．应用表现层—界面层

电子商务应用系统与外部的接口很多，如银行、税务、海关以及众多的使用客户及专用客户，因此必须有多个接口，它们称应用表现层也称界面层。一般而言，界面大致可分两种：

（1）直接用户接口

此种界面所面向的是直接的操作员，它要求可视化程度高，可操作性强。它是系统界面，是用户与系统间直接交互桥梁，它可以通过网络作信息发布、展示，也可以通过内部数据交换方式实现。其所采用的技术可以是可视化技术以及 Web 技术，其形式是多样化的，如菜单、窗户、报表、图表、文字等形式，也可以是图形、图像、语音、视频、音频等形式。

（2）间接用户接口

此种界面所面向的是应用程序间接口，它们之间的界面实际上是一种数据交互接口，它可由一组软/硬件通过网络实现，如电子商务与银行、税务、海关间的接口。

5．用户层

最后是使用电子商务系统的用户。它们是直接用户或间接用户。

根据上面的介绍，一个电子商务应用系统可以用图 19.3 表示，它构成了一个基于电子商务的数据库应用系统。

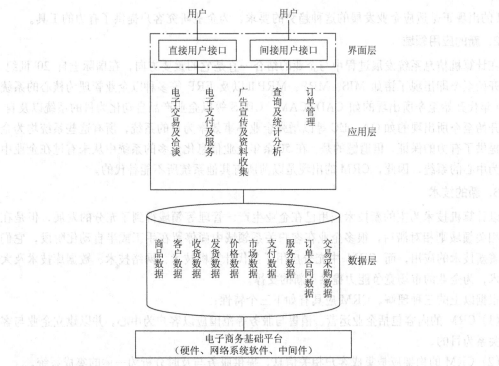

图 19.3　基于电子商务的数据库应用系统

19.2　数据库在客户关系管理中的应用

本节介绍数据库应用领域之二——客户关系管理领域应用。其角度倾向于介绍数据库在客户关系管理中的应用。

19.2.1　客户关系管理介绍

客户关系管理（Customer Relationship Management，CRM），是 1999 年由美国 Gartner Group Inc 公司首先提出，CRM 是一个以客户为中心信息系统，它可为企业提供全方位的管理视角，赋予企业完善与客户交流能力，最大化客户收益率。

CRM 在美国一经提出立即受到广泛响应，并迅速发展到全球。在我国，CRM 于 2001 年开始有介绍，2002 年相关的系统（包括国外引进以及国内开发）也陆续出现，有关应用也逐渐推广。

CRM 出现后其发展速度很快，生命力很强，它有以下几个方面的特点：

1. 新的思想与理念

CRM 不仅是一种计算机系统，更主要的是反映企业的一种新的思想与理念，而这种理念在此以前是被忽视的，这种理念即客户在企业中的占有主导地位与作用。

在企业中市场是决定一切的，有了市场企业就能生存、发展，这是一个人人皆知的道理，但是在市场经济发展中，有时候由于市场对企业的制约不明显而未引起企业足够注意和重视，但到了市场经济充分发展的今天，市场竞争加剧，企业为获取市场中的一份"蛋糕"，要进行殊死的拼搏，这样就使客户成了企业争取的对象。了解客户的需求，提供客户个性化服务，引导客户的消费成为企业的重要工作。这样，研究企业与客户间的关系就成为企业日常工作，而

CRM 的出现正是适应企业发展的这种趋势的要求，为企业研究客户提供了有力的工具。

2．新的应用领域

在计算机信息系统发展过程中与企业的结合一直是它的重要方向，在国际上自 20 世纪 60 年代开始至今即出现了诸如 MIS、MRP、MRPⅡ以及 ERP 等多种以企业管理为核心的系统。自 70 年代开始至今所出现的如 CAD/CAM、CIMS 等以企业产品自动化为目的的系统以及自 80 年代开始至今所出现的如 OA、EC 等以增强企业办事效率为目的的系统，所有这些系统均为企业发展提供了有力的保证，但遗憾的是，在 50 余年企业信息化众多的系统中从未有过在企业中以客户为中心的系统，因此，CRM 的出现是以前所有其他系统所不能替代的。

3．新的技术

以计算机技术为主的新技术应用已在企业生产、管理等领域得到了充分的发展，但是在与客户相关领域则相对滞后，很多企业在客户关系领域中尚停留在手工或半自动化阶段，它们在期盼着新技术的应用，而 CRM 中充分应用了当代计算机技术、网络技术、数据库技术及大数据技术，为企业的市场竞争能力提供了新的支撑。

根据以上的三种理解，CRM 应具有如下三个特性：

（1）CRM 的内容包括企业运营、销售与服务等范围应以客户为中心，并以建立企业与客户良好关系为目的。

（2）CRM 的构架应是集成客户相关信息，提供服务与及时分析为一体的集成系统。

（3）CRM 是以数据库技术与网络技术为核心的计算机信息系统，它具有最新技术的支撑。

19.2.2　CRM 内容的确定

CRM 内容是从"客户关系"的理解出发，即是企业中与客户有关的所有管理，它包括：

1．信息管理

CRM 提供足够与客户有关的信息并提供相应的管理，这是 CRM 最基本的内容，它包括：

（1）客户的基本信息。企业已有客户的信息，如客户个人资料、客户购买记录、客户使用产品的跟踪、反馈回访记录等。

（2）潜在客户的信息。广泛搜集有可能成为客户的有关信息，它可称为潜在客户，如潜在客户的个人资料、潜在客户的消费需求等。

（3）产品信息。企业的相应产品信息如产品的一般性介绍、产品的市场范围、产品与客户的关系、产品的维护信息、产品的存储信息以及产品价格信息等。

（4）市场信息。企业的产品在市场中的信息，如竞争对手信息、合作伙伴信息、同类产品信息、产品价格波动信息、市场需求信息等。

（5）市场销售人员信息。市场销售人员建立了企业产品与客户间的联系，此类信息包括市场销售人员情况、业绩考核、商务活动记录、市场策划记录等。

2．客户服务

CRM 采用先进技术为客户提供服务，特别是个性化服务，这是 CRM 的主要任务。

（1）呼叫中心

企业为方便客户，提供统一呼叫平台称呼叫中心（call center），它为客户与企业间建立快捷、方便的交互通道，其主要功能包括：呼入/呼出电话处理、自动呼叫转移、互联网自动收发邮件以及通过微信平台服务等，它可为客户提供咨询、投诉等服务，也可为客户做定制服务，它也可为企业宣传产品与企业形象提供窗口。

（2）维修、回访服务

企业为客户所购产品建立定期自动访问与维修管理服务。

（3）产品购买服务

企业为客户提供产品购买的多种方便服务，如网上购物、电话购物以及手机购物等服务，此外还包括分期付款、银行贷款等服务以及代办各种手续，包括代办保险、代办税务、代办各种规费登记手续等服务。

3．客户管理与市场管理

企业的营销、市场与销售部门是企业中直接与客户关联的部门，这些部门的自动化管理则称为客户管理与市场管理，它由如下部分组成：

（1）客户订单与销售合同管理

此部分主要用于企业与客户间所签合同/订单的管理，包括为实现合同/订单所作的物资，生产安排与调度、费用的落实以及进度的检查，直至交货等管理。

（2）营销管理

企业营销部门是企业与客户直接关联的部门，此部分的管理可以包括营销活动管理、营销活动策划管理以及营销活动费用管理等内容。

（3）销售管理

企业销售部门是实现企业最终效益的体现部门，也是企业与客户直接关联的部门，此部门管理可以包括销售记录管理、销售费用管理、利润与佣金管理，销售人员业绩考核管理等内容。

（4）市场策划管理

企业需及时了解市场动态，搜集市场信息为企业在市场中争取主动，因此 CRM 需设置市场策划管理，该管理主要任务是为市场调查服务，其内容是市场调查计划管理，市场调查人员管理、市场调查费用管理以及市场调查实施管理等。

（5）价格管理

产品价格是企业管理的重要手段，及时掌握市场价格动态，调整价格体系是企业的重要工作，CRM 中的价格管理主要包括企业价格体系管理、市场价格管理以及价格评估管理等内容。

4．客户关系分析

CRM 的任务除了提供信息、提供管理与服务外，其很重要的有关工作是在掌握大数据基础上对市场与客户作分析，为企业发展决策提供支持（此部分内容可见第 20 章）。

19.2.3　CRM 应用系统的构成

从计算机角度上看 CRM 是一种应用系统，它在数据库支撑下完成多种 CRM 的相关业务并构成一个数据库应用系统称为 CRM 应用系统。

一个 CRM 应用系统从结构上看，与电子商务应用系统类似，但其内容则有所不同，它由如下几个部分组成：

1．基础平台层

CRM 应用系统的基础平台包括计算机硬件、计算机网络、操作系统、数据库管理系统及中间件等所组成的公共软件/硬件平台。

2. 资源管理层——数据层

CRM 应用系统中的数据层提供 CRM 中的集成、共享数据，它包括：

- 客户信息（包括潜在客户）；
- 产品信息；
- 市场信息；
- 销售人员及服务人员信息；
- 服务信息；
- 营销信息；
- 销售信息。

3. 业务逻辑层——应用层

CRM 应用系统提供 CRM 的业务处理，它由一些软件组成，主要内容包括如下几个部分：

（1）客户服务模块

客户服务是 CRM 主要职能，主要业务是产品购买服务、产品维修与回访服务等内容。

（2）呼叫中心模块

呼叫中心是为客户服务的主要通道，该模块是呼叫中心设备的软件管理模块，为设备使用提供方便并监督、管理设备的有效使用。

（3）客户与市场管理模块

客户与市场管理模块包括销售、营销管理、市场策划管理、用户管理及价格管理等内容。

（4）客户关系分析

在 CRM 中提供部分的市场分析、客户分析等工作。

4. 应用表现层——界面层

界面层是 CRM 与外部的接口层。在 CRM 中有三种外部接口，它们是：

（1）呼叫中心接口

呼叫中心接口是 CRM 中最重要的接口，它负责与用户交互，直接为用户服务，该接口通过呼叫中心设备（及相关软件模块）实现。

（2）间接用户接口

与企业内部的 ERP、外部的电子商务以及金融、保险、税务之间的系统接口。该接口可由一组软/硬件并通过网络实现。

（3）直接用户接口

除以上两种接口外，CRM 还有直接用户接口，用户可直接进入系统与系统进行交互以完成查询、咨询等工作。

5. 用户层

最后是用户层，包括直接用户、间接用户及呼叫中心接入用户三类。

根据上面介绍，一个 CRM 应用等可以用图 19.4 表示，它构成了一个基于 CRM 的数据库应用系统。

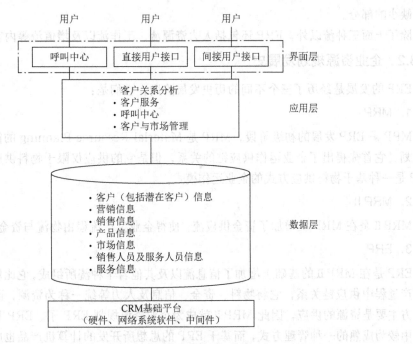

图 19.4　基于 CRM 的数据库应用系统

19.3　数据库在企业资源规划中的应用

本节介绍数据库应用领域之三——企业资源规划中的应用，其介绍角度倾向于数据库与企业资源规划间的关系。

19.3.1　企业资源规划介绍

企业资源规划是目前最为流行的一种企业信息化构建的方式。企业资源规划（Enterprise Resource Planning，ERP）是 20 世纪 90 年代由美国加特纳公司提出的一种企业信息化管理理念，它也是用计算机技术管理现代企业的一种方法，其主要思想是：

（1）企业的主要任务是生产产品，而其目标是所生产的产品质量好、成本低及时间短。

（2）产品生产是按供应链（supply chain）的方式进行的。企业生产从原料加工成半成品再进一步加工成产品的过程是一种"流"的过程，而驱动该"流"的是"供应"，这种"供应"包括：物料供应、资金供应、信息供应、人力供应等，它们间一环套一环构成一种"链"的关系。

（3）在供应链中起主导作用的是三种流，它们是物流、资金流与信息流：

① 物流：企业是生产产品的场所，而产品的生产需要各种不同物料，从原材料起，包括各种生产工具、零配件、辅助工具、消耗性器材等，在生产的不同阶段需要不同的物料，因此物料供应是整个生产流程的主要供应流。

② 资金流：企业生产过程也是一种不断资金投入的过程，包括物资采购、人力资源保证、生产场所保证以及生产中的损耗等都需要有资金的不断投入，因此资金供应流是整个生产流程的重要保证。

③ 信息流：企业生产过程也是一种不断提供信息的过程，它包括生产计划、产品规格、要求、数量、品种、质量、技术规范、操作要求等，因此信息供应流也构成了整个生产流程中的

不可缺少的部分。

除了上面三种流以外，ERP还包括人力资源流、工作流以及增值流等内容。

19.3.2　企业资源规划发展史

ERP的发展是经历了三个不同的历史发展阶段，它们是：

1. MRP

MRP是ERP发展的初级阶段，MRP是Material Resource Planning的简写，称为物料资源规划，它首先提出了企业运作供应链的关系，但是它的供应仅限于物料供应，因此我们说，MRP是一种基于物料供应方式的企业运作模式。

2. MRP II

MRP II是在MRP上增加了资金供应流，使得企业生产流程由物流与资金流两种供应流程。

3. ERP

ERP是在MRP II的基础上增加了信息流以及其他若干种流所组成，它比较全面地反映了企业生产过程中供应链关系，它将物料、资金、信息及人力等统一称为资源，而供应链中生产的供应方主要是资源的供应，因此MRP II就成为企业资源规划ERP了。ERP目前已成为企业信息化中较为成熟的一种管理方式，而基于ERP的思想所开发的计算机产品也成为管理企业的有效工具，其比较成熟的产品是SAP系统，此外，国内也有多种此类产品。

19.3.3　企业资源规划的基本内容

ERP的基本内容由信息与处理两部分组成，其中信息部分为ERP提供相应的数据支撑，而处理部分则给出ERP的业务活动。下面简单介绍。

1. 信息部分

ERP提供共享、集成数据，它包括生产管理中的数据、物料数据、财务数据以及人力资源数据等。

2. 处理部分

处理部分给出了ERP中的业务活动，它包括生产管理、物资管理、财务管理及人力资源等多方面内容。

1) 生产管理模块

生产管理是ERP的核心，生产管理模块将企业整个生产过程有机组合在一起，使企业能有效的提高效率、降低库存，并使原本分散的生产环节能自动衔接、连贯、顺畅地进行以避免生产脱节，延误交货情况的出现。

生产管理模块一般由下面几个部分组成：

（1）生产计划

整个生产管理以生产计划为导向，控制与管理整个生产流程。

（2）物料需求计划

在生产计划指导下安排生产过程中的物料需求，编制物料需求计划并与仓库库存接轨，建立整个生产的物料需求计划、调度安排。

（3）作业计划与车间管理

根据生产计划编制动作作业计划并将其分配到相关车间，再进行作业排序、作业管理及作业监控等。

（4）制造标准

在生产过程中需要很多生产制造的信息，它们就是生产的制造标准，包括零部件标准、产品结构标准、工序流程标准等，此外还包括零部件代码、物料清单、生产进度安排、人力资源安排等内容。

2）物流管理模块

物流管理是 ERP 中保证生产过程顺利进行的关键，物流管理模块包括如下的内容：

（1）采购管理

采购管理主要管理物资的订购、催货、进货及供应商资料、成本、价格分析等内容。

（2）仓库管理

仓库管理包括生产物资的进库、出库、库存统计，它和采购、生产部门接轨，保证即时采购与即时供货。

（3）分销管理

分销管理主要负责产品的销售，其主要内容包括销售合同管理，销售数据的统计、分析以及客户资料管理等内容。

3）财务管理模块

财务管理是实现生产过程的资金流的主要保证，它主要由会计核算与财务管理等两大部分组成。

（1）会计核算

会计核算主要是记录、核算、反映和分析资金在企业经营活动中的变化过程及其结果，它由总账、应收账、应付账、现金、固定资产等部分组成。

（2）财务管理

财务管理主要是在会计核算数据的基础上加以分析，从而进行相应、控制和预测的管理。

4）人力资源管理模块

人力资源是企业生产经营的重要资源，它也是 ERP 的供应链中重要资源之一。人力资源管理包括招聘管理、人员档案管理、工资管理以及人员考核管理等内容。

19.3.4　ERP 应用系统构成

从计算机角度看，ERP 是一种应用系统，它在数据库支撑下完成各种 ERP 的相关业务并构成一个数据库应用系统，称为 ERP 应用系统。

从结构上看，ERP 应用系统与电子商务应用系统类似，但其内容则有所不同，它由如下几部分内容组成：

1. 基础平台层

ERP 应用系统基础平台包括计算机硬件设备、计算机网络、操作系统、数据库管理系统及中间件等所组成的公共软/硬件平台。

2. 资源管理层——数据层

ERP 中提供如下内容的一些数据，它们是：

- 生产计划数据；
- 制造标准数据；
- 生产管理数据；
- 物料数据；

- 采购数据；
- 仓库数据；
- 销售合同数据；
- 财务数据；
- 人力资源数据。

这些数据在 ERP 中起主要作用。

3. 业务逻辑层——应用层

ERP 应用系统提供 ERP 业务处理，它有一些软件模块组成，其内容包括如下的部分：

（1）生产管理模块

ERP 主要管理企业生产，因此生产管理模块是应用层的主要内容，它的内容较多，包括生产计划、作业计划、车间管理、物料需求以及制造标准管理等内容。

（2）物流管理模块

物流管理是 ERP 中的主要流程管理，它的内容包括从采购、仓库到销售等一系列的物流管理内容，此外，它还可以包括生产流程中各阶段的物流计划与需求。

（3）财务管理模块

财务管理模块是实现生产过程中的资金流的管理模块，它包括资金流程中各阶段的资金核算与财务管理等内容。

（4）人力资源管理模块

人力资源管理模块是实现生产过程中人力资源流的管理模块，它包括人力资源流程各阶段人力需求、计划及管理等内容，还包括对人员的招聘、安排、培训及管理等内容。

（5）信息资源管理模块

信息资源管理模块是实现生产过程中信息流的管理模块，它包括信息流的多阶段中对信息需求的供应，还包括信息收集、整理、交流及信息转换等有关信息管理等内容。

4. 应用表现层——界面层

界面层是 ERP 与外部接口层，在 ERP 中有两种外部接口。

（1）间接用户接口

间接用户接口是 ERP 与外部系统的接口，如 ERP 与电子商务、外部客户网站、供应商网站，该接口可由一组软/硬并通过网络实现。

（2）直接用户接口

直接用户接口是 ERP 的直接使用者接口，用户可直接进入系统与系统进行交互以完成相关的操作。

5. 用户层

用户层由直接用户与间接用户两部分组成。

根据上面介绍，一个 ERP 应用系统可以用图 19.5 表示，它构成了一个基于 ERP 的数据库

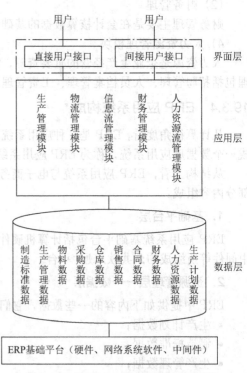

图 19.5　基于 ERP 的数据库应用系统

应用系统。

复习提要

本章介绍数据库在事务处理领域中的应用。它包括电子商务、客户关系管理以及企业资源规划领域中的应用。

1. 电子商务

电子商务由商务活动与电子方式两部分组成，其主要含义是以网络技术与数据库技术为代表的现代电子技术用于商务活动中以 B2B 与 B2C 为主要模式的应用。

2. 电子商务应用系统

电子商务应用系统是一种数据库应用系统。

3. 电子商务发展的三个历程

（1）初级阶段——萌芽阶段；

（2）中级阶段——EDI 阶段；

（3）高级阶段——电子商务阶段。

4. 电子商务内容

（1）数据部分；

（2）处理部分。

5. 电子商务的结构体系层次

（1）基础平台层——硬件、网络、操作系统、数据库管理系统以中间件等。

（2）数据层——商品数据、支付数据等。

（3）应用层——电子交易等多种处理。

（4）界面层——直接用户界面与间接用户接口。

（5）用户层。

6. 客户关系管理（CRM）

CRM 是以客户为中心的计算机信息系统，并可为企业完善客户交流能力、使客户收益最大化。

7. CRM 的特点

- 新的思想与理论；
- 新的应用领域；
- 新技术运用。

8. CRM 的内容

（1）数据部分；

（2）处理部分。

9. CRM 应用系统的构成

（1）基础平台层——硬件、网络、操作系统、数据库管理系统及中间件等。

（2）数据层——客户信息、产品信息、市场信息、销售人员及服务人员信息、服务信息、营销信息及销售信息。

（3）应用层——客户服务、呼叫中心、客户与市场管理及客户关系分析等模块。

（4）界面层——呼叫中心接口、间接用户接口及直接用户接口。

（5）用户层。

10. ERP 的基本思想与理念

● 企业主要任务是生产产品；

● 产品生产按供应链方式进行；

● 供应链是由物流、资金流、信息流组成。

11. ERP 发展的三个阶段

（1）MRP；

（2）MRPⅡ；

（3）ERP。

12. ERP 内容

（1）数据部分；

（2）处理部分。

13. ERP 应用系统构成

（1）基础平台层——硬件、网络、系统软件及中间件。

（2）数据层——生产计划数据、制造标准数据、生产管理数据、物料数据、采购数据、仓库数据、销售/合同数据、财务数据及人力资源数据。

（3）应用层——生产管理、物流管理、信息流管理、财务管理及人力资源管理模块等。

（4）界面层——直接用户层及间接用户层。

（5）用户层。

14. 本章内容重点

（1）电子商务、客户关系管理以及企业资源规划的思想与理念。

（2）电子商务、客户关系管理以及企业资源规划应用系统构成。

习题 19

一、问答题

1. 什么叫电子商务？
2. 试解释电子商务中的两种活动模式。
3. 请给出电子商务的结构体系。

4. 什么叫电子商务应用系统?

5. 试说明电子商务应用系统的基本构成, 并作出详细介绍。

6. 试给出客户关系管理含义。

7. 客户关系管理有哪些内容?

8. 试说明客户关系管理应用系统的基本构成, 并作出详细介绍。

9. 请给出 ERP 的理念与思想。

10. 请说明 ERP 的发展历史。

11. ERP 有哪些内容?

12. 请说明 ERP 应用系统的基本构成, 并作出详细说明。

13. 请说明事务型应用的特点。

二、思考题

1. 请说明目前的 ERP 产品是否适用我国企业实际? 什么原因?

2. 试介绍一种常用的 ERP 产品, 并说明它的优缺点。

*第 20 章 数据库在分析领域中的应用

本章介绍数据库在分析领域中的应用，其主要内容包括：
- 数据仓库；
- OLAP；
- 数据挖掘。

20.1 数据分析的基本概念

数据分析（Data Analysis，DA）是 20 世纪 80 年代发展起来的一种计算机应用，是包括计算机硬件、软件及数据的一种集成系统。它利用**现代计算机网络中的海量数据（或大数据）资源进行分析以取得隐藏在内的规律性知识，称规则**。它可用图 20.1 表示。

在本节中主要介绍数据分析的内容与结构组成。

20.1.1 数据分析内容组成

一般而言，数据分析由三部分内容（见图 20.2）组成：

（1）数据

数据是分析的基础。海量、正确的数据是数据分析的重要与基本内容。数据分析中的数据一般来源于计算机网络中，它们存放于相应的数据组织中（如文件、数据库以及 Web 等）。为便于使用，它们被组织成为一个统一数据平台，称为数据仓库(Data Warehouse，DW)。

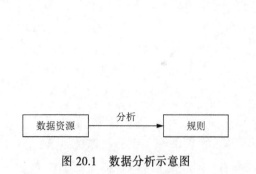

图 20.1 数据分析示意图

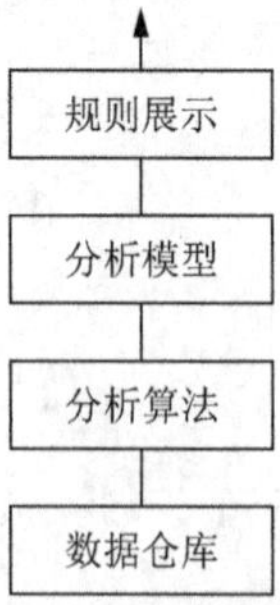

图 20.2 数据分析组成图

（2）分析方法——分析算法与分析模型

分析方法是一种以数据的归纳方法为主并配合以数学推理方法（Mathematicial Inference，MI）所组成。它们都是一些算法称分析算法（analytical algorithm）。

目前常用的分析方法有两大类，它们是联机分析处理（On-Line Analytical Processing，OLAP）与数据挖掘（Data Mining，DM）算法。

由分析算法可以组成分析模型（analytical model），用它可以实现整个分析过程。

（3）规则（rule）

由数据通过模型所得到的结果最终以规则表示，在计算机中规则有多种表示形式，它也可称为规则展示。目前，它可用现代可视化技术与 Web 技术为核心的展示系统支持。

20.1.2　数据分析的结构组成

数据分析是一种新的、扩充的数据库应用系统，它是以数据库的扩充——数据仓库为核心，以数据处理中的分析型处理为特点的数据库应用系统。其结构组成有下面五层：

1．基础平台层

基础平台包括计算机硬件（数据服务器、Web 服务器、OLAP 服务器以及浏览器）、计算机网络、操作系统以及中间件等公共平台。

2．资源管理层——数据层

这是一种共享的数据层，提供数据分析中的集成、共享数据并对其作统一的管理。在该层中一般由一个数据仓库管理系统对数据库数据、文件数据及 Web 数据作统一的集成与管理。

3．业务逻辑层——应用层

数据分析系统的业务逻辑层是由算法与模型所组成的。其中算法包括数学算法与归纳算法（OLAP 及数据挖掘）。同时，还有由算法组成的模型等。

4．应用表现层——界面层

数据分析的应用表现层即规则展示，一般采用可视化技术及 Web 技术，并有多种展示工具。

5．用户层

数据分析系统的用户一般即该系统的分析人员与操作人员。

根据上面的介绍，一个数据分析系统可以用图 20.3 表示，它构成了一个新的、扩充的数据库应用系统。

下面将介绍数据分析的主要部分，它们是：数据仓库、OLAP、数据挖掘及相应的建模。最后，对数据分析作总体结构性介绍。

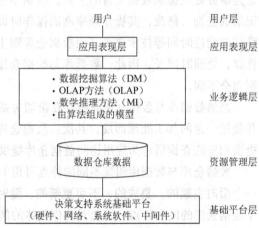

图 20.3　数据分析系统结构示意图

20.2　数据仓库的基本原理

20.2.1　概论

数据库系统作为数据管理手段主要用于事务处理，它拥有大量数据资源，这些资源可为数据分析提供基础支持。但是，作为事务处理与分析决策在处理的特点与要求上有明显的不同，同时，传统数据库中的数据与分析所需要的数据也有明显不同，这主要表现在如下几个方面：

（1）分析所需数据是总结性数据，而数据库中是操作性数据，它们详细、烦琐，对分析缺乏使用价值。正如目前一般人所言，数据库中"数据丰富、信息贫困"。

（2）分析数据不仅需要当前数据，还需要大量历史数据以便于分析趋势及预测未来。

（3）分析需要多方面的数据，如一个企业在作决策时，不仅需要本单位数据，还需要大量协作单位，如供货商、客户、运输部门以及金融、税收、保险、工商等方面数据。因而获取数据的范围可来自多种数据库，其中数据源的异构性及分布性是其特色。

（4）分析数据不需更新，但需定时刷新，因此，分析数据大量的是快照性数据。

（5）分析数据的操作以"读操作"为主，与一般数据库的多种操作方式不同。

因此分析数据有其特殊性，它与数据库中的数据以及数据库的处理方式均有所不同。故而，需要有一种适应数据分析环境的工具与技术，这就是数据仓库（data warehouse）技术。

数据仓库起源于数据分析的需求，在 20 世纪 80 年代末开始出现，在 90 年代初，数据仓库创始人 W.H.Inmon 在其经典性著作 *Building the Data Warehouse* 中为数据仓库的基本研究内容与目标奠定了基础。此后，随着对数据分析的需求日益高涨，对数据仓库研究也日趋成熟，其实际应用也陆续出现并产生了重大成果。

20.2.2 数据仓库特点

数据仓库是一种为数据分析提供数据支持的工具，它与传统数据库是不同的。传统数据库是为事务处理提供数据支持的工具。所谓事务处理主要是指对数据的日常操作，通常是对一组记录的查询、修改，其操作频率高而操作时间短。人们关心数据安全性与完整性，关心其查询路径与响应时间等技术要求。而数据仓库则主要是为用户提供数据分析服务，它要求数据集成性高，处理时间长。因此，数据库与数据仓库均为应用提供数据支持，但是其处理要求与环境则完全不同。

当然数据库与数据仓库间也存在密切关系，首先数据仓库中的数据大多来源于多个数据库，并经过一定的加工处理而成。其次，数据仓库的数据模式一般也采用关系型，同时数据仓库也提供相应的查询语言为应用访问数据仓库提供服务。

数据仓库与数据库明显不同的特点可用 Inmon 的一句名言表示。Inmon 说："**数据仓库是一个面向主题的、集成的、不可更新的、随时间不断变化的数据集合。**"在这句话中，他给出了数据仓库的四大特点，下面对其作具体的解释。

1. 面向主题

数据仓库的数据是面向主题的，所谓主题（subject）即特定数据分析的领域与目标，由此可知，所谓面向主题的意思即为特定分析领域与目标提供数据支持。

所要指出的是，为特定分析领域提供的数据与传统数据库中的数据是不同的。传统数据库中的数据是原始的、基础的数据，而特定分析领域数据则是需要对它们作必要的抽取、加工与总结而形成。如国家水文数据库记录国内各水文站不同时刻水位，而在某年夏天东北地区抗洪期间，为了使抗洪指挥部对水情作出正确的分析与决策，必须提供必要的水情数据，这就是水文数据仓库。这个数据仓库是以国家水文数据库中的数据为基本依据并经过一定抽取加工与整理所形成的，其主要加工原则如下：

（1）仅选取东北地区的水文站数据。

（2）仅选取某年夏天的数据。

（3）特别关注与警戒水位、历史最高水位有关联的那些水文站数据。

以国家水文数据库中的数据为出发点，提供给东北地区抗洪指挥部分析水情主题所建立的水情数据仓库是将国家水文数据库中的数据经过一定抽取加工与整理所形成的。

2. 数据集成

数据仓库中的数据是为分析服务的，而分析需要多种广泛的不同数据源以便进行比较和鉴别。因此数据仓库中的数据必须从多个数据源中获取，这些数据源包括多种类型数据库、文件系统以及 Web 数据等，它们通过数据集成而形成数据仓库的数据。因此，数据仓库的数据一般是由多个数据源经过集成而成。

在上面所提到的水情数据仓库中，除提供水文信息外，还需要有其他数据库提供诸如气象信息、大堤抗洪能力、守堤抢险人员、抗洪物资供应等有关信息。

3. 数据不可更新

数据仓库中的数据是由数据库中原始数据抽取加工而得，因此它本身不具有原始性，故一般不可更新。同时为了分析的需求，需要有一个稳定的数据环境以利于分析和决策。因此，数据仓库中的数据在一段时间内是不允许改变的，如水情数据仓库中东北各水文站水位是时刻在变化的，但是为方便分析起见，一般只取每天固定时刻水位。

4. 数据随时间不断变化

数据仓库数据的不可更新性与随着时间不断变化性是矛盾的两个方面。首先，为便于分析需要使数据有一定稳定期，但是随着原始数据的不断更新，到一定时间后，原有稳定的数据已不能成为分析的基础，即原有稳定数据的客观正确性已受到破坏，此时需要及时更新，以形成新的反映客观的稳定数据。

将数据仓库的第 3、第 4 两个特性合并起来看，即可以得到：数据仓库中的数据以一定时间段为单位进行统一更新，如前面所提到的水情数据仓库中的水文信息是以"日"为单位统一更新。

数据仓库数据的上述四个特性是由它的数据分析目标所决定的，同时这些数据为数据分析提供服务。

由上面分析可知，在目前应用系统中存在着两种不同类型的数据，它们是由数据库所管理的事务性数据与数据仓库所管理的分析型数据。它们间存在着明显的不同，这可从表 20.1 看出。

表 20.1　两种不同数据的比较

序号	数据库数据	数据仓库数据
1	原始性数据	加工型数据
2	分散性数据	集成性数据
3	当前数据	当前/历史数据
4	即时数据	快照数据
5	多种操作	读操作

20.2.3　数据仓库组成

一个完整的数据仓库的体系结构一般由四个层次组成。

（1）第一层：数据源层。

（2）第二层：数据抽取层。

（3）第三层：数据仓库管理层。

（4）第四层：数据集市（data mart）层。

它们构成了一个数据仓库系统，其示意图如图 20.4 所示。

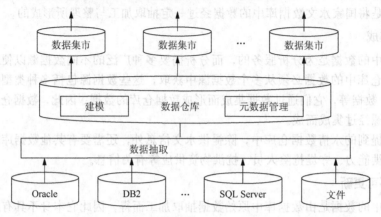

图 20.4　数据仓库系统示意图

1. 数据源

数据仓库的数据来源于多种数据源，从形式上讲它们可以是下述来源：

（1）大、中型关系数据库：如 Oracle、SQL Server 等。

（2）桌面数据库：如 Access、FoxBase 等。

（3）文件及其他：如 Excel、Word、图像文件、图形文件等。

（4）互联网上数据：如网页等数据、E-mail 数据。

从地域上讲它可以分布于各不同地区，从数据结构与数据模式上讲它可有不同的构造形式，从数据内涵上讲可有不同的语义理解，它们构成了数据仓库的原始信息来源，为数据仓库加工数据提供了基础素材。

2. 数据抽取

数据抽取层是数据源与数据仓库间的数据接口层，它的任务是将散布于网络结点中不同平台、不同结构、不同语法/语义的数据源经这一层的处理后构建一个统一平台、统一结构、统一语法/语义的数据统一体——数据仓库。因此，这一层的功能是极为重要的。它的主要任务是为数据仓库提供统一的数据并及时更新这些数据。

一个完整的数据抽取功能包括下面三个方面，它们是：

（1）数据提取：根据数据仓库要求收集并提取数据源中的数据。

（2）数据转换与清洗：所谓数据转换即将数据源中的数据根据一定规则转换成数据仓库中的数据；而所谓数据清洗即将进入数据仓库中的数据对不符合语法、语义要求的脏数据作清除，以保证数据仓库中数据的正确性。

（3）数据加载与刷新：数据加载即将数据源中的数据经清洗与转换后装入主数据仓库内，从而形成数据仓库中的初始数据，而在此后不同的时间段内尚需不断更新数据，此时的数据装入称为数据刷新。

以上三个部分构成了数据抽取过程的四个连续阶段，它们构成了图 20.5 所示的数据流程。

这个流程动态表示了数据抽取的整个过程。由于数据的抽取是由提取（Extraction）、转换（Transfomation）及加载（Loading）等三部分组成，因此一般也称为 ETL。

图 20.5　ETL 的数据流程

在数据抽取中尚需说明的是关于元数据（metadata）与元数据管理。由数据源中数据到数据仓库的数据的转换过程是需按照一定规律进行的，这种规律往往是用一定的规则表示，它们称为元数据。元数据一般存放于元数据管理系统中，并受该系统的管理。元数据类似于数据库管理系统中的数据字典，主要用于抽取与刷新，是抽取与刷新的基本依据。

3. 数据仓库管理层

数据仓库管理层一般由数据仓库管理系统完成，其管理方法与传统关系数据库管理系统类似。因此，一般用传统数据库管理系统作适当改变后用作数据仓库管理，如可用 Oracle、DB2、SQL Server 等作适当改进即作为数据仓库管理系统，有时也可用专用的系统管理。

4. 数据集市层

数据仓库是一种反映主题的全局性数据组织，但全局性数据组织往往太大，在实际应用中将它们按部门或特定任务建立反映子主题的局部性数据组织，它们即数据集市（data mart）。如在抗洪防汛指挥中所建立的数据仓库可按不同的子主题建立多个部门级数据集市：

（1）抗洪防汛物资供应数据集市。

（2）抗洪防汛抢险人员调度数据集市。

（3）抗洪防汛器材运输数据集市。

（4）抗洪防汛财务、计划数据集市。

数据集市与数据仓库的关系相当于传统数据库中的视图与数据库的关系，数据集市的数据来自数据仓库，它是数据仓库中数据的一个部分与局部。

数据集市层构成了数据仓库管理中第四层，数据集市层往往是直接面向应用的一层。

20.3　联机分析处理

20.3.1　OLTP 与 OLAP

传统的数据库操作是以简单的、原始的、可重复使用的例行短事务为主，如银行出纳记账、民航售票、电话计费等即属于此类操作。这种应用称为联机事务处理（On-Line Transaction Processing，OLTP）。这种应用构成了数据库系统应用的主要特征。而另一种应用则是分析型操作，它们是以大量的、总结性的与历史有关的、涉及面广的以数据分析为主的操作，如连锁商店的销售统计、国民经济投入产出效益统计等。这种以分析为主的应用称为联机分析处理（On-Line Analytical Processing，OLAP）。

由于传统数据库应用不能满足分析型处理要求，因此 OLAP 成为当今处理分析型应用的重要技术。OLAP 专门用于技术复杂的分析操作，侧重对高层管理人员的分析支持，并且以一种直观、易懂的形式将分析结果提供给决策、分析人员。

由此可以看出，OLAP 是一种以分析型操作为主的技术，它是用数据仓库作数据支撑的一种特殊的应用，在当前统计、分析领域中有着重要作用。

20.3.2 OLAP 的基本概念

在 OLAP 中有如下几个基本概念：

1．对象（object）

在分析型处理中我们所关注与聚焦的分析客体称为对象，一般在一个相关应用中有一个或若干个对象，它们构成了分析应用中的焦点。如在一个连锁商店的分析型应用中（在本节中将以此应用为例贯穿始终）其中的对象为商店销售金额，它是该应用中分析的聚焦点。

2．维（dimension）

在分析型应用中对象可以从不同角度分析与观察，并可得到不同结果。因此"维"反映了对象的观察角度，如在连锁商店例中对销售金额可以有以下三个维：

（1）时间维：可按时间角度分析、统计其销售金额。

（2）商品维：可按不同商品分类角度分析、统计其销售金额。

（3）地域维：可按连锁点不同地域角度分析、统计其销售金额。

3．层（layer）

在分析型应用中，对对象可以从不同深度分析与观察，并可得到不同结果。因此，"层"反映了对对象观察的深度。一般而言，层是与维相连的，一个维中可允许存在若干个层，如在连锁商店例中：

（1）时间维可以有年、季、月、旬、日等层。

（2）商品维可以有商品大类（如电气类）、商品类（如家电类）、商品（如电视机）等层。

（3）地域维可以有洲、国、省、市等层。

在分析型应用中有若干对象(设为 r 个)，以它们为聚焦点作不同角度（设为 m 个）与深度（设为 n 个）的分析可以得到多种不同的统计、分析结果（共为 $r \times m \times n$ 个）。这些结果经常需要使用（包括查询等）。因此在 OLAP 中需要将它们长期保留，以便随时供分析人员使用。为解决此问题需要探讨若干问题，首先需建立一种适用此类分析的数据模式，其次是需建立一种适应此类数据模式的实现方法，最后是需建立一种合理的展示方法。下面即讨论此三个问题的解决方案。

20.3.3 OLAP 的基本数据模式——星形与雪花模式

OLAP 中的数据是为分析而用的，它们的模式结构应以便于分析为宜。在传统数据库中数据模式以二维表为主，而在 OLAP 中则以多维表为主，这种多维表可以有两种结构方式：星形模式（star schema）与雪花模式（snowflake schema），它们构成了 OLAP 的概念模式。

1. 星形模式

星形模式是一种多维表结构，它一般有两种不同性质的二维表组成：一种称为事实表（fact table），它存放多维表中的主要事实（即对象），称为量（measure）；另一种称为维表（dimension table），用于建立多维表中的维值。一般一个 n 维的多维表往往有一个事实表和 n 个维表，它们构成了一个星形，称为星形模式，它是一种信息含维度的分析模式。在星形模式中主体是事实表，而有关维的细节则构建于维表内以达到简化事实表的目的。事实表与维表间有公共属性相连而使它们构成一个整体。在星形模式中维表给出了取值条件，而从事实表中则获得值的结果，这种星形结构非常适合于数据分析、统计。图 20.6 所示的星形结构给出了一个三维结构模式，在此图中的星形模式主要为获取连锁店的销售状况以及确定其经营策略，决策所需的主要数据是不同商品在不同时期、不同商店的销售量，因此可以构成一个时间（日期）、地域（商店）及产品的三维表。其中时间维、地域维及产品维构成 3 个维表，而事实表则是以产品销售金额（及单价）为量的表，并有 3 个标识符关联 3 个维表。

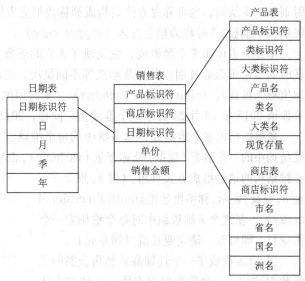

图 20.6　星形模式实例

2. 雪花模式

在星形模式中，"维"呈单点状，但在很多情况中，"维"呈层次状，它表示对象的深度，如地域维中的层次结构为商店－市－省－国家－洲，时间维中的层次结构为日－月－季－年，产品维中的层次结构为产品－类－大类等。这种在维中有纵向层次所构成的星形模式的扩充称雪花模式。雪花模式比星形模式更为复杂，但也更为有利于数据分析与决策。图 20.7 所示的模式即为三维雪花模式的例子，它是连锁产品销售星形模式的扩充，这是一种包括维度与深度的分析模式。

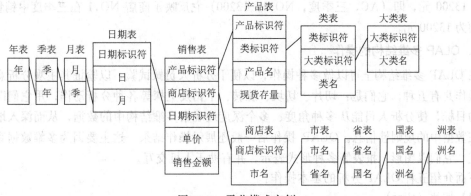

图 20.7　雪花模式实例

20.3.4 OLAP 的多维数据结构——数据立方体及超立方体

在上节的星形模式与雪花模式基础上可以构建 OLAP 逻辑模型——多维数据模型。多维数据模型由多维数据结构与多维数据操作两部分组成，下面逐一介绍。

1. OLAP 多维数据结构

我们知道，关系数据结构是一种二维（表）结构，但是在 OLAP 中由于多种观察角度而形成多维（表）结构，这种在多维空间上的表结构称多维表或多维结构。当多维结构中的维数为 3 时则称三维结构，也可称立方体结构或简称数据立方体（data cube）。基于立方体概念，当多维结构中维数>3 时称为超立方体（supper cube）。

多维立方体由多个维组成，它反映了人们的观察角度，维中可以有多个层称为维层次，如在时间维中可以分日期、月份及年度等不同层次，层次也反映了维的粒度。维中维层次的一个取值称为维成员（dimensional member）。如时间维具有日期、月份、年度三个层次，此时一个取值 2015 年 10 月 23 日即一个维成员，同样，2015 年 10 月及 2015 年也是维成员。

多维结构由多个维组成，当多维中的每个维确定一个取值时（即确定维成员）即可获得多维结构中的一个确定（数据）量称变量（variable），而变量的值称为数据单元或简称单元（cell）。多维结构的这种组成方式可用：（维 1，维 2，…，维 n，变量）表示，称多维数组（multidimensional array）。在这个多维数组中对每个维确定一个维成员，即可唯一确定变量值（即单元）。

图 20.8 构成了一个连锁商店销售金额的三维数据结构，它也称数据立方体。在该立方体中三个维分别为：产品、日期与商店，它的多维数组为（产品，日期，商店，销售额），而它的维成员取值可以是：

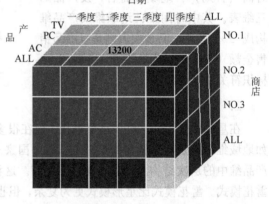

图 20.8 数据立方体

- 产品维成员——AC（空调）；
- 日期维成员——三季度；
- 商店维成员——NO.1。

根据这三个取值可以在多维结构中获得单元值：13200 元，即（AC，三季度，NO.1，13200）它反映了商店 NO.1 在三季度中销售 AC 的金额为 13200 元。

2. OLAP 多维结构的操作

在 OLAP 多维结构上可以做多种操作，以便于分析人员做试验，以验证其主观分析意图。这种操作共有五种，它们是：切片、切块、旋转、下钻及上探等各种分析动作，用它们以剖析数据的目标，使分析人员能从多种角度、多个深度地观察多维结构中的数据，从而深入地了解包含在数据中的规则性信息。OLAP 操作后一般还展示操作结果，这主要因为多维数据直观效果较差，它们以图形、报表等多种形式表示，并有助于人机交互。

下面介绍五种 OLAP 分析的基本操作：

（1）切片（slice）

定义 20.1 在多维数组的某一维上选定一维成员的动作称为切片，即在多维数组（维 1，维 2，…，维 n，变量）中选一维，如维 i，并取其一维成员（设为"维成员 i"），所得的多维数组的子集（维 1，…，维成员 i，…，维 n、变量）称为在维 i 上的一个切片。

图 20.8 所示多维数组可表示为（产品，日期，商店，销售额）。如果在商店维上选定一个维成员（设为"N0.1"），就得到了在商店维上的一个切片；在产品维上选定一个维成员（设为"电视机"），就得到了在产品维上的一个切片。在日期维上选定一个维成员（设为"二季度"），就得到了在日期维上的一个切片。显然，这样切片的数目取决于每个维上维成员的个数。图 20.9（a）、（b）、（c）分别给出了这三个切片。

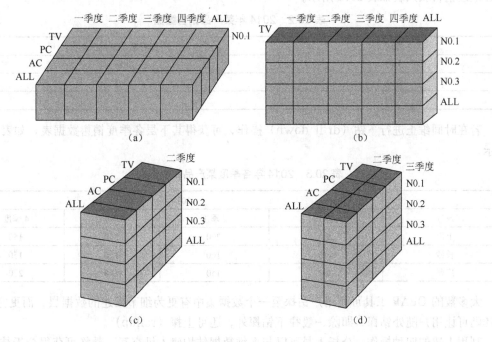

图 20.9 切片图例

（2）切块（dice）

和切片相对应，切块可有如下定义：

定义 20.2 在多维数组的某一维上选定某一区间的维成员的动作称为切块，即限制多维数组的某一维的取值区间。显然当这一区间只取一个维成员时，即得到一个切片。

图 20.8 所示的三维数组中，如在日期维中选定维成员为：二季度、三季度，就得到在日期维上的一个切块，如图 20.9（d）所示。

（3）旋转（rotate）

旋转可改变多维数组中维排列次序。设有多维数组（维 1，维 2，…，维 n，变量），则经一次旋转后可改变成为（维 n，维 1，维 2，…，维 $n-1$，变量）。如二维数组（维 1、维 2、变量）经一次旋转操作后可改变成（维 2、维 1、变量）。如

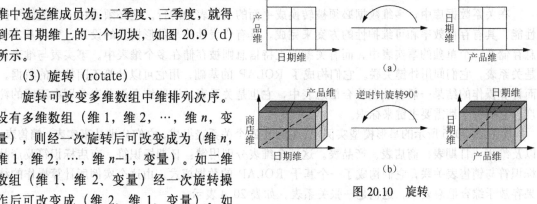

图 20.10 旋转

图 20.10 (a) 所示，二维数组（产品维，日期维，变量）经旋转后可变成为（日期维，产品维，变量）。又如图 20.10 (b) 所示，三维数组（产品维，日期维，商店维，变量）经旋转后可变成为（商店维，产品维，时间维，变量）。

(4) 钻探

钻探操作是用户对数据深度的操作。在多层数据中能通过钻探操作自由往返于不同深度数据层次中。钻探一般是指向下钻探称下钻，有时也能向上钻探称上探。例如，2014 年某种产品在各地区销售收入表如表 20.2 所示。

表 20.2　2014 年某产品销售数据

地区	销售额（万元）
上海	900
长沙	650
广州	800

若在时间维上进行下钻（drill down）操作，可获得其下层各季度销售数据表，如表 20.3 所示。

表 20.3　2014 年各季度某产品销售数据

	2014 年			
地区	1 季度	2 季度	3 季度	4 季度
上海	200	200	350	150
长沙	250	100	150	150
广州	200	150	180	270

大多数的 OLAP 工具可让用户钻探至一个数据集中有更为细节描述的数据层，而更完整的工具则可让用户随处钻探，即除一般往下钻探外，还可上探（rollup）。

利用上述的四种操作，分析人员可以与多维数据结构建人机交互，最终可获得分析结果。

20.3.5　OLAP 多维结构的物理存储

OLAP 多维结构有两种物理存储形式：一种是用传统 RDBMS 存储的形式，称为关系 OLAP 或简称 ROLAP（Relational OLAP）；另一种是用多维数据库（multi-dimensional database）存储的形式，称为多维 OLAP 或简称 MOLAP（Multi-dimensional OLAP）。下面作简单介绍。

1. ROLAP

在关系数据库中，多维数据必须被转换成平面的关系表中的行。这必须通过一个能够平衡性能、具有存储效率和可维护性的方案来完成。具有代表性的是星形模式的设计，它将基本信息存储在一个单独的事实表中，而有关维的支持信息则被存储在多个维表中。事实表与维表都是关系表，它们间用外键关联。它们构成了 ROLAP 的基础，用它可以计算不同粒度的数据。而计算操作的结果一般存放在综合汇总表中，它也是关系表。这些综合汇总表分别有不同的粒度。它们每个都需要主键来标识。

如在图 20.6 所示的星形模型实例中，它可由四个关系表组成，它们分别是事实表：销售表，以及维表：日期表、商店表、产品表。这三个维表分别用键：日期标识符、商店标识符及产品标识符与销售表关联，它们构成了一个基于 ROLAP 的数据模式。由这个实例所计算操作的结果存放于综合汇总表中，这也是一张关系表，如表 20.4 表示。

表 20.4　销售金额表

编号	日期	商店	产品	销售金额

2. MOLAP

MOLAP 是基于多维数据库的 OLAP 技术，目前在数据库结构方式中有一种称为多维数据库（Multi-Dimensional DataBase，MDDB）的形式，它以数组形式结构，其代表的产品是 Essbase。在多维数据存储的方式中，OLAP 的服务器包含 OLAP 服务软件和多维数据库，数据在逻辑上按数组存储。由于多维结构在形式上也是数组形式，因此用 MDDB 存储多结构数据是较为合理的。在 MOLAP 中由于采用 MDDB，因此其查询效率较高，但是也存在一些不足，主要是多维数据库与目前应用中常用的关系数据库间的不一致性所引起的数据沟通上的障碍。

20.3.6　OLAP 的分析操作

OLAP 是一种验证型的分析方法，它的操作特点是以人机交互为主，其操作步骤如下：

（1）OLAP 操作在开始前用户必有主题，用户可以将主题设计为 OLAP 的某些模式，如星形模式、雪花模式等。

（2）用户利用所提供的 OLAP 工具建成 OLAP 多维数据模型。

（3）利用多维数据模型所提供的五种操作：切片、切块、旋转、上探和下钻可以得到展示结果。

（4）用户可以反复使用这五种操作，探究模式中事实表中度量与角度、深度间的关系，发现其内在规律。

（5）最终用户可以得到一些与量、角度、深度有关的规则与模式。

20.4　数据挖掘

在数据库及数据仓库中存储有大量的数据，它们具有规范的结构形式与可靠的来源，它们的数量大、保存期间长，是一种极为宝贵的数据资源财富，充分开发、利用这些资源财富是目前计算机界的一项重要工作。

一般而言，数据资源的利用可以分为下面几个方面。

1. 数据资源的查询服务

数据资源通过网络向公众开放，为广大用户提供信息服务，目前在 Internet 上的多种数据服务网站均为公众提供查询类型的数据服务。

2. 数据资源的演绎

通过已有的数据资源可以推演、派生出新的数据资源。如可以通过逻辑规则演绎数学公式的推导，由已知的数据获得新的数据。目前人工智能中的知识利用与搜索，数据库中的演绎数据库以及数学方程式求解与数学公式推导均属此类。

一般说来，演绎的过程是由已知的数据资源与规则出发（数学公式也是一种规则）去获取更多新的数据资源过程。

3. 数据资源的归纳

与演绎过程相反，归纳是由已知的**数据资源出发去获取新的规律**，这种归纳过程称为数据挖掘。本节要介绍数据挖掘的基本原理。

数据挖掘的最著名的例子是关于啤酒与尿布的例子。美国加州某超市从记录顾客购买商品的数据库中通过数据挖掘发现多数男性顾客在购买婴儿尿布时往往同时购买啤酒，这是一种规律性的发现。在发现此种规律后，该超市立即调整商品布局，将啤酒与尿布柜台放在相邻区域，这样使超市销售量大为增长。这个例子告诉人们：

① 数据挖掘是以大量数据资源为基础的；
② 数据挖掘所获取的是一种规律性的规则；
③ 这种规律的获得是需要有一定经验或方法的；
④ 通过数据挖掘所取得的规则可以在更大程度上具有广泛的指导性。

下面主要介绍数据挖掘方法与技术，数据挖掘的过程与步骤以及数据挖掘的应用。

20.4.1 数据挖掘的方法

目前常用的数据挖掘方法很多，在这里，简单介绍下面三类常用算法。

1. 关联分析（association）

世界上各事物之间存在着必然的内在关联，通过大量观察，寻找它们之间的关联是一种较为普遍的归纳方法。在数据挖掘中则是利用数据仓库中的大量数据，通过关联算法寻找属性间的相关性。对相关性可以设置可信度，可信度以百分数表示，表示相关性的概率，如在前面的尿布与啤酒即关联分析的一个例子，它表示顾客购买商品的某种规律，即属性尿布与啤酒间存在着购买上的关联性。

2. 分类分析（classifier）

对一组数据以及一组标记可以对数据作分类，分类的办法是对每个数据打印一个标记，然后按标记对数据分类，并指出其特征。如信用卡公司对持卡人的信誉度标记按：优、良、一般及差 4 档分类，这样，持卡人就分成为 4 种类型。而分类分析则是对每类数据找出固有的特征与规律，如可以对信誉度为优的持卡人寻出其固有规律如下：

信誉度为优的持卡人一般为年收入在 20 万元以上，年龄在 45～55 岁之间，并居住在莲花小区或翠微山庄的人。

分类分析法是一种特征归纳的方法，它将数据所共有的特性抽取以获得规律性的规则，目前有很多分析类型，它们大都基于线性回归分析、人工神经网络、决策树以及规则模型等。

3. 聚类分析（clustering）

聚类分析方法与分类分析方法正好相反，聚类分析是将一组未打印标记的数据，按一定规则合理划分数据，将数据划分成几类，并以明确的形式表示出来，如可将某校学生按成绩、表现以及文体活动分为优等生、中等生及差等生三类。聚类分析可依规则不同的数据分类划分。

上述三种方法在具体使用时往往可以反复交叉联合使用，这样可以取得良好的效果。

20.4.2 数据挖掘的步骤

数据挖掘一般可由下面五个步骤组成。

1. 数据集成

数据挖掘的基础是数据，因此在挖掘前必须进行数据集成，这包括首先从各类数据源中提取挖掘所需的统一数据模型，建立一致的数据视图，其次是作数据加载，从而形成挖掘的数据基础，目前，一般都用数据仓库以实现数据集成。

2．数据归约

在数据集成后作进一步加工，包括淘汰一些噪声与脏数据，对有效数据作适当调整，以保证基础数据的可靠与一致。

这两个步骤是数据挖掘的数据准备，它保证了数据挖掘的有效性。

3．挖掘

在数据准备工作完成后即进入挖掘阶段，在此阶段可以根据挖掘要求选择相应的方法、算法与相应挖掘参数，如可信度参数等，在挖掘结束后即可得到相应的规则。

4．评价

经过挖掘后所得结果可有多种，此时可以对挖掘的结果按一定标准作出评价，并选取评价较高者作为结果。

5．表示

数据挖掘结果的规则可在计算机中用一定形式表示出来，它可以包括文字、图形、表格、图表等可视化形式，也可同时用内部结构形式存储于知识库中供日后进一步分析之用。

20.5　数据分析中的建模与规则展示

1．数据分析中的建模

以 OLAP 及数据挖掘为核心的算法组合与以数据仓库为核心的数据的有效结合构成了数据分析中的模型。

一个模型的构建过程称建模，在一个数据分析应用系统中往往需要有若干模型，而每个模型则往往需要有若干算法的组合。

2．数据分析中的结果展示

模型计算结果最终须以一定形式在计算机中表示，这就是数据分析规则的展示。由于网络技术、可视化技术与多媒体技术的发展，展示形式出现了多样的趋势，它们可以有：

（1）本地表示形式。

① 内部表示形式：传统的内部表示方法。

② 外部表示形式：如文字、图示、表格、曲线、圆饼图、直方图等表示形式，以及近年来发展起来的多媒体表示形式，如图形、图像、语音及视频等。

（2）网上发布形式。可以通过网络技术在网上发布各类结果，也可以通过 Web 发布。

20.6　数据分析系统整体结构

最终可以构建一个以数据仓库、OLAP 及数据挖掘为核心的整体结构，如图 20.11 所示，它可以作为本章的一个小结。

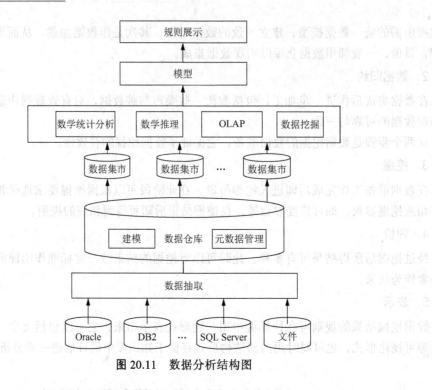

图 20.11 数据分析结构图

20.7 数据分析系统在 SQL Server 2008 中的实现

在传统数据库管理系统中一般都仅有事务型应用，但自本世纪开始以来，数据库管理系统产品中都陆续出现数据仓库、OLAP 及数据挖掘的功能，从而有了数据分析应用，这就是现代数据库管理系统。目前所有大、中型数据库管理系统产品，如 Oracle、DB2 及 SQL Server 等都有数据分析应用。它们均以数据服务的形式出现。

在 SQL Server 2008 及以后版本中都有完整的数据分析应用功能，其具体的工具即为数据分析服务工具 SSAS（SQL Server Analysis Services）以及工具包 SQL Server 业务智能开发平台 BIDS（Business Intelligence Development Studio, SQL Server）。这些工具（或工具包）中包含数据仓库、OLAP 及数据挖掘的功能，因此具有数据分析应用能力。我们可以用它们开发数据分析应用。

复习提要

本章介绍数据库分析型应用。如果说传统事务型的应用系统是数据库应用系统，那么，分析型的应用系统则是数据分析系统。它以数据仓库为核心，以分析型处理（OLAP、数据挖掘等）为特色的数据库应用系统。学习本章后，应对数据仓库、OLAP 及数据分析有全面的了解。

1. 数据分析系统的三个层次

基础层——数据仓库；分析层——OLAP、数据挖掘；系统层——数据分析系统。

2．数据仓库

（1）数据仓库四大特点——面向主题、数据集成、数据不可更新、数据随时间不断变化；

（2）数据仓库结构的四个层次：数据源层、数据抽取层、数据仓库管理层及数据集市层。

3．分析层

（1）OLAP

概念模式：基本模式——星形模式与雪花模式；

逻辑模式：多维数据结构——数据立方体与超立方体；

物理模式：数据存储结构——ROLAP 与 MOLAP。

（2）数据挖掘

关联分析；分类分析；聚类分析。

4．系统层

数据分析系统。

5．本章内容重点

- 数据仓库；
- OLAP。

习题 20

一、问答题

1．试述数据仓库的四个特点。

2．试述数据仓库与 OLAP 的异同。

3．试介绍星形模型及雪花模型，并各举一例。

4．什么叫数据立方体？试述它的构建方式。

5．试述数据挖掘的基本原理与方法。

6．什么是数据分析？

7．请给出数据分析系统的整体结构。

二、思考题

1．试比较数据库与数据仓库的异同。

2．试比较数据库分析应用与事务应用的异同。

附录 A　实　验　指　导

【实验说明】

（一）实验目的

本实验指导是本教材的配套材料，其目的是：

（1）加深学生对数据库课程的理解。

（2）通过实验掌握数据库管理系统 SQL Server 2008 主要功能的使用。

（3）培养学生基本技能，包括实际操作能力、分析问题与解决问题的能力。

（二）实验要求

本课程是对数据库的基本操作技能的培养，其具体要求是：

（1）数据库应用环境的建立。

（2）数据模式定义、数据操纵以及数据控制的基本操作。

（3）简单数据库编程能力与数据库生成能力。

（4）数据库设计的基本能力。

（三）实验方法

数据库实验是数据库课程内容之一，在课程学时范围内进行：

（1）分 10 个实验，每个实验 2 学时，共计 20 学时。

（2）每个实验结束后学生须提交实验总结报告。

（3）所有实验在计算机房进行。

（4）所有实验须在教师指导下进行。

（5）所有实验应由学生个人独立完成（不推荐学生以组为单位完成）。

【实验内容】

下面给出 10 个实验的内容。

实验 1　SQL Server 2008 安装及使用

（一）实验目的

（1）了解 SQL Server 2008 的安装过程中的关键问题。

（2）掌握 SQL Server Management Studio 的基本使用方法。

（二）实验准备

（1）了解 SQL Server 2008 各个版本及安装的软、硬件要求和安装过程。

（2）了解 SQL Server 2008 各组件的基本功能。

（三）实验环境

PC 服务器、客户机及相应 B/S 结构网络；SQL Server 2008 的一个安装版本。

（四）实验内容

(1) 安装 SQL Server 2008 的一个版本。

(2) SQL Server Management Studio 的启动与关闭。

(3) SQL Server Management Studio 组件的使用。

① 连接到服务器的方法。

② 对象资源管理器的使用。

③ 查询编辑器的使用。

④ 模板资源管理器的使用。

实验 2　SQL Server 2008 服务器设置、数据库定义

（一）实验目的

(1) 掌握 SQL Server 2008 服务器的设置及管理。

(2) 掌握 SQL Server 2008 数据库的定义。

（二）实验准备

(1) 了解 SQL Server 服务器的功能。

(2) 了解查询分析器中执行 SQL 语句的方法。

(3) 了解 SQL Server 2008 数据库的逻辑结构和物理结构以及其结构特点。

（三）实验环境

已安装好 SQL Server 2008 一个版本的 PC 网络环境。

（四）实验内容

(1) 用 SQL Server 2008 配置管理器进行服务器配置和管理：

① 启动、停止、暂停和重新启动 SQL Server 服务。

② SQL Server 服务器连接管理。

③ 配置 SQL Server 服务器属性。

(2) 用 SQL Server 2008 定义、查看、修改数据库：

① 用 SQL Server Management Studio 创建、查看、修改管理系统数据库 BookManagement。

② 用 SQL 语句创建、查看、修改图书管理系统数据库 BookManagement。

实验 3　SQL Server 2008 数据库对象定义

（一）实验目的

(1) 掌握表、视图、存储过程、触发器、索引等常见的数据库对象的定义方法。

(2) 掌握在 SQL Server Management Studio 中创建、管理与使用数据表。

（3）掌握在 SQL Server 管理平台的查询分析器中使用 SQL 语句创建、管理数据表。

（4）理解数据的完整性约束原理与基础操作技能。

（二）实验准备

（1）了解常用的数据库对象，如表、视图、存储过程、触发器、索引等。

（2）了解数据完整性约束的含义。

（3）了解 SQL Server 2008 基本数据类型。

（4）确定数据库所包含的表以及各表的结构及约束。

（三）实验环境

已安装好 SQL Server 2008 一个版本的 PC 网络环境；数据库 BookManagement 创建完成。

（四）实验内容

1. 定义数据表和其他数据库对象

（1）使用 SQL Server Management Studio 和 CREATE TABLE 命令创建图书管理系统数据库中的四个数据表的结构：readers（读者信息表）、books（图书信息表）、borrowinf（借阅信息表）、readtype（读者类型表）。各表的结构如附表 1～附表 4 所示。

附表 1 readers 表结构

列名	含义	数据类型	长度	允许空	主键
ReaderID	读者编号	char	10		√
Name	读者姓名	char	8	√	
RederType	读者类型	int		√	
BorrowedQuantity	已借数量	int		√	

附表 2 books 表的结构

列名	含义	数据类型	长度	允许空	主键
BookID	图书编号	char	15		√
Name	图书名称	char	50	√	
Author	作者	char	8	√	
Publisher	出版社	char	30	√	
PublishedDate	出版日期	date		√	
Price	价格	float		√	

附表 3 borrowinf 表的结构

列名	含义	数据类型	长度	允许空	主键
ReaderID	读者编号	char	10		√
BookID	图书编号	char	15		√
BorrowedDate	借阅日期	datetime			
ReturnDate	归还日期	datetime		√	

附表 4　readtype 表的结构

列名	含义	数据类型	长度	允许空	主键
TypeID	类型编号	int	4		√
Name	类型名称	char	20		
LimitBorrowQuantity	限借数量	int			
BorrowTerm	借阅期限（月）	int		√	

该表中数据至少包括教师、学生和其他人三种类型。

（2）设置主键及完整性约束。

- 分别设置各表的主键及外键约束。
- 限定 readtype 表中"借阅期限"不能超过 5 个月。

（3）创建存储过程（**两种方法**）：

- 创建一个存储过程，参数为读者编号，用于查询某读者的借阅图书情况，包括读者编号、读者姓名、图书编号、图书名称、借阅日期及归还日期。
- 创建一个存储过程，用于统计某时间段内所有读者的编号、姓名及借阅图书编号及图书名称信息。

（4）创建触发器（**两种方法**）：

- 创建一个触发器，实现当向 borrowinf 表中插入一条记录即当读者借阅一本图书时，readers 表中对应该读者的 BorrowedQuantity 字段自动加 1，当删除 borrowinf 表中一条记录即当读者归还一本图书时，readers 表中对应该读者的 BorrowedQuantity 字段自动减 1。
- 创建一个触发器，实现当读者借阅图书时，如果已借阅数量超过 readtype 表的规定的限借数量，则禁止借阅。

（5）创建索引

每个表的主键处设置索引。

2．管理数据表

修改表、删除表。

实验 4　SQL Server 2008 安全性保护

（一）实验目的

（1）了解数据库安全性保护的基本内容。

（2）掌握数据库安全性保护的基本操作。

（二）实验准备

（1）本实验可参考教材第 4 章及第 14 章相关内容。

（2）实验前设置系统管理员 sa，它具有最高级别权限。

（三）实验环境

已安装好 SQL Server 2008 一个版本的 PC 网络环境；数据库 BookManagement 创建完成；数据库中相应的对象也创建完成。

（四）实验内容

（1）用混合验证模式设置 SQL Server 登录账户及相应口令。

（2）设置一个甲数据库用户账户。

（3）设置服务器固定角色。

（4）设置数据库用户甲固定角色（权限较高）。

（5）设置另一个乙数据库用户账户。

（6）用户甲将表 readers 上的查询与修改权授予用户乙。

（7）用授权语句将表 books 上的查询权授予用户乙。

（8）用户甲将表 readers 上的用户乙的修改权收回。

实验 5   SQL Server 2008 表中数据的增加、删除、修改与查询

（一）实验目的

（1）使用 SQL Server Management Studio 完成数据的查询、添加、删除及修改。

（2）熟练掌握使用 SQL 语句完成数据的查询、添加、删除及修改操作。

（3）熟练掌握聚合函数的使用。

（二）实验准备

（1）理解数据库中表的插入、修改、删除都属于更新操作。

（2）掌握 SQL 语句中用于对表数据进行插入、修改和删除的操作。

（3）掌握 SQL 语句中用于对表数据进行查询的操作，包括单表和多表查询：

- SELECT 语句及子查询的使用。
- 连接查询的使用。
- 聚合函数的使用。
- GROUP BY 和 ORDER BY 字句的使用。

（三）实验环境

已安装好 SQL Server 2008 一个版本的 PC 网络环境；数据库及表创建完成；安全性设置完毕。

（四）实验内容

（1）使用 SQL Server Management Studio 完成数据添加、删除及修改操作。

（2）使用 SQL 语句完成数据的添加、删除及修改操作。

① 用 INSERT 命令在 readers 表中插入两条记录。

② 用 UPDATE 命令将 readtype 表中教师的限借阅数量修改为 30，借阅期限修改为 180 天。

③ 用 DELETE 命令删除书名为"数据结构"的图书信息。

（3）使用 SQL 语句完成数据的查询操作：

① 查询读者表的所有信息。

② 查阅编号为 2014060328 的读者的借阅信息。

③ 查询图书表中"清华大学出版社"出版的图书书名和作者。

④ 查询书名中包含"程序设计"的图书信息。

⑤ 查询图书表中"清华大学出版社"出版的图书信息，结果按图书单价升序排列。

⑥ 查询价格最高的前 3 名图书的编号、名称及价格。

⑦ 查询图书馆的藏书量。

⑧ 查询图书馆的图书总价值。

⑨ 查询各出版社的馆藏图书数量。

⑩ 查询 2014-1-1 和 2014-12-31 之间各读者的借阅数量。

⑪ 查询 2014-1-1 和 2014-12-31 之间作者为"梁晓峰"的图书的借阅情况。

⑫ 使用嵌套查询，查询定价大于所有图书平均定价的图书信息。

⑬ 查询高等教育出版社出版的定价高于所有图书平均定价的图书信息。

⑭ 统计各出版社的图书数量。

实验 6　T-SQL 编程

（一）实验目的

（1）熟练掌握游标的使用。

（2）熟练掌握 T-SQL 语句的使用。

（3）熟练掌握存储过程的使用方法。

（4）掌握事务的使用。

（5）提升数据库知识综合运用能力。

（二）实验准备

（1）熟悉游标的使用。

（2）熟悉 T-SQL 语句的使用。

（3）熟悉数据库生成。

（4）熟悉事务、触发器、存储过程的使用。

（三）实验环境

已安装好 SQL Server 2008 一个版本的 PC 网络环境。

（四）实验内容

使用 SQL Server 2008 模拟实现一个简单的银行储蓄数据库生成，实现银行的相关业务：开户、存款、取现、查询余额、转账、定期存款、活期存款、查询交易记录、定期利率计算等功能操作。

开户：根据用户的姓名等身份信息创建用户的银行账户。卡号 15 位前 4 位为 9876，后 11 位自动生成。

存款：指定卡号和存款金额，为账户执行存款操作，并记录，这里不考虑活期利率。

取现：指定卡号和取款金额，为账户执行取款操作，并记录。

转账：指定转入账号、转出账号和转账金额，执行转账操作，并记录。

查询交易记录：根据指定账号，查询关于账号，查询关于该账号的交易记录。

定期利率计算：计算到期定期利息和本息总金额。

1. 服务器设置

设置一个银行储蓄服务器配置。

2．创建对应的数据库和数据表

根据需求，本系统需要设计四张表，分别是用户信息表 UInfo、银行卡信息表 CInfo、交易信息记录表 TranInfo 及定存信息表 Fix_deposit，其数据库名为：BANK。

UserInfo 表、CardInfo 表、TransInfo 表和 Fix_deposit 表的格式分别如附表 5～附表 8 所示。

附表 5　用户信息表：UserInfo

字段名称		说　明
customerID	顾客编号	自动编号（标识列），从 1 开始，主键
customerName	开户名	必填
PID	身份证号	必填，只能是 18 位或 15 位，身份证号唯一约束
telephone	联系电话	必填，格式为 xxxx–xxxxxxxx 或手机号 13 位
address	居住地址	可选输入

附表 6　银行卡信息表：cardInfo

字段名称		说　明
cardID	卡号	必填，主键，银行的卡号规则和电话号码一样，一般前 8 位代表特殊含义，如某总行某支行等。假定该行要求其营业厅的卡号格式为：1010 3576 xxxx xxx 开始，每 4 位号码后有空格，卡号一般是随机产生
openDate	开户日期	必填，默认为系统当前日期
openMoney	开户金额	必填，不低于 1 元
balance	余额	必填，不低于 1 元，否则将销户
Password	密码	必填，6 位数字，开户时默认为 6 个 "8"
IsReportLoss	是否挂失	必填，是/否值，默认为 "否"
customerID	顾客编号	外键，必填，表示该卡对应的顾客编号，一位顾客允许办理多个卡号

附表 7　交易信息表：TransInfo

字段名称		说　明
transID	交易编号	自动编号（标识列），从 1 开始，主键
transDate	交易日期	必填，默认为系统当前日期
cardID	卡号	必填，外键，可重复索引
transType	交易类型	必填，只能是存入/支取
transMoney	交易金额	必填，大于 0
remark	备注	可选输入，其他说明

附表 8　定存信息表：Fix_deposit

字段名称		说　明
Name	姓名	必填
PID	省份证号	必填
Capital	总金额	大于或等于 0
Fixmonth	定期月数	只能取 3,6,12
Startdate	存入日期	日期型数据
Endtime	到期日期	日期型数据
Interest	利息	初始值为 0
Total	本息总计	初始值为 0

3．安全性设置

（1）用混合验证模式设置 SQL Server 登录帐户及相应口令。并设置服务器固定角色。

（2）设置数据库四个用户 A、B、C、D，它们分别为 A：DBA；B：银行领导，能查阅所有数据；C：前台操作员能对表 7、表 8 作所有操作；D：前台开户员能对表 5、表 6 作所有操作，但对密码无修改权。

4．业务模拟实现

（1）开户

用户输入用户姓名、身份证号、联系电话、开户金额等信息，系统用存储过程自动生成 15 位长度的数字账号，并创建相应的用户信息和银行卡信息。

（2）存款

系统创建一个存储过程用来接收用户传入的卡号和存款金额，并记录该存款操作。

（3）取现

创建取款存储过程用来模拟取现金。

（4）余额查询

创建一个存储过程完成余额查询。

（5）转账

创建转账存储过程完成转账，并用事务来保证账户的一致性。

（6）查询交易明细

创建一个存储过程完成交易查询。

（7）计算定期利息

创建转账存储过程完成定期利息计算，用游标实现逐条计算。

实验 7　ADO 编程

（一）实验目的

（1）熟练掌握运用 ADO 对象访问 SQL Server 2008 数据库。

（2）熟练掌握游标的使用。

（二）实验准备

了解和掌握常用的 ADO 对象的属性和方法。

（三）实验环境

已安装好 SQL Server 2008 一个版本的 PC 网络环境；服务器设置、数据库及表创建完成、安全性设置完成；ADO；VC++ 6.0。

（四）实验内容

用 VC++ 6.0 和 SQL Server 2008 编程实现一个简单的学生信息管理系统，实现学生信息记录的增加、删除、修改、查询、奖学金计算等功能。

1．数据表

在 SQL Server 2008 中有数据库 student1，该数据库中有学生表 s 用来存放学生信息。s 表的结构如附表 9 所示。

附表 9　学生信息表 S 的结构

属性名	类型	是否为主键	允许空	备注
sno	char（8）	是		学号
sname	varchar（10）	否	√	姓名
age	int	否	√	年龄
dept	char（4）	否	√	所在系号
Comment	varchar（8）	否	√	奖金级别
bursary	Money	否	√	奖金

2．存储过程设计与编制

设计存储过程 sp_computer，借助游标完成奖学金的计算。

3．系统代码实现

第一步：创建应用程序；

第二步：定义相关变量和函数（包括界面设计）；

第三步：ADO 相关的代码设计；

第四步：功能代码设计。

实验 8　Web　编　程

（一）实验目的

掌握如何使用 ASP 对象及 ADO 技术访问 SQL Server 2008 数据库。

（二）实验准备

1．了解数据源的建立与配置方法。

2．了解 ASP 访问后台数据库的方法。

（三）实验环境

已安装好 SQL Server 2008 一个版本的 PC B/S 网络环境；服务器设置、数据库及表创建完成、安全设置完成；ADO；ASP；Web 工具。

（四）实验内容

设计并实现一个"学生信息管理系统"，利用 ASP 访问后台数据库，实现学生信息的显示、修改、增加、删除功能。

（1）配置系统 DSN 数据源。

（2）网页设计。

（3）功能代码实现。

实验 9　数据库设计

（一）实验目的

（1）了解数据库设计的基本内容。

（2）掌握数据库设计的全过程。

（3）学会书写概念设计说明书、逻辑设计说明书及物理设计说明书的内容。

（二）实验准备

（1）本实验可参考教材第 15 章的相关内容。

（2）实验前必须熟悉数据库设计的内容。

（三）实验环境

（略）

（四）实验内容

（1）图书借阅系统的数据库设计。

（2）图书借阅系统是在图书馆中为读者借阅图书提供服务，其需提供的数据是：

- 需要有图书的信息；
- 需要有期刊的信息；
- 需要有读者的信息；
- 需要有图书借还的信息；
- 还需有文科类及理工科类图书的视图。

（3）实验步骤

① 绘制 ER 图，注意局部视图转换成全局视图的方法，并写出概念设计说明书内容。

② 设计关系表结构（应满足第三范式）及两个视图并写出逻辑设计说明书内容。

③ 给出相应的物理设计并写出物理设计说明书内容。

实训 10　实 验 总 结

在完成上述九个实验后须做一个实验总结，实验总结包括如下内容：

（1）你的所有实验是独立完成的吗？

（2）你在完成实验时遇到什么困难？是如何克服的？

（3）你在完成实验后有什么收获与体会？

（4）你对 SQL Server 2008 中服务器设置、数据库及数据库对象创建操作是否已掌握？

（5）你对 SQL Server 2008 中数据操纵语句的操作是否已掌握？

（6）你对数据库设计的基本流程是否已掌握？

（7）你对 SQL 控制语句的操作（包括完整性控制与安全性）是否已掌握？

（8）通过实验你是否确信已经可以用 T-SQL 编程？

（9）通过实验你是否确信已经可以用 ADO 编程？

（10）通过实验你是否确信已经可以用 Web 编程？

（11）你对实验所用的数据库产品的使用（包括安装、使用）是否已掌握？

（12）通过实验你是否确信已经可以创建与操纵数据库？

（13）通过实验你是否确信已经可以设计数据库？

（14）通过实训你是否确信已可以实现数据库生成？

（15）通过实验你对教材内容是否有新的认识与了解，请说明。

参 考 文 献

[1] 徐洁磐, 王银根. 数据库系统引论[M]. 南京: 南京大学出版社, 1996.

[2] 徐洁磐. 数据库系统原理[M]. 上海: 上海科技文献出版社, 1999.

[3] 徐洁磐. 知识库系统导论[M]. 北京: 科学出版社, 1999.

[4] 王能斌. 数据库系统原理[M]. 北京: 电子工业出版社, 2000.

[5] 徐洁磐. 现代数据库系统教程[M]. 北京: 北京希望电子出版社, 2002.

[6] 施伯乐, 丁宝康. 数据库技术[M]. 北京: 科学出版社, 2002.

[7] 王能斌. 数据库系统教程[M]. 北京: 电子工业出版社, 2002.

[8] 罗运模, 王珊, 等. SQL Server 数据库系统基础[M]. 北京: 高等教育出版社, 2002.

[9] 王贺朝. 电子商务与数据库应用[M]. 南京: 东南大学出版社, 2002.

[10] 徐洁磐. 面向对象数据系统及其应用[M]. 北京: 科学出版社, 2003.

[11] 李建中, 王珊. 数据库系统原理[M]. 2 版. 北京: 电子工业出版社, 2004.

[12] 冯建华, 周立柱. 数据库系统设计与原理[M]. 北京: 清华大学出版社, 2004.

[13] 徐洁磐. 数据仓库与决策支持系统[M]. 北京: 科学出版社, 2005.

[14] 许龙飞, 李国和, 马玉书. Web 数据库技术与应用[M]. 北京: 科学出版社, 2005.

[15] 张效祥. 计算机科学技术百科全书[M]. 2 版. 北京: 清华大学出版社, 2005.

[16] 邵佩英. 分布式数据库系统及其应用[M]. 2 版. 北京: 科学出版社, 2005.

[17] 李春葆, 曾慧. SQL Server 2000 应用系统开发教程[M]. 北京: 清华大学出版社, 2005.

[18] 徐洁磐, 柏文阳, 刘奇志. 数据库系统实用教程[M]. 北京: 高等教育出版社, 2006.

[19] 徐洁磐, 张剡, 封玲. 现代数据库系统实用教程[M]. 北京: 人民邮电出版社, 2006.

[20] 李昭原. 数据库技术新进展[M]. 2 版. 北京: 清华大学出版社, 2007.

[21] 徐洁磐, 常本勤. 数据库技术原理与应用教程[M]. 北京: 机械工业出版社, 2007.

[22] 何守才, 等. 数据库百科全书[M]. 上海: 上海交通大学出版社, 2009.

[23] 刘甫迎. 数据库原理及技术应用（Oracle）[M]. 北京: 中国铁道出版社, 2009.

[24] 张钦, 崔程, 李立新, 等. 轻松学 SQL Server 数据库[M]. 北京: 化学工业出版社, 2012.

[25] 张莉, 等. SQL Server 数据库原理与应用教程[M]. 3 版. 北京: 清华大学出版社, 2012.

[26] 虞益诚. SQL Server 2008 数据库应用技术[M]. 3 版. 北京: 中国铁道出版社, 2013.

[27] 王珊. 数据库系统概论[M]. 5 版. 北京: 高等教育出版社, 2014.

[28] ISO/IEC 9075:1992,Information Technology-Database Languages-SQL[S], ISO, 1996.

[29] DATE　C J. Database primer[M]. Computer science press, 1997.

[30] ELMASRI　R. Fundamentals of Database systems[M]. McGraw-Hill press, 1997.

[31] SAMET　H. The Design and Analysis of Object – Oriented Database[M]. Addison-Weslag press, 1998.

[32] SILBERSDAATG　A. Database System Concepts[M]. McGraw-Hill Companies ,Inc.,1999.

[33] DATE　C　J. An Introduction to Database System[M]. 7 nd ed. Addison-Weslay, 2000.

[34] STEPHENS　R　K. Database Design[M]. McGraw-Hill Companies, Inc.,2001.

[35] KROENKE　D　M. Database Processing: Fundamentals, Design and Implementation[M]. 8 nd ed. Prentice Hall, 2002.

[36] LEWIS　P　H. Databse and Transaction Processing – An Application-Oriented Approach[M]. Addison-Weslay, 2002.

[37] ISO/IEC 9075:2003, Information Technology-Database Languages-SQL[S], ISO, 2003.

[38] DAVID　M　K,Database Concepts[M]. 2 nd ed. Prentice Hall, 2006.